ホッキョクグマ
POLAR BEARS

POLAR BEARS

ホッキョクグマ
生態と行動の完全ガイド

著
アンドリュー E. デロシェール
Andrew E. Derocher

写真
ワイン・リンチ
Wayne Lynch

監訳
坪田敏男／山中淳史

訳
中下留美子／中島亜美／カイル・テイラー

東京大学出版会

目次 CONTENTS

第1章	魅力的な"海のクマ" ……7	BOX 興味をそそるホッキョクグマ…11
第2章	ホッキョクグマという動物 ……13	BOX クマの年齢を調べる…25 BOX ホッキョクグマの肝臓とビタミンA…35
第3章	進化 ……41	BOX 安定同位体による食性解析…46 BOX 交雑個体…48
第4章	ヒトとの関わり ……53	BOX 神話や物語に登場するホッキョクグマ…54
第5章	北極の海洋生態系 ……59	
第6章	海氷と生息環境 ……63	BOX 子殺しと共食い…68
第7章	餌動物 ……79	
第8章	分布と個体群 ……109	BOX 南極のホッキョクグマ？…111　BOX ホッキョクグマの捕獲…116 BOX ホッキョクグマ研究の実際…121　BOX 身の毛もよだつ接近遭遇…124 BOX ホッキョクグマの個体数を推定する…130 BOX IUCN/SSC(国際自然保護連合/種の保存委員会）ホッキョクグマ専門家グループ…131 BOX クマを空から調査する…135
第9章	狩りの方法 ……141	
第10章	行動 ……155	BOX 飼育下のホッキョクグマ…157
第11章	巣穴での生態 ……175	
第12章	生活史 ……193	BOX ホッキョクグマの乳…204　BOX ホッキョクグマの養子縁組…207 BOX 体のサイズと形態の多様性…211　BOX 寄生虫…217　BOX 病気…219
第13章	脅威 ……223	BOX 国際協定…224　BOX イヌイット文化…225　BOX 自殺鉄砲…226 BOX スポーツハンティング…230　BOX 偽雌雄同体のホッキョクグマ…234 BOX ホッキョクグマの生息域で安全に過ごすために…244
第14章	ホッキョクグマの未来 ……249	BOX ホッキョクグマを助けるためにできること…250

監訳者あとがき ……253
付録A：植物と動物の学名 ……255
付録B：ホッキョクグマが食べる植物および動物 ……257
参考文献 ……259
索引 ……273

1 魅力的な"海のクマ"

　海氷、雪、カリブー、イッカク、セイウチ、そしてホッキョクグマを思い浮かべれば、北極と呼ばれる地球上の地域を特徴づけることができる。多くの人々にとっては、ホッキョクグマだけでも十分な存在だ。南極にはペンギン、北極にはホッキョクグマである。冬が厳しくなるにつれ、ほとんどの生物種の生息域は縮小するが、ホッキョクグマの生息地は毎年その大きさを取り戻す。冬眠することもなく、オーロラの瞬く凍った海の上を渉猟する、巨大で、危険を秘めた純白の捕食者に神秘を感じる人は多い。

　ホッキョクグマ（*Ursus maritimus* Phipps 1774）のラテン語名は、"クマ (Ursus)"と"海の (maritimus)"という意味の語句がもとになっている。すなわち、"海のクマ"という意味である。また、ホッキョクグマは、さまざまな言語で、"氷のクマ"とか"シロクマ"という意味の名前でも呼ばれている。北極の海洋生態系において、その頂点に位置する捕食者であり、卓越した存在であるホッキョクグマは、北半球の氷で覆われた海の大部分を生息地としている。ホッキョクグマは泳ぐこともできるが、海中よりも海氷の上で見つかることが多い。北極の海生哺乳類には、単にうたた寝や出産に手軽な場所として海氷を利用するものもいる。しかし、ホッキョクグマは、移動や繁殖、採食を行うための基盤として海氷を利用する。その学名が示唆するように、ホッキョクグマは海生哺乳類であり、食物のほとんどを海洋環境から得ている。ラッコは、明らかに海生哺乳類である。その起源は陸生動物だったにもかかわらず、ラッコは陸生動物であるとはいわれない。しなしながら、ホッキョクグマは、現存する陸上最大の肉食動物と誤ってとらえられることがよくある。クマは大地を闊歩するものという固定観念を消し去ることができないのである。

　現存する海生哺乳類は約100種で、分類学上、3つの目のいずれかに分類される。食肉目にはアザラシ、アシカ、セイウチ、ラッコ、そしてホッキョクグマ、クジラ目にはクジラ、イルカ、ネズミイルカ、海牛目にはマナティとジュゴンがいる。これらの海生哺乳類のなかで、食肉目はすべて水陸両生である。すなわち、水中と陸上、あるいは北極域では水中と氷上で生活をする。ホッキョクグマのなかには、氷上で生まれ、氷上で生活を終えるものもいる。けっして陸域に上がることなく、アザラシやアシカのように海域でのみ生活をまっとうするのである。

　北極点が北極の中心であることはまちがいない。しかし、なにをもっ

前ページ：ホッキョクグマは、世界でもっとも知られた動物の1つである。彼らは、海氷の上にいるときこそ、真にくつろいで見える。世界に現存する8種のクマのなかで、唯一ホッキョクグマだけが肉食を進化させてきた。

食肉目は多様な分類群であり、タテゴトアザラシ（左上）、ナンキョクオットセイ（右上）、タイセイヨウセイウチ（左下）やラッコ（右下）などの海生哺乳類を含む。食物を完全に海洋環境に依存しているにもかかわらず、すべての海生食肉類は、さまざまな生活史の局面において、海氷または陸域との関係を失っていない。

て北極の南限とするかに定説はない。あるときには、北緯 66°33′44″ の北極線が北極の南限とされている。しかしながら、ホッキョクグマの多くは北極線よりはるか南で生活している。ジェームズ湾南部では、イギリスのロンドンと同じ緯度でホッキョクグマが生息している。もちろんそこは、まちがいなくロンドンより極域らしい環境ではあるが。本書では、ホッキョクグマ中心の見方で"北極"を定義するのがふさわしいだろう。

北極線より北で生活しているホッキョクグマは、少なくとも、夏至には真夜中の太陽を見るし、冬至には極夜を経験する。夏の沈まない太陽と冬の昇らぬ太陽を経験する期間は、ホッキョクグマがどのくらい北で生活しているかによる。北緯 74° に生息するホッキョクグマは 11 月 10 日から 2 月 11 日まで（84 日間）太陽を見ることがない。一方、北緯 80°に生息するクマは、10 月 22 日から 2 月 20 日まで（122 日間）極夜を経験する。極夜に瞬く光といえば、月、星、そしてオーロラだけである。

私は長くホッキョクグマと関わってきたことで、この魅力的な動物に対して明らかに身びいきがある。生物学者が研究対象の生物に魅了されるのは異常なことでもなんでもない。私は、ラン、チョウ、アホウドリ、カリブー、そしてグリズリーに情熱を注ぐ科学者を知っている。また、一般の人々も、ともに地球に生きる多くの動植物に対して興味を持っていることに疑問の余地はない。しかし、ホッキョクグマに対して一般の人々が感じている魅力は、ほかのどの生物種に対するものをも凌駕している。

ホッキョクグマは北極を取り巻くように生息しているが、その分布は、海氷の分布と密接に関連している。しかしながら、ホッキョクグマは大陸棚を好む種であり、沿岸の浅く生産性の高い海域により多く生息している。図中のオレンジ色の実線は、ホッキョクグマの密度が高い海域を示し、黄色の破線は通常の生息範囲を示している。水深の浅い海域は薄い色で表されている。

　多くの人たちがホッキョクグマの虜であることは、昔から大衆文化のありとあらゆるところにホッキョクグマが登場することから明らかである。絵画、彫刻、Tシャツ、宝飾品、雑貨、雑誌、広告、テレビ、ハリウッド映画、果てはジュース缶などにもホッキョクグマの姿が見られる。そして、人々が持つ興味は科学的な発見がきっかけになっている。ホッキョクグマに関する情報であれば、それが共食いをするホッキョクグマの話であろうと、母グマの背中に乗っている子グマの写真であろうと、人々は貪欲に知ろうとし、飽きることがないようだ。

　私の妻のおばは、かつて私に、"ホッキョクグマ学者"としてどのように生計を立てていくのか、そのような経験を積んでどのような将来が待っているのかとたずねたことがある（おそらく自分の姪が貧しい生活を強いら

右：春先のホッキョクグマの子は、この世でもっとも写真写りのよい動物である。ふつう双子である。平均一腹産子数は、北極の厳しい環境条件のため、祖先種にあたるグリズリーより少ない。

下：春、巣穴から出たばかりの2頭の子を連れたメスが海氷の上で立ち止まっている。何カ月も絶食しながら子育てを行った後、体脂肪を回復しなければならない母親にとって、春の採食期間は重要である。

BOX　興味をそそるホッキョクグマ

　どうして人々がホッキョクグマに興味をそそられるのか説明するのはむずかしい。雪のように白く写真に映える姿をしていることや、愛くるしい子グマを連れ、遠く離れた場所で謎の多い生活を送っているからというのもまちがいではないだろう。私は、ホッキョクグマの巨大さ、美しさ、利口さ、そしてこの抜け目のない捕食者に対して私たちが感じる恐怖が、おそらく氷のクマの魅力を生み出している要因なのだろうと思う。理由はなんであれ、人々は、この類いまれな愛すべき動物に魅了される。冬、ホッキョクグマに負けないくらい雪のように白くなるホッキョクギツネも写真写りがよく、子ギツネはかわいらしい。しかし、大衆を魅了するまではいたらない。ホッキョクギツネは、さほど大きくなく、恐怖も感じさせない。

　ヒトは、捕食者、とくにクマとは長い歴史をともにしている。生態系によっては、クマがヒトとほとんど同じ役割を果たすことがある。私たちは、クマと同じ食物をたくさん食べるし、同じ場所に生活することも多い。ときに、私たちはクマを食べるし、クマが私たちを食べることもある。私たちのDNAには、大きな捕食者と出会ったときには警戒し、逃げるか闘うかの準備をするよう深く刻み込まれているのだろう。そのような感情は、家のなかで心地よく座っているときには呼び覚まされることはない。しかし、自然のなかでホッキョクグマを見た人は、いかに彼らが畏敬の念を起こさせる存在であるかを知る。ホッキョクグマは、元来、美と獣性の両面を持っているのだ。

雪のように白い被毛、獲物を殺すための爪、そして危険な雰囲気は、ホッキョクグマの特徴である。これらの特徴が、この北極の住人に対する人々の興味をそそるのかもしれない。

れることを心配したのであろう）。私はそれに対する答えを当時まったく持ち合わせていなかったと思う。しかし実際のところ、私は、この大きな白いクマを研究することで生計を立ててきた。私はこれまで、ほぼ30年にわたりホッキョクグマを研究してきたが、彼らの自然史などに感じる魅力は衰えることがない。私は今でも、ホッキョクグマに対して、研究を始めたときとまったく同じ関心を抱いている。

　北極は原始の自然というわけではない。しかし、最近までほとんど人間の影響を受けてこなかった。1800年代、北極での捕鯨は活況を呈していたが、それによってほとんどのクジラが捕り尽くされてしまった。1900年代にはホッキョクグマに関する商取引がさかんであった。いくつかの地域では、ホッキョクグマはほとんど絶滅するまでに追いやられ、健全な個体数に回復するには長い時間がかかった。これまで北極の特徴といえば、凍えるような冬と吸血昆虫が大発生する夏くらいしかない、凍てついた不毛の土地と見なされていた。しかし今、新しい開発の波が押し寄せている。気候変動によって、北極の資源への関心がさらに増している。こうした開発は、ホッキョクグマの生息に脅威を与えている。海氷が消失しているように、ホッキョクグマも消えていくのだろうか。しかし私は、

"海のクマ"に対する人々の情熱は、彼らを救うのに十分強いものと信じている。

　私は、ホッキョクグマを研究するという光栄に浴してきた。そして、ある意味において彼らには借りがある。ホッキョクグマは、私の（これまでのところ）よきパートナーであるし、北極を知るためになににも勝る機会を与えてくれた。私は、ホッキョクグマの自然史をテーマにしたこの本を出すことによって、彼らが地球上できわめて厳しい環境の1つのなかでいかに生きているか、その実情を人々にもっと知ってもらえればと思っている。ホッキョクグマの生態と保全には、複雑なトピックスが無数にある。そして、ほぼ50年にわたって行われてきた真摯なホッキョクグマ研究のおかげで、情報に不足はない。私の観察のなかには逸話的なものもあるが、それらは、科学論文ではふつう見られないような、ホッキョクグマの生態の一面を示すものである。私が選んだトピックスや考察は、私の好みや経験によっている。トピックスのなかには、多くのことがわかっていて、熱心な"クマ学者"以外は、飽き飽きしてしまうほどのものもある。その一方で、ある分野では情報の不足が深刻である。本書では、ホッキョクグマに関する文献のエッセンスを抽出し、今私たちがホッキョクグマについてどこまで知っているのかを理解してもらえるよう心がけた。

　世界的にもホッキョクグマの生物学者は少ない。彼らはみな、自国領内にホッキョクグマが生息する極域の5カ国のいずれかに住んでいる。彼らの計り知れない粘り強さは特筆に値し、多くの生物学者は数十年のキャリアを持っている。彼らが力を合わせ、ホッキョクグマの保護管理や保全に身を賭して取り組む姿勢はすばらしい。おそらくクマが私をのめり込ませたように、彼らをものめり込ませたのであろう。偶然の幸運が、私をホッキョクグマ研究の道に導いた。願わくは、この道をこの先も歩き続けていきたいものである。

2 ホッキョクグマという動物

　クマの仲間は見てわかりやすいので、あまり有名でない種であっても、だいたいの人にはそれがクマだとすぐわかる。しかし、ホッキョクグマの持つ興味深い数々の特徴は、詳細な説明をするだけの価値がある。ホッキョクグマに見られる適応の多くは、その生態的地位によるものであるが、クマ類の基本的な形態からそれほど逸脱しているわけではない。

外観―ホッキョクグマの被毛

　ホッキョクグマの特徴である白から淡い黄色の体色は、色素の欠如によってもたらされている。ホッキョクグマの毛の断片は、キラキラ光るグラスファイバーのようである。朝焼けや夕焼け時のホッキョクグマは、反射した光によって橙赤色の光の輪を輝かせていることがある。海氷の上でなにか白いものを探そうとしても、見つかるのは雪だけである。また海氷ですら、白というよりは、灰色や青色を帯びている。ホッキョクグマを探すのならば、黄色っぽいものを探すべきである。できれば動いているものがよい。黄色っぽくても動きのないものは、裏返った海氷についている藻であることが多いからだ。哺乳類や鳥類では、白い毛や羽を持つことと北極にすむことに明白な関係がある。海氷での生活への適応として、ホッキョクグマの体毛はこの巨大な捕食者をカモフラージュしている。体色にはバリエーションがあり、その一部は、季節、年齢、性別や光条件と関係しているが、どのような体色が現れるかを予測することはできない。毛の油の酸化、夏の換毛、日光による脱色、最近食べたもの、夏の間、陸にいる際につく泥なども毛の色に影響する。

　ホッキョクグマの被毛は2つの層からなる。すなわち、長さが最大でも5 cm程度のきめ細かく密な下毛と、15 cmに達する長く粗い保護毛の層である。ただし、大人のオスの前肢の後ろに生える保護毛は43 cm以上になることもある。下毛の直径は20 μm以下、保護毛の直径は50〜200 μmである。すべての毛には表面に毛小皮（キューティクル）の層があり、これによって動物種を判別できることがある。ホッキョクグマでは、鱗状のパターンが毛の表面を覆うが、とくに顕著ではない。ホッキョクグマの保護毛の中央部（髄質）は空洞であるが、いくつかの部屋に仕切られている。空洞のある毛は多くの種に見られ、なかでもシカ科で発達している。ホッキョクグマの毛に空洞があることは、断熱と浮力の助けになっている。ホッキョクグマの毛は、祖先であるグリズリーの毛と

ホッキョクグマは、氷のクマ、あるいはシロクマとも呼ばれるが、どこまでも広がる海氷の上にいるとき、ほんとうに居心地よさそうにしている。野生のホッキョクグマを探すのならば、黄色っぽい物体、できれば動いているものを探すとよい。

ホッキョクグマの子どもは、北極の厳しい寒気に耐えるためにふわふわの被毛を持つが、濡れたときには低体温症になりやすい。母グマは、子グマが泳がなくてすむように、遠回りしてでも固い氷の上の道を探して歩く。

は異なる。グリズリーの毛は、中心の空洞部がより細分化されており、顕著な蜂の巣状を呈する。飼育下では、ホッキョクグマの被毛が緑色を帯びることがある。毛先が摩耗し、むき出しになった中心部の空洞へ藻類細胞が侵入するためだ。毛のなかの温かく湿った環境は、まるで小さな温室のようになるのだ。そのようなクマは緑色の染料に浸けられたような外見になる。

　ホッキョクグマの毛は、換毛し生え変わるまで、ある一定の長さにまで成長する。哺乳類学者はこれを"固有の（definitive）"成長と呼ぶ。換毛は5月から9月にかけて起こり、ヒトの手でも毛をズボズボと引き抜けることがある。グリズリーはホッキョクグマよりも下毛が密であるために、換毛期にボサボサに見えることがある。これに対し、ホッキョクグマのみすぼらしい姿を見かけることはない。夏にはホッキョクグマの毛は薄くなるが、皮膚が黒いために体が淡く暗色を帯びる。黒い皮膚は、顔でもっともめだつ。私は、色素のある被毛を持つクマを一度だけ見たことがある。全身に黒褐色の毛が散在する大人のオスを捕獲したのだ。それ

らの毛は近くでよく見ないと気づかないほどで、クマの体色を変えるものではなかった。ホッキョクグマに、真っ黒の個体（メラニスティック）やアルビノの個体の報告がないのは不思議である。このような異常は、ヤマアラシからムース、ジャガー、ヒトにいたるまで、哺乳類ではよく見られるからだ。おそらく、ホッキョクグマが白であることへの選択圧が強く、かつアルビノであることは長い夏の間に問題が生じる可能性があるためであろう。

巣穴から出てきた子グマは、大人とは著しく異なる被毛を持つ。短く、もじゃもじゃの毛で、とてもふわふわしている。子グマの保護毛はウェーブしていて、黄褐色がかっている。黄褐色の色合いは個体によって異なり、双子の間でもその色合いは違う。巣穴から出たときに明らかにベージュ色の子グマもいるが、しばらくすると日光で毛は脱色される。子グマの毛の断熱性は、乾いているときには大人の毛よりも高いが、濡れると著しく低下する。子グマを連れた母グマが泳ぐのを避けるのはこのためである。

ホッキョクグマの皮膚は、5カ月齢までの子グマではピンク色だが、それ以上の年齢では例外なく黒い。グリズリーは年齢にかかわらずピンク色の皮膚を持つので、ホッキョクグマの黒い皮膚は進化した形質であるといえるが、なぜそうなったのかはわからない。1970年代に行われたホッキョクグマの航空写真調査によって、紫外線感光性フィルムにはクマが黒く写ることがわかった。クマは紫外線を吸収するのだ。これはやがて新しい仮説へとつながった。体温を上昇させる機構として、ホッキョクグマの毛は光ファイバーのような働きをし、光を黒い皮膚に伝達しているのではないかという仮説である。しかしながら、物理学者がホッキョクグマの毛の光ファイバーとしての性質を調べた結果、2.5 cmの距離を通過した光は1000分の1%よりも少なかった。紫外線は2.5 cmより短い距離で消失した。おもしろい仮説だったが、ホッキョクグマの毛は光を伝達せず、光ファイバーの性質を持たないという単純な事実によって否定された。よく検討してみると、1年でもっとも寒い時期である冬には昼がなく、日照の一番多い夏にはクマは熱を蓄えるのではなく放出する必要があるので、光ファイバー被毛説はそもそも意味をなさなかった。

文句なしのその大きさ

ホッキョクグマは哺乳類としても、またクマ類としても大きい部類に入る。ゴツゴツとしたグリズリーの体型に比べ、ホッキョクグマは流線型である。ホッキョクグマの平均サイズとグリズリーの平均サイズを比べれば、北極の海氷にすむホッキョクグマのほうが大きい。しかし、アラスカの沿

ホッキョクグマは、地球上で最大級の肉食獣である。大きさがわかるように、著者が大きな大人のオスグマの横にしゃがんでいる。クマはお尻か肩にダート（矢）を打ち込まれて麻酔されている。

岸やコディアック島に生息するグリズリーは、タイヘイヨウサケを食べており、最大級のホッキョクグマに匹敵する大きさである。大人のオスのホッキョクグマのとなりに立つと、大きいポニーの横に立ったような感じである。大人のオスのホッキョクグマは体重 800 kg 以上、体長は 2.5 m にもなることがある。大人のメスの体重は 450 kg、体長は 2 m に達する。研究者は、ホッキョクグマの鼻先から尾の骨の先までを体長として測る。ハンターたちは"3〜4 m のクマ"の話をすることがあるが、これらはクマの毛皮を測った値である。クマの体重は 1 年のなかで大きく変動する。痩せた大人のオスのクマは 300 kg ほどであるのに対し、もっとも太ったクマでは、脂肪で体重がこの 5 割増し程度になることがある。脂肪の大部分は、尾に近い背中の基部、すなわち臀部周辺に蓄えられ、体のほかの部分や腹腔の脂肪は少ない。脂肪は四肢、首、頭でもっとも薄く、そのために太ったクマは、電球に足が生えたような姿となる。栄養状態のよいクマはぽっちゃりとしたお尻をしているが、栄養状態の悪いクマは骨ばって痩せたお尻をしている。太ったクマの臀部は肩よりも高い位置にあり、お腹は垂れ下がっている。野生でクマを観察するとき、栄養状態のよいクマは腰から尾にかけて凸状にカーブしているが、栄養状態の悪いクマは直線的である。

　ホッキョクグマの進化においては、体を温かく保つということが重要な推進力となる。風が強いときの体感温度は簡単に −50°C まで下がり、熱損失は膨大である。ホッキョクグマは体を温かく保つためにいくつかの

第 2 章　ホッキョクグマという動物 —— 17

大人のホッキョクグマには、この写真のオスのように、肩にめだつコブがある。このコブは、肩甲骨の上の盛り上がりである。右のグリズリーはホッキョクグマより毛が長くふわふわしているため、コブがより顕著である。

進化を遂げている。どのような動物種においても、体表面積は体長の2乗、体積は3乗に比例して増加するため、体が大きいほど体積に対して体表面積は小さくなる。体積が大きいことは、体を温めるための大きな炉を持っているようなものである。動物が大きくなるにつれ体積は体表面積よりも早く増加する。一方、体温の大部分は体表面から失われる。この関係はホッキョクグマの子グマが寒さに弱いことを説明している。体積が小さいのに対して体表面積が大きいからである。体が大きいことには温かさを保つ以外にも重要な役割がある。大きい動物ほどより多くの体脂肪を蓄積できることであり、これはホッキョクグマの生活史にとって不可欠な要素である。体が大きいおかげで、食物資源がたくさんあるときに貪欲に食べ（専門的には摂食亢進 hyperphagia という）、食物資源が少ないときに備えて体内にエネルギーを蓄えることが可能になる。ホッキョクグマが大きいことにはその進化の歴史も一役買っている。ホッキョクグマはグリズリーから分岐したが、グリズリーはエネルギーの高い食物を採食した場合、体をとても大きく成長させることができる。ホッキョクグマの食物は非常に高エネルギーで、ほとんどすべてが動物性脂肪と

タンパク質である。クマ類のどの種においても、食性は体の大きさを決定する要因として重要な役割を果たしている。

　大きい体を動かすには、小さい体を動かすよりもエネルギーが必要なため、体が大きいことには代償がともなう。ホッキョクグマのずっしりとした四肢は、速さではなく力強さを意図したつくりである。ほかの哺乳類に比べ、ホッキョクグマの歩行はエネルギー効率の悪いことが研究で示唆されている。広大な行動圏を持つホッキョクグマが、非効率的に移動するというのは直感に反している。しかし、ホッキョクグマは、彼らの食物が非常に高エネルギーであるために、移動にエネルギーをたくさん使っても大丈夫なのである。動きの鈍そうなその見た目に反し、平坦な氷の上では時速 30 km もの速さで走ることもある。しかしながら、太っている大きいオスの場合、その半分の速さに達することもむずかしく、短い距離でオーバーヒートしてしまう。ホッキョクグマは大きいにもかかわらず、驚くほど敏捷である。ホッキョクグマはその驚くべき運動能力で、数階建ての高さに積み重なった氷の塊をあたかもそれが階段であるかのように登ったり、山の斜面をすごいスピードで下ったりすることができる。ヘリ

このオスグマの、重量感のある四肢、ずんぐりした体型、そして長く伸びた首は、氷のクマの典型である。大きな体にもかかわらず、大人のオスは驚くほど素早く、氷のがれきの上をいとも簡単に移動する。巨大な手足の平は、氷をしっかりとらえるとともに、体重を分散させる助けとなっている。

コプターに乗っている生物学者に対して、グリズリーはよく飛びかかってくるが、ホッキョクグマはめったに飛びかからない。ホッキョクグマは、氷盤から氷盤へと飛び移るときのために、そのジャンプを温存しているのだろう。

大量に蓄積されたホッキョクグマの体脂肪には2つの役割がある。エネルギーの貯蔵と断熱である。アザラシやクジラは、水中で体を温かく保つために皮下脂肪が必要である。ホッキョクグマは多くの時間を水の外で過ごすため、体の保温には、皮下脂肪に加えて被毛にも頼っている。被毛はホッキョクグマを厳しい気候から守るが、乾いているときの断熱率は、より厚い下毛を持つグリズリーの被毛よりも少し低い。さらに、被毛が濡れているときには断熱率は約90%低下する。被毛が水をはじき、乾いているときの断熱率を取り戻す能力は非常に重要である。ホッキョクグマは、水から上がると几帳面に自分の体を乾かす。彼らは体をふるわせたり、雪のなかで転がったりして水分を取り除く。また、そうする過程で被毛のなかに空気を封じ込め、泳いでいるときに水が皮膚に接触することを防ぐ。私は、今まで何度も水から上がった直後の個体を捕まえてきたが、だいたいの場合、彼らの皮膚は乾いていた。毛の油分も防水に役立っている。ホッキョクグマは食事の後に、被毛を潔癖なまでにきれいにするが、これも体を温かく保つのに役立っている。同様に、ラッコも被毛のなかに封じ込めた空気で体を保温しており、彼らも毛づくろいに多くの時間を割く。

ホッキョクグマの体のなかで唯一"小さい"のは尾ぐらいであろう。通常、長さ8～15 cmで、クマのお尻を温かくする以外に明確な役割はなく、それはそれほど重要な機能でもないだろう。クマが排泄するとき、尾は跳ね上げ戸のように持ち上がる。アザラシのような繊維質の少ないものを食べたときは、その後にドロドロしたものが流れ出てくる。私が今まで捕まえたクマのなかには、異常に短い尾や特段に長い尾を持つものもいた。お尻の敏感な部分を覆ってさえいれば、長さはとくに関係ないようである。ときどき、尾に損傷のあるクマに遭うことがあるが、どのようにして損傷を受けたのかはわからない。凍傷、氷の上を飛び越えたときの事故、あるいはほかのクマに咬まれた、といったところだろうか。

機能的な頭部

食肉類のほかの動物に比べ、クマ類はどの種も体のわりに頭蓋骨が大きい。ホッキョクグマの頭蓋骨は、グリズリーよりも長く幅が狭い。横から見ると、鼻は額からなだらかにつながっていて、いわゆる"ローマ鼻"

ほかのクマ類と同じく、ホッキョクグマの尻尾は、短くてめだたない。

である。また、ホッキョクグマの目は、まわりと比べて少し隆起している。これは水中でも行動するための適応かもしれない。グリズリーは、口吻の基部に明瞭な額段（ストップ）があり、パイのような形の顔をしている。ホッキョクグマの細い頭は、アザラシの巣穴や呼吸穴に頭を突っ込んで、逃げる獲物を追いかけるときに有利である。幅の広い口吻を持つことは、大型で危険な獲物に対峙する食肉類にとっては重要である。ホッキョクグマの獲物は危険ではないため、幅の広い口吻に対する選択圧は弱かったのだろう。細長い頭蓋骨は吸い込んだ空気を温めるのにも役立つ。多くの哺乳類と同様に、ホッキョクグマも鼻腔内によく発達した渦巻状の骨の板（鼻甲介骨）を持っている。この骨は、鼻腔の表面積を増やすことで、吸い込んだ空気を温めて肺を保護したり、保湿の助けとなっている。

　食肉類において、頭蓋骨の長さは、脳の前部にある嗅球という部分の影響も受けている。嗅球が大きいほど嗅覚は鋭くなるが、より長い頭蓋骨が必要となる。哺乳類では、嗅球が大きいほど行動圏が大きいという相関関係が見られる。ホッキョクグマは広大な行動圏を持ち、嗅覚に高度に依存して採餌を行っている。言い伝えに、「森のなかで葉が落ちたとき、シカはそれを聞き、ワシはそれを見て、クマはそれを嗅いだ」

第2章　ホッキョクグマという動物——21

ホッキョクグマの細長い首と幅の狭い頭蓋骨は、ワモンアザラシを狩るのに最適である。

というのがあるほどだ。グリズリーからホッキョクグマへの急激な進化の過程で、頭蓋骨は、半水生の生活と、脂身と肉を食べる食生活に適応した。このように特化したことの副作用の1つとして、雑食性である祖先と違い、ホッキョクグマは硬い植物を効率的に咀嚼することができない。

ホッキョクグマに見られる適応の多くは狩りに関係しており、それぞれが狩りの成功率を上昇させていると考えられる。たとえば、ホッキョクグマはグリズリーよりも首が長いが、これも狩りへの適応だと考えられる。アザラシを捕まえる際に少しでも遠くに頭が届くことが、ホッキョクグマのエレガントな姿を形づくる選択圧となったのであろう。

ホッキョクグマの顔にヒゲは少なく、簡単には見ることができない。しかし、よく見ると確かにある。ホッキョクグマのヒゲ（専門的にいうと洞毛）は短く、ほかの毛に比較して硬く、淡いチョコレート色である。ヒゲの毛包の基部には黒っぽい小さな斑点があるが、このヒゲの斑点は見やすく、個体の識別に用いることができる。ヒゲの斑点はアフリカライオンの研究にも使われている。ヒト以外の動物のヒゲは、通常、触覚器として機能するが、クマ類全般においてヒゲはあまり発達していない。ホッキョクグマのヒゲは、遠い昔に、クマ類の進化の過程で失われたのだ。そもそもヒゲは（私は自分のヒゲの経験からわかるが）、寒いと凍ってしまう。口吻が凍るのは都合が悪いだろう。

　小さい耳も寒冷な気候への適応の結果である。寒冷な気候の下で体の突出部が小さくなるのは「アレンの法則」として知られるが、ホッキョクグマの耳はこの法則に合致しているようだ。私は、大きい耳を持ったクマには今までに一度しか出会ったことがない。残念なことに、私はそのかわいそうなクマの耳を見て大笑いしてしまい、大きさを測ったり写真を撮るのを忘れてしまった。私の研究では、耳は通常計測しないのだが、この場合はとても興味深い記録になったであろう。よくわからないが、ホッキョクグマよりもずっと耳の大きいグリズリーへの先祖返りではないかと推測している。普段はそんなことはしないのだが、少し意地悪にも、私はそのクマの記録票に"ダンボ"と書いた。

　飼育個体を用いた研究によって、ホッキョクグマの可聴範囲はヒトとあまり変わらないことが解明されている。ある研究では、皮下に埋め込んだ電極によって、クマの音への反応が測定された。また、別の研究では、餌を報酬として、特定の音を聞いた際にターゲットに触れるようにクマが訓練された。ホッキョクグマは、幅として 11,200〜22,500 Hz の音域を楽に聞くことができるが、8,000〜14,000 Hz の周波数帯域がもっともよく聞こえる。低音側は、ホッキョクグマはイヌと同様に 125 Hz か、それより少し下まで聞くことができる。高音側については、イヌはホッキョクグマやヒトよりもはるかに高い 6 万 Hz まで聞くことができる。ある動

冬を通して活動するために必要なことの1つに、体の突出部を温かく保つということがある。ホッキョクグマの小さい耳は、熱の損失を小さくし、凍傷を防ぐために進化してきた。

第2章　ホッキョクグマという動物 —— 23

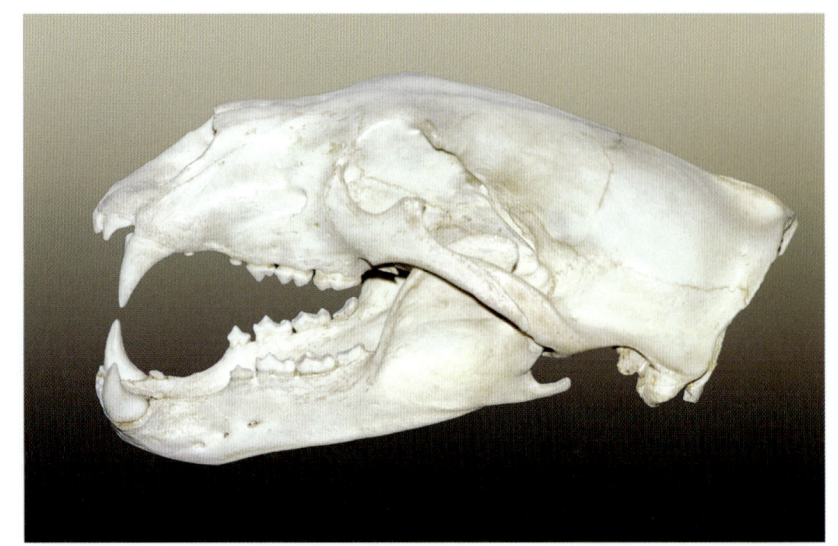

ホッキョクグマの犬歯は、獲物をくわえ、その動きを制するために使われる。臼歯は、近縁のグリズリーのものよりもわずかにとがっており、生肉を裂くのにより適している。ホッキョクグマのローマ鼻は、額から鼻孔までの緩やかな傾斜にある小さな盛り上がりによるものである。

　物種が聞くことのできる周波数というのは、その生息環境が影響している。ホッキョクグマは極端に高い音を聞く必要がないのだ。海のなかでは、ワモンアザラシは 2,000 Hz よりも低い音で吠えたり、うなったり、鳴いたりする。飼育下のホッキョクグマにこれらの音を聞かせたところ、彼らは明らかに興味を示し、空中のにおいを嗅いだり歩き回ったりした。このことは、ホッキョクグマの狩りにおける聴覚の役割に関して、なにを意味しているのだろうか。においが重要であることはわかっているが、雪の下や水中にいるアザラシの位置を絞り込む際に、聴覚も役に立っているのだろうか。おそらくそうであろうと考えられるが、定かではない。

　ホッキョクグマの歯式（片側の歯の数と種類）は、切歯が上下に3本ずつ、犬歯が上下1本ずつ、前臼歯が上下に2〜4本ずつ、後臼歯が上に2本、下に3本で、全部で34〜42本の歯からなる。とくに機能を持たない小さな第1〜3前臼歯によって生じる犬歯の後ろの隙間（歯隙）は、獲物をくわえるときに役立つと考えられる。第2および第3前臼歯は、鉛筆の芯くらいの幅の白い点のようにしか見えないくらいに小さい。

　ホッキョクグマの歯と顎の構造は、典型的な食肉類のものである。犬歯は長く、円錐形で、わずかに曲がっている。この大きな犬歯は、獲物を捕まえ、押さえつけるために必要不可欠であるが、それ以外にも、攻撃的な場面で唇をまくって見せれば威嚇として機能する。口の前方にある切歯は、獲物に咬みついて脂身と肉を引きちぎるときに使われる。ホッキョクグマの臼歯は、グリズリーのものよりも背が高くとがっている。肉食性の強い食性への適応、すなわち嚥下や消化のために肉を小さく咬み切る必要に適応した結果である。臼歯は、裂肉歯という肉を裁断する

BOX　クマの年齢を調べる

　ホッキョクグマの捕獲の際、私たちは歯科用具を使って犬歯の後ろにある小さな前臼歯を抜く。抜歯には、若いクマであれば20秒くらい、歯のもろい年寄りのクマだともう少し時間がかかる。ちょうど木に年輪ができるように、ホッキョクグマの歯にも年輪ができる。研究室に戻り、歯をさまざまな酸性の液に浸けて柔らかくする。その後、紙切れよりも薄く歯の長さ方向にスライスし、スライドグラスに載せ、紫色の染色液で染める。クマの年齢を査定するには、歯根部の外表層（セメント質）の年輪を数える。訓練された人ならば、顕微鏡を使って、クマの年齢を正確に、あるいは査定がむずかしい歯であっても1歳以内の誤差で査定することができる。夏に海氷のない時期があることが原因と思われるが、南の個体群のほうが、北の個体群よりも歯の年輪を読み取りやすい。近年、年輪の幅に関する研究によって、メスグマの出産履歴を読み取ることができるようになった。出産した年の年輪幅は狭くなるのである。

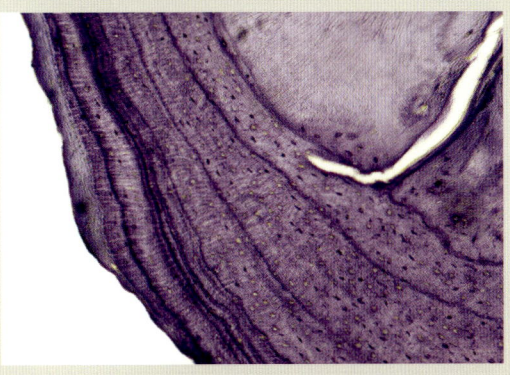

これはホッキョクグマの歯の薄切断面である。歯根の外側部に見える複数の層から、この個体の年齢がわかる。木の年輪と同じように、ホッキョクグマの歯にも毎年1つ輪ができる。このクマは生まれて8年目である。

ことに特化した歯へと進化している。裂肉歯は、ほかの食肉類では普通に認められる。

　ホッキョクグマの犬歯の咬む力は、体サイズのわりには強くないが、グリズリーよりは少し強い。肉食であるイヌやネコの犬歯の咬む力は、獲物を押さえつけてコントロールする必要があるため、一般的に強い。イヌ科やネコ科の動物では、獲物を殺すのに時間がかかることが多いのに対し、ホッキョクグマは簡単に獲物を殺す。最大級のアザラシであってもホッキョクグマにとって危険ではないが、くわえておくには強く咬まなければならない。ホッキョクグマの歯・顎・筋肉の構造は、アザラシの捕食に適したものへの選択圧を強く受けているわけではないが、ほかのクマ類からはある程度の分化を遂げている。ホッキョクグマは、より肉食性の強い形態に戻っているのだ。

　ホッキョクグマには、上顎（口蓋）の前部に開口する小さな管（鼻口蓋管）がある。鼻口蓋管は鼻腔に通じていて、"口を通してにおいを感じる器官"（鋤鼻器）につながっている。鋤鼻器は、メスの発情状態を知るのに使われると考えられる。多くの哺乳類にそのような能力があるが、ホッキョクグマではまだ調べられていない。

　ホッキョクグマの舌は、ピンク色でところどころに黒い斑がある。比較的なめらかで、ネコよりもイヌに似ている。唇の内側も同じような色である。ホッキョクグマの唇はとりわけ動くわけではない（クマ類のなかにはよく動

く唇を持つ種もある）が、発声するときに唇をすぼめることができる。剝製の世界では、どこかの段階で、だれかがホッキョクグマの口は青と決めたようである。口のなかが柔らかな青色をしたクマの敷き皮は芸術的かもしれないが、生物学的には明らかに正しくない。口蓋には、横方向に走る、よく発達した隆起（口蓋ヒダ）がある。ホッキョクグマの口蓋ヒダはイヌとよく似ている。ケラチンタンパク質によって厚くなっていて、口のなかで食べものを移動させるのに役立つ。

　ホッキョクグマの頭蓋骨は頑強で、概して食肉類の特徴をよく表している。丈夫な顎関節のちょうつがい（側頭骨下顎窩）は深く、明瞭であるが、クマ類のなかではやや扁平で、顎を横方向に少しだけ動かすことができるようになっている。顎の上下の動きは自由であるが、横方向には制限がある。

　ホッキョクグマの頭蓋骨には２つの骨稜がある。頭頂部の中心には、食肉類に典型的な、明瞭な矢状稜が走っている。この骨稜に大きな顎の筋肉（側頭筋）がついており、咬む力を生み出している。頭頂部の後端を横方向に走っているのが項稜、あるいは後頭稜で、ここに頭を支えるための筋肉や靭帯が付着している。のたうちまわるアザラシを海から引き上げるために、ホッキョクグマの後頭稜は格別に大きい。ほとんどのクマでは、頭蓋骨の重さが全体の骨格重量の20％を占める。私は一度、大人のオスの頭蓋骨を、クリーニングしてもらうために博物館に運ぶという不名誉な仕事をしたのだが、頭蓋骨の重さが印象的であったことは確かである。強靭な首の筋肉が頭蓋骨にがっちりと付着することで、凶暴なまでの力が生み出される。大人のオスが、巨大なアゴヒゲアザラシを殺し、あたかもそれがぬいぐるみであるかのように氷の上を引きずる様子を見ると、クマの力強さを思い知る。

　ホッキョクグマの目は、ほかのクマ類同様に前を向いており、立体視をすることができる。また、左右の目は、横をよく見るのに十分なくらいに離れてついている。ホッキョクグマの視力については部分的にしか解明されていないが、視力が弱いという通説をよく聞く。たとえば、ロシアの研究者は、ホッキョクグマの視力はあまりよくないが、夜でも見えていると報告している。私は、視力が弱いという主張は疑わしいと思っている。ホッキョクグマは、遠くからでも海氷の上にいる私を見つけることがあるからだ。ホッキョクグマの目は球形で、瞳孔は円形である。水中ではなく陸上でものを見ることに適応している。虹彩はつねに茶色であり、私は今までほかの色の瞳を見たことがない。ホッキョクグマの目には、短波長に感受性のある錐体と長波長に感受性のある錐体があり、二色型

ホッキョクグマは色を識別することはできるが、ヒトほどではない。ホッキョクグマの小さい目は、雪盲のリスクを減らし、雪が吹き荒れているときの視界の確保に役立っていると考えられる。

の色覚を持つ。短波長の錐体は青紫色の光、長波長の錐体は黄色の光にもっとも敏感である。ヒトでは、これらに加えて中間の波長に感受性のある錐体がある。この錐体は緑色にもっとも敏感で、ヒトは三色型の色覚を持つ。海氷の上で暮らすホッキョクグマにとって、緑色が見えなくてもたいしたことではない。ホッキョクグマの目には桿体が多く、夜でもよく見える。このことは、長い北極の夜では明らかに有利である。闇夜、あなたがホッキョクグマを見たときには、すでにホッキョクグマはあなたの姿を見ているだろう。もっとも、ホッキョクグマは見るよりずっと前に、においであなたに気づいているだろう。

　私が初めてホッキョクグマの色覚に気づいたのは、ハドソン湾西部で野外調査を行っていたときだった。パイロットがツンドラの上の私を見つけやすいように、私は明るい蛍光オレンジの合羽を着ていた（これはGPSを使うようになる前のことだ）。ある雨の日、8カ月齢の子グマたちに近づこうとしたとき（母親は麻酔されていた）、私は彼らがひどく動揺しているのに気づいた。私が近寄ると彼らは一目散に逃げて行った。なにかおかしいと感じ、新調の合羽を脱いだところ、今度は子グマたちに近寄ることができた。

第2章　ホッキョクグマという動物 —— 27

ホッキョクグマは光量の少ない状況でもよく見える目を持っているが、これは北極の暗い冬に狩りや移動をするために必要不可欠な適応である。

　ホッキョクグマの目の露出部は小さく、雪が吹き荒れたり、一日中日照があるような環境においては、明らかに好都合である。雪面で反射した紫外線によって眼球の表面が焼けると雪盲になる。雪盲になると非常に痛い。ヒトの場合、晴天ならほんの数時間で雪盲になることがよくある。では、夏の間、一日中日光にさらされているホッキョクグマの目は、どのように雪盲を防いでいるのであろうか。答えは不明である。ジリス類も雪盲に耐性があるが、角膜のなかに黄色い色素を持ち、それがサングラスのような働きをしている。日中に活動する哺乳類では、荷電分子のアスコルビン酸、すなわちビタミンC（アスコルビン酸塩）が、角膜と水晶体の間の液体（眼房水）に高レベルで存在する。アスコルビン酸は紫外線を多量に吸収し、目を守る。多くの哺乳類では目の表層（角膜上皮）にもアスコルビン酸が含まれており、ここにもフィルターの効果があると考えられる。鳥類では、アスコルビン酸の代わりに尿酸がその働きを担っている。ヒトを含む一部の哺乳類では、涙のなかに尿酸が含まれており、

これも紫外線からの目の保護に役立っている可能性がある。ホッキョクグマが雪盲にならないことは確かなので、彼らの涙や目にも、サングラスのような働きをする物質があるはずである。ホッキョクグマの涙を採取・分析することでこの謎を解くことができるかもしれない。

雪盲にならないのはホッキョクグマだけではない。多くの動物種が、雪盲に対処するメカニズムを進化させてきた。選択圧は強力であろう。ハイイロオオカミに狩られるカリブーが雪盲であったら、結末は1つである。北極に住むイヌイットの人々は、動物の枝角や骨に、見るには十分だが目を傷つけない程度の光が入るように水平な切れ目を入れ、雪用のゴーグルをつくる。

美しいクマの足

足のどの部分が地面と接するかによって、哺乳類の歩行様式は3つのタイプに分類される。ホッキョクグマ、アライグマ、ネズミ、そしてヒトは、みんな足の裏を地面に接して歩く（蹠行性）。ホッキョクグマの前足は、つま先で歩く様式にややシフトしている（半趾行性）という意見もある。ネコ科やイヌ科の動物は完全に趾行性であり、指のみが地面と接する。趾行性の歩行は、スピードや操縦性が重要である場合に役立つ。3つめのタイプは蹄のある動物で見られる蹄行性で、指の先端のみが地面と接する。体が重く、スピードではなく力強さや安定性が重要なクマの場合、蹠行性がもっとも適しているといえる。その動物においてスピードと力強さのどちらが重視されるかによって、四肢の構造は変化する。足の速い動物は、四肢の骨が細く、腰と肩の筋肉が大きいが、四肢の運動平面には制限がある。みなさんも、速く走るときに足が左右にブレて、捻挫や骨折するのはごめんでしょう。力強さが重視される動物は、がっしりした四肢を持つ。獲物を殺すためであったり、ホッキョクグマの祖先の場合だと、根っこを掘ったり朽木を壊してなかの昆虫にありつくためである。ホッキョクグマの四肢は、大きい可動域を持つような構造で骨格とつながっている。とくに前肢の可動域は大きく、滑りやすいアザラシを爪で引っかけるのに役に立つ。

ホッキョクグマの手足は見てのとおり大きい。歩くとき、ホッキョクグマの前掌は内側を向いていて、内股歩きのように見える。もっとも多く見られるホッキョクグマの歩様は、常歩である。襲歩や側対歩もできるが、斜対歩はできない。歩いているクマを後ろから見ると、腰が揺れているのがはっきりとわかる。大きなオスの場合だと、後肢が小さな円を描いて動いているように感じられる。

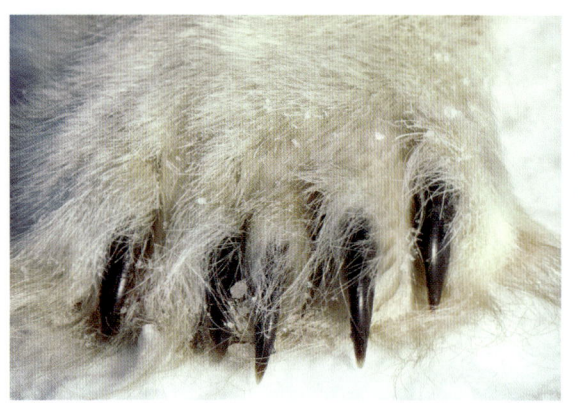 

ホッキョクグマの爪（左）は、短く、曲がっており、そして鋭い。逃げる獲物を引っかけるのに適している。グリズリーの爪（右）は、もっと掘削工具に近い感じである。グリズリーの爪は、根を掘り返したり、昆虫がたくさんいる朽木を割くために使われる。

ホッキョクグマの巨大な四肢の骨は、グリズリーから少し変化しているだけである。ホッキョクグマの前肢と後肢の骨は、水中生活に適応した結果、グリズリーよりも密である。ホッキョクグマは非常に優れた遊泳能力を持つ。ホッキョクグマが泳ぐときには、パドルのような前肢を使い、後肢はダラっと後ろに垂らしている。後肢は水中に潜るときと方向転換をするときに使われる。ホッキョクグマの四肢の骨を変化させるような選択圧は強くない。ホッキョクグマは歩くことと泳ぐことの両方のバランスをとらなければならないからだ。ホッキョクグマの前掌は、ほかのクマ類のものとよく似ていて、驚くほど器用である。

　クマは、爪をあたかも指のように使うことができる。爪は、アザラシを捕まえ殺す際に最初に使う道具である。爪は引っ込めることができない（これはほとんどの食肉類にあてはまる。チーター以外のネコ科動物は例外である）。ホッキョクグマの爪は黒〜茶色で、先端にいくほど色が薄くなる。爪の先端は、ほとんど透明で、短く、曲がっており、とても鋭い。ホッキョクグマの爪は、グリズリーの爪よりもネコの爪に似ている。グリズリーの爪は、長く、先端が鈍く、穴を掘るのに適している。ホッキョクグマを取り扱う際には、爪がとても鋭いことを忘れてはいけない。ホッキョクグマの手足を動かすときに、私が自分の手を切ってしまったのは一度や二度ではない。爪は年齢とともに白くなり、20歳を超えたホッキョクグマの爪は、淡い色をした蠟のような外観となり、爪の縁は薄い茶色になっていることが多い。幼い子グマの爪は、茶色がかった淡いブロンズ色をしている。ホッキョクグマの爪は、アメリカクロクマの爪に似ている。アメリカクロクマの爪は曲がっているが、木に登る際に役に立つのでその形質が保存されているのだろう。そうすると、こういう疑問が浮かぶ。ホッキョクグマは木に登ることができるのだろうか。ハドソン湾にはクマが登れそうな大きなシロトウヒがあるが、私は、ホッキョクグマが木に登るのも、登ろうとした痕跡も一度も見たことがない。大人のグリズリーは木

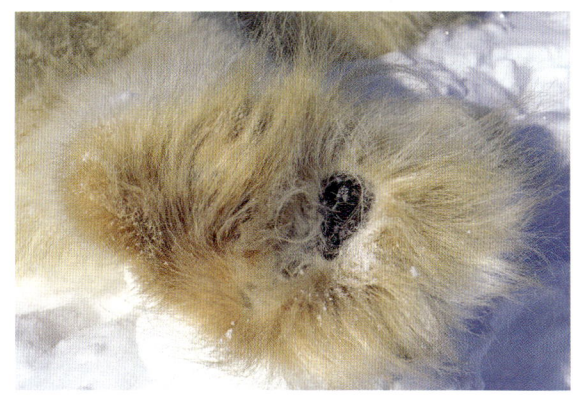

左：ホッキョクグマの後足の肉球のまわりには、たくさんの毛が生えている。毛は足先を温かく保つとともに、氷や雪をしっかりとらえるのに役立つ。
右：グリズリーの後足には、ホッキョクグマのように断熱性に富んだ毛はなく、足裏全体が肉球である。グリズリーは冬眠するため、厳しい寒さに対応する必要がほとんどない。

に登ることはできるのだが、単にあまり登らないだけである。私は一度、ホッキョクグマが梯子を登って、イヌの餌のアザラシが置いてある櫓に上がったのを見たことがある。彼らにとって木に登ることはたいした試練ではないはずだ。

　ホッキョクグマは、雪と海氷の上を歩くことによく適応している。海氷には凹凸があり、雪に覆われている。淡水氷と違い、とりわけ滑りやすいわけではない。ただし、雪に覆われていない再凍結した水路は別である。ホッキョクグマの足は、ほかのクマ類と違い、毛に覆われている。肉球のまわりや指の間に生える毛は、氷の上で滑り止めになり、彼らの足を温かく保つ役割を果たしている。黒、もしくは黒とピンク色をした肉球は、厚い線維性結合組織でできており、足とそのなかの骨を守っている。それぞれの指先には小さく丸い指球がある。指球の後方の肉球は、ほかのクマ類同様に、融合して1つの大きなクッションになっており、足裏の幅方向全体に広がっている。前足の場合、さらにその後ろに小さく丸い肉球がある。後足の肉球は前足と似ているが、指球の後ろの肉球がずっと大きく細長い。肉球の表面は紙やすりのようにザラザラしている。直径1mmの小さい凹凸（乳頭）で覆われていて、肉眼でも見える。乳頭は、線維性タンパク質（ケラチン）が渦巻き状になってできており、周囲はくぼんでいる。

　自然の"ノンスリップ"素材であるホッキョクグマの肉球は、かつて、スリップによる労働災害を防ぐための靴を開発することを目的に研究されていたことがあった。もしかしたら爪付きの作業靴は有効かもしれない。爪は、ふんばるのに大きな役割を果たしているからである。たとえば、ホッキョクグマがものを押すとき、ふんばる力は爪に由来する。このときのクマの前向きの動きは、つま先がクマの体を押すことによって生まれるためだ。爪はこのほかにも、急な斜面を登下降するとき、そして捕食や防衛の際にも使われる。急な斜面では、ホッキョクグマは爪で斜面をとらえ

ながら、後ろ向きに降りることが多い。私はかつて、片方の前足に指が6本あり、そのすべてに爪がついている大人のメスを捕獲したことがある。しかし、標準的には1つの足に指は5本である。しっかり足元をとらえる以外に、ホッキョクグマの足は滑るためにも使うことができる。私は、ほかのクマや研究者から逃げていくクマが、片側の2本の肢を固定し、反対側の2本の肢を蹴ることで、平坦な氷の上を素早く進んでいくのを何度も見たことがある。ホッキョクグマのスケートボードといったところだ。

　ホッキョクグマを含む多くの動物種で、四肢は深部体温よりもずっと冷たくなるが、凍るまでにはならない。ホッキョクグマは、凍った場所を歩いて生涯のほとんどを過ごすため、手足が凍らないような適応を遂げているのである。非常に寒い日でも、ホッキョクグマの肉球は触ると温かい。ホッキョクグマを探知するために使用された赤外線カメラがもっとも明瞭なシグナルを得たのは、鼻、目、息、そして雪についた足跡からであった。肉球がその役割を果たすためには、幅広い温度域で適正な機械的性質を維持しなければならない。このため、肉球には、体のほかの部分に比べて不飽和脂肪酸の割合が多い可能性がある。ホッキョクグマの四肢に対向流熱交換システムがあるかどうかは定かではない。鳥類や哺乳類で一般的なこのシステムは、四肢が冷えていても体幹を温かく保つことができる。このシステムは、家屋の熱交換器と似ている。足に向かう温かい動脈血が、足から戻ってきた冷たい静脈血のそばを通る。そうすると、温かい動脈血から冷たい静脈血へと熱が伝わり、動物の体幹は温かく保たれるのである。

大切な部分

　ヒト以外の霊長類を含む多くの哺乳類のオスに見られるように、ホッキョクグマの陰茎には骨（陰茎骨）がある。陰茎骨は、骨格のほかの部分から遊離していて、交尾の際に機能する。陰茎骨は、10歳くらいまで長さ方向に成長し、その後4～5年、さらに重量を増す。ホッキョクグマの陰茎骨は、グリズリーの陰茎骨に比べ、曲がりが小さく、細い。陰茎のなかの血管に富んだ部分に血液が充満することで、陰茎は長さ、直径、硬さを増し、交尾可能となるが、それまでは体壁に隠れている。陰茎周辺の毛は、長く、黄色味を帯びていることが多く、横から見たときにその毛でクマの性別を判断できることもある。

　大人のオスの睾丸は、後肢によってうまく隠されている。睾丸は、3～6月の交尾期に長さと重さを増す。ホッキョクグマの睾丸の構造はほかの哺乳類のものと類似していて、重さは大人のオスで1個100ｇほどで

ある。哺乳類の睾丸の大きさは配偶システムに影響される。メスをめぐる競争が激しく、交尾回数が多い種ほど睾丸が大きい傾向がある。同時に、大型の哺乳類では、小型の哺乳類に比べ、体の大きさのわりに睾丸が小さい傾向がある。けっきょくのところ、ホッキョクグマの睾丸はめだつものではない。

　哺乳類のなかで見ると、ホッキョクグマのメスの外生殖器も、オスのそれと同様、めだつものではない。注目に値するのは、陰唇の季節変化くらいだろう。交尾期、日を追うにつれて陰唇が腫脹する。通常、交尾を許容するメスでもっとも腫脹している。メスの尾の下、外生殖器の周辺には、尿で黄色くなった長い毛があることが多い。こうした毛が見えれば、遠くから性別を判断する手立てになる。

　ホッキョクグマのメスには乳房が4つある。これは、1回に生まれる子どもの平均的な数のおおよそ2倍という哺乳類の一般的なパターンに従っている。乳房はしっかりと毛に覆われているため、見えることがあるのは、授乳しているメスを横から見たときだけである。4つの乳房は胸に

このメスグマは、後ろにもたれかかった典型的な授乳姿勢で、4つの乳首を子グマに向けている。子グマたちは脂肪たっぷりのミルクを飲んですくすくと育つ。

あり、正中線の両側5〜8cmの位置にある。2つは前肢の腋の下のすぐ後ろにあり、残りの2つはその後方約15cmの位置にある。ときどき、通常の乳房の後ろに、余分に1〜2個の乳房がある場合がある。また、まれではあるが、こうした余分の乳房が後肢の間（鼠径部）にあることもある。こうした余分の乳房は、機能することもあれば、機能しない場合もある。グリズリーやアメリカクロクマには、機能する乳房が6つあるが、厳しい北極圏の環境では1回に多くの子グマを育てることはむずかしい。少ない数の子グマを育てるために6つの乳房は必要ないので、ホッキョクグマの乳房は2つ少なくなったのである。授乳経験のないメスの乳首は小さく、乳房は平らで未発達である。乳首は10歳代前半まで長く、幅広くなっていくため、メスのホッキョクグマの年齢を乳首の大きさでおおまかに推定することもできる。

ホッキョクグマの内側

　一般的に、肉食動物は、とりたてて特徴的な内臓は持っていない。ホッキョクグマの胃は単なる1つの袋で、そこでは化学的消化と物理的消化が起こる。植物や果実、鳥、トナカイ、あるいはほかの繊維質に富んだものを食べたホッキョクグマの糞は、未消化物を多量に含み、グリズリーの糞と見分けがつかない。ホッキョクグマの体内を食物が通過するのにかかる時間は、なにを食べたかによって異なる。脂肪を食べたクマは、およそ36時間後に、緩い便を排泄する。その便の性状は、黒〜茶色の液状油と表現するとぴったりである。骨や筋肉、皮などを含むものを食べた場合の通過時間は短く、14〜17時間である。

　ホッキョクグマの腎臓は、ほかの臓器とは異なり、注目に値する。腎臓にはたくさんのヒダや凹凸があり、いくつもの腎葉に分かれている。このたくさんの腎葉で、海生肉食動物は、食物から摂取した塩分の調節を行っている。1930年代のある研究は、ホッキョクグマには65の腎小葉があり、肉食動物で最多であったと報告している。

ホッキョクグマの香り

　クマ類の臭腺については未解明な点が多い。においは、行動において明らかに重要な役割を担っている。私は、大人のオス2頭がたがいに歩み寄り、儀式的な動作で相手の首や肩に沿って鼻を動かすのを何度も見たことがある。それはまるで嗅覚を使って検査を行っているかのようだった。多くの肉食動物は、指の間の皮膚ににおいを発する汗腺を持っている。ホッキョクグマが、どのようなにおいの情報をおたがいから得て

BOX　ホッキョクグマの肝臓とビタミンA

　大昔に、北極のどこかで、ある先住民のグループの1人がホッキョクグマの肝臓を食べたところ、とても不幸な目に遭った。この某さんが死んでしまったのか、それともひどい病気になっただけなのかは記録されていない。しかし、この出来事は言い伝えとして残っていた。それは、最初期の北極探検者たちが、ホッキョクグマの肝臓を食べることの危険性をイヌイットが知っていたと報告していることからわかる。ロシアのノヴァヤゼムリャで越冬していた人物が書いた1597年の日記が、ホッキョクグマの肝臓を食べることの危険性についての最初の文書記録だと考えられる。みんながみんな、この記録に注目したわけではないようだ。なぜなら、北極探検の記録には、ホッキョクグマの肝臓を食べて災難に遭った話があふれているからだ。

　1907年3月、デンマーク探検隊の医師は、そうした気の毒なごちそうを食べた19人の症状を報告している。症状が現れ始めたのは食後3〜4時間で、頭痛、倦怠感、そして抵抗できないほどの睡魔に襲われた。その後、めまい、眼球の痛み、嘔吐、下痢、便秘が続いた。肝臓をもっとも多く食べた者では、筋肉の痙攣、腕や足がつるという症状が現れた。さらにその後には、食欲が低下し（これは驚くには値しないが）、口のなかでいやな味がしたり、舌に灰色を帯びた膜ができたりした。1日以上経つと、口のまわり、手や足の皮膚がむけた。皮膚がむける症状は1カ月ほど続いた。イヌイットの古い伝承によると、ホッキョクグマの肝臓を食べて死ぬこともあるという。

　なぜこのような反応が起こるのかは、第2次世界大戦後にある研究が行われるまで謎であった。その研究では、ホッキョクグマの肝臓を実験用ラットに給餌した。ラットは死亡した。しかし、ビタミンAを取り除いたホッキョクグマの肝臓を食べたラットは元気であった。ヒトやラットは、ホッキョクグマの肝臓を食べるとビタミンA過剰症、すなわちビタミンAのとり過ぎになってしまうのだ。

　動物体内のビタミンAは、その80％が肝臓に蓄えられている。ビタミンAは、伊東細胞とも呼ばれる肝星細胞内の脂肪滴に蓄積される。ホッキョクグマはヒトの20〜100倍のビタミンAを蓄積しているが、約4倍の数の伊東細胞を持つことによって毒性の発現を防いでいる。食物連鎖の上位へいくにつれ、ビタミンAは蓄積されていく。ホッキョクグマの主食であるアザラシも、その体内に高いレベルでビタミンAを蓄積している。

アゴヒゲアザラシはホッキョクグマの主要な食物である。アザラシにおける高レベルのビタミンAは、食物連鎖の上位にいくことで生物濃縮され、ホッキョクグマにおいて極限レベルになる。

いるのかはよくわかっていない。しかし、飼育下のクマでは興味深い研究がいくつかあり、個体識別を可能としたり、繁殖状態を示す臭腺が足にあるのではないかということが示唆されている。

　多くの肉食動物は、コミュニケーションや防衛のためのにおいを肛門嚢で産生する。ホッキョクグマに肛門嚢があるかは不明であるが、グリズリーにはあり、90種類以上の化合物が含まれている。ホッキョクグマ

に肛門嚢はあるのか、また、それは社会構成においてどのような役割を果たしているかがわかれば興味深いだろう。ホッキョクグマのにおいを嗅ぐ機会があったとしても、私たちの微弱な嗅覚ではあまり多くの情報は得られない。ホッキョクグマは、清潔な雪の環境にいて、海水の風呂にもよく入るおかげか、驚くほど"無臭"である。グリズリーはもっと"犬っぽい"においがする。それは不快なものではないが、あえてどちらかを家に招待しなければならないとすれば、多くの人はグリズリーよりもホッキョクグマを選ぶだろう。

ホッキョクグマの染色体

ホッキョクグマは母親から37本、父親から37本の染色体を受け継いでいる（2n=74）。ホッキョクグマのほかに5種のクマが同数の染色体を持つ。これほど多くの染色体を持つ肉食動物はめずらしい。染色体数が少ない肉食動物のなかで、クマとイヌは例外的である。アライグマの染色体数は少なく、両親から18本ずつの36本である。なぜクマとイヌが多くの染色体を持つことになったのかは不明である。染色体数が多くなるのは染色体の分断の結果であるので、それがクマの進化の過程で何回も生じてきたということになる。クマ科のなかで比較的早く分化したことを反映し、ジャイアントパンダの染色体数は42本、メガネグマは52本である。ヒトの染色体数は46本である（グッピーと同じ）。染色体数が多いほど、卵子と精子が融合したとき、染色体の組み合わせの数が増えるが、これがその動物種にどのような効果をもたらすのかははっきりとはわかっていない。

冬眠すべきか、せざるべきか

ホッキョクグマに独特な行動の1つとして、妊娠したメスのみが長期間冬眠することがあげられる。これは、近縁のグリズリーの行動とは異なるものである。1年でもっとも暗く、もっとも寒い夜が続く時期、グリズリーはどこにも見られない。彼らは丸くなってぬくぬくと、巣穴のなかで冬眠しているのだ。しかし、ホッキョクグマは海氷の上にいて、生き抜くための食料を探している。冬眠は、厳しい気候と食料不足を乗り越えるために、多くの哺乳類で見られる適応であるが、ほとんどのホッキョクグマは冬眠をしない。それは、食べものが十分にあり、寒冷な環境も問題ではないことを示唆している。

哺乳類の冬眠の特徴は、物理的および生理的な活動が抑制されることにある。体温、呼吸、心拍数、および代謝率の低下は冬眠の特徴で

冬眠は、北極の哺乳類にとくによく見られる戦略というわけではない。ジリスは深い冬眠状態に陥り、心拍数、呼吸数、体温が劇的に低下する。ホッキョクグマを含むクマ類では、これらのバイタルサインの低下はずっと小さい。

ある。研究者のなかには、クマの冬眠は、食料の欠乏への対応として、哺乳類のなかでも、もっとも洗練されたものであるという者もいる。妊娠したホッキョクグマは、最大8カ月間、こうした休眠状態で過ごすことができる。この間、クマは飲まず食わずで、尿も糞も排泄しない。冬眠中のホッキョクジリスは、深い冬眠状態に入った後、4〜10日おきに覚醒し、老廃物を排泄しなければならない。ジリスの冬眠を促す血液中の化学物質である"冬眠導入トリガー"は、ホッキョクグマでも見つかっているが、種間の差は大きい。

　妊娠中のホッキョクグマにとって、エネルギーを温存するため代謝率の低下は必須である。ホッキョクグマは深い冬眠状態には陥らないため、研究者によっては、"休眠"や"トーパー（鈍麻状態）"という言葉を使う人もいる。体温は通常時の37℃を少し下回るだけである。心拍数は通常時の約40から27に低下し、呼吸数は顕著に減少する。ホッキョクジリスは深い冬眠をするので、体温は周囲の温度と数度の差ほどまでに下がり、ときに氷点下になることもある。冬眠中のジリスは拾い上げて手にすることができる。室温で活動状態になるには1時間ほどかかるからである。クマは体温をジリスほど低くすることはできない。体温を通常の温度に戻すのに多大なエネルギーが必要となるからだ。冬眠中のホッキョクグマは、通常の活動時に比べ、エネルギー消費を60%以上抑えることができる。冬眠は、厳しい環境から逃れ、エネルギーを温存するための手段であるが、ホッキョクグマの場合、冬眠はおもに繁殖のため

第2章　ホッキョクグマという動物 —— 37

この写真のアメリカクロクマのような、冬眠するクマ類には、巣穴で冬を越すための特殊な生理的適応が数多く見られる。老廃物のリサイクルや、筋肉と骨量の維持は、長い冬の絶食期間を乗り越えるために必要不可欠である。この絶食期間に、母グマは子グマたちを、安全な巣穴から出られるくらいまで大きくしてやらなければならない。

に行われる。

　アメリカクロクマ、グリズリー、ホッキョクグマには4つの生理的な状態がある。通常活動（normal activity）、歩行冬眠（walking hibernation）、冬眠（hibernation）、摂食亢進（hyperphagia）の4つである。性別や年齢を問わず、クマは飢餓に陥ると、歩行冬眠と呼ばれる通常とは異なった生理状態になることがある。この状態は、血清中の尿素とクレアチニンの比の変化によって特徴づけられる。血清尿素はタンパク質代謝を反映している。一方、血清クレアチニンはあまり変化しないため基準値として用いられる。ホッキョクグマが歩行冬眠状態にあるときには、その比が10に近づく。この状態にあるときは、ホッキョクグマは、窒素を含む老廃物を必須アミノ酸にリサイクルすることができ、筋肉組織の損失が最小限に抑えられる。グリズリーやアメリカクロクマは、冬眠直前、もしくは冬眠中にこの状態になる。一方、ホッキョクグマは、十分な体脂肪の蓄積があれば、いつでもこの状態に入ることができ、その状態で活動することができる。

　クマは、巣穴で冬眠している間は食べていないため、排便しない。また、窒素をリサイクルすることができるため、冬眠中は排尿することがなく、水分を節約することができる。窒素をリサイクルするということは、筋肉が失われないということも意味する。一冬を巣穴で過ごした後に海氷の上を歩き回ってアザラシを狩るためには、筋力の維持が不可欠である。さらに、冬眠中に骨量があまり減らないことも、クマの進化的適応の1つである。身体的活動が制限された場合には骨量が減るのが普通なので、これは特筆すべき能力である。たとえば、寝たきりのヒトや宇宙飛

行士は骨量の減少に苦しむ。冬眠中のクマは、骨の形成と分解のバランスをとり、骨が強く保たれるような骨代謝を行うことで骨量の減少を防いでいるようである。

　ホッキョクグマに見られる冬眠への適応は、肥満、拒食症、腎疾患、骨粗鬆症などのヒト医療に応用できる可能性がある。冬眠中に窒素を必須アミノ酸にリサイクルする能力は、最終的には腎疾患の治療に使えるかもしれない。腎疾患の患者が、窒素を含んだ老廃物をリサイクルすることができれば、腎臓への負担が減り、透析の頻度を減らすことができる。クマがどのように骨量を維持するかが解明できれば、長期の宇宙飛行時における宇宙飛行士の症状の改善や、骨粗鬆症の予防に役立つと考えられる。

発声

　ホッキョクグマの発声はあまり研究されていない。その原因の1つとして、ほかの哺乳類に比べて鳴き声が少ないことがあげられる。ホッキョクグマが鳴くことは、アメリカクロクマやグリズリーよりも少ないと考えられる。攻撃的な状況や求愛時以外、ホッキョクグマの声が聞かれることはほとんどないため、鳴き声のレパートリーの全容はわかっていない。ホッキョクグマが断続的に息を吐いて出す、シュッシュッという蒸気機関のような音は、通常、警告音である。威嚇をしているクマも音を出すことがあり、うなったり、吠えたり、フーフーと息を吐いたり、歯をカチカチと鳴らしたり、顎を鳴らしたりする。メスに求愛するオスは、静かなシュッシュッという音を長い間発する。ホッキョクグマを含む多くのクマには、発声を変化させたり増幅したりするための上咽頭嚢が、口腔のすぐ後ろにある。

　子グマの場合、親から離された場合など、おびえたりストレスがかかったりしたときにはたくさん鳴く。その声は"マァァァオ"と聞こえる長い鳴き声である。子グマが母親から離れて迷ってしまったとき、私はその鳴き声を1kmも先から聞くことができた。やがて母親が巣穴から出てきて、子グマを連れ戻しにいった。授乳時、子グマは、「笹鳴き」と呼ばれる静かなクックッといった音を出す。

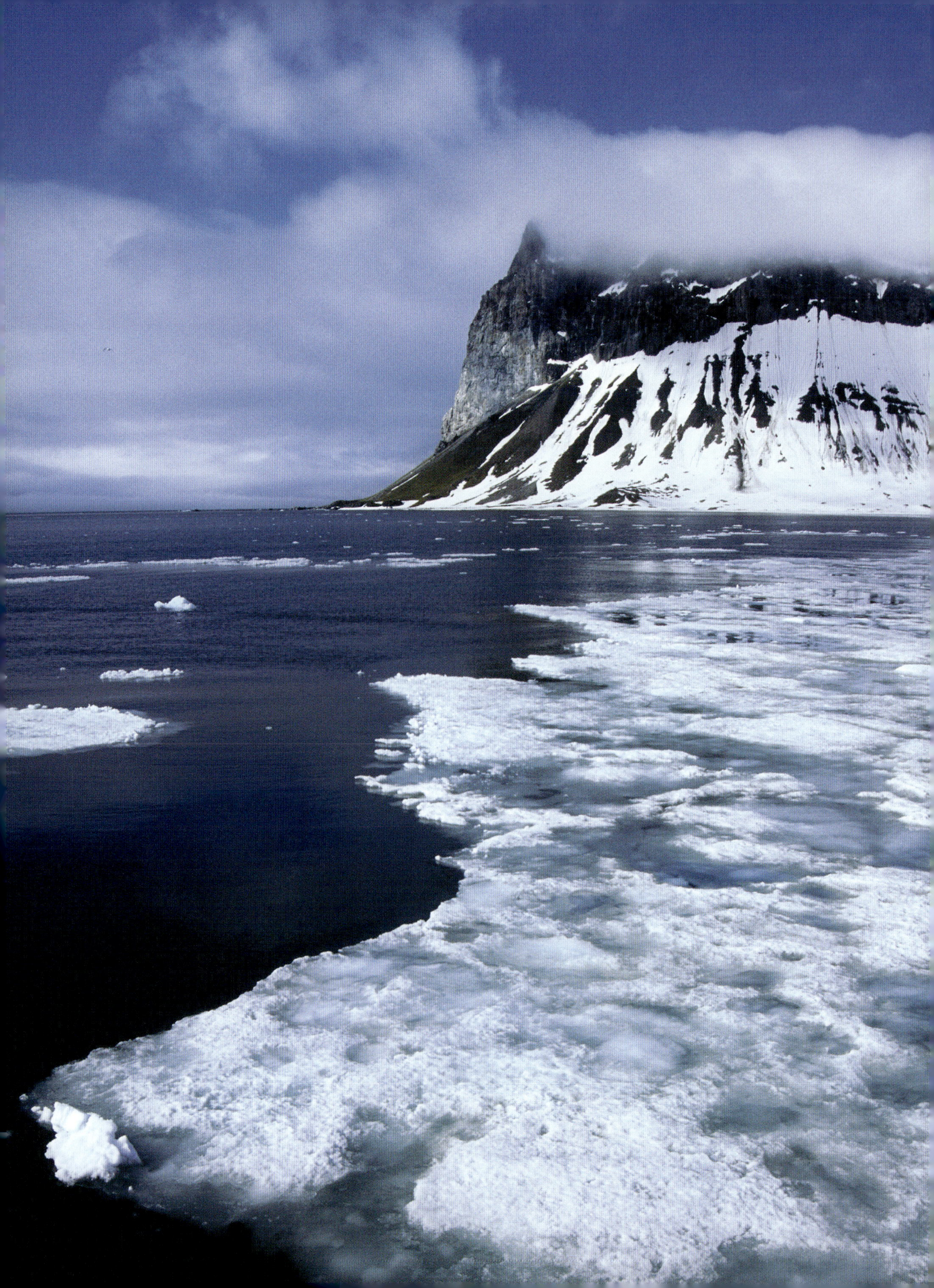

3 進化

　系統樹のなかで、クマ類が哺乳類の若枝の1つであるとすると、ホッキョクグマは小枝の先の芽のようなものである。クマ類は共通する特徴を数多く持っていて、古生物学的には、新しい年代におけるホッキョクグマの系統関係を再構成することも可能なほどである。しかしその一方で、古いクマ類の化石記録は漠然としたものでしかない。このような混乱の原因の1つとして、クマのようなイヌ、あるいはイヌのようなクマの化石が数多く発見されていて、クマ類がどこから発生したのかはっきりしないことがあげられる。

　クマ類の進化の研究には、化石記録と遺伝学を用いた分類学が不可欠である。化石だけを用いて系統を追跡すると、誤った関係を導き出してしまうことがある。化石を用いた研究では、現生のクマはアライグマやレッサーパンダの系統と関係していると考えられていた。しかし、DNAを用いた研究によって、これら2種はイタチ科やスカンク科により近いことが明らかになっている。

　クマ類の祖先の根源はイヌにある。この祖先から発生したグループはクマ類だけではないし、海に移動したのもホッキョクグマだけではない。約2,600万年前、共通の祖先からアザラシ類、セイウチ類（一時、セイウチにはたくさんの種がいた）、そしてアシカ類が発生した。ミナミオットセイ属の属名である *Arctocephalus* は、ギリシャ語の"arktos"（クマ）と"kephale"（頭）に由来し、"クマ頭"という意味である。オットセイの頭蓋骨は今でもクマの頭蓋骨と多くの共通点を持つ。

　約2,500万年前、イヌ類から Hemicyoninae（半イヌ）というクマのようなイヌのグループが生じたが、ここには *Cephalogale* 属が含まれている。*Cephalogale* はアジアで発生し、やがて現生のクマ類へと進化した。アライグマくらいの大きさの *Cephalogale* は肉食から雑食へと変化した。約2,000万年前、*Cephalogale* から、現在知られている最古のクマの祖先種がヨーロッパで発生した。ドーン・ベアー（dawn bear）である。*Cephalogale* は約500万年前に絶滅したが、ドーン・ベアーがクマ類の系統を存続させた。

　ドーン・ベアーはフォックステリアくらいの大きさであったが、そこからは、ホッキョクグマの系統が生じるずっと前に複数の亜科が分岐している。約1,500万年前に、1つの亜科（ジャイアントパンダ亜科；Ailuropodinae）が枝分かれした。現在、ジャイアントパンダ亜科には中国

前ページ：北極の春、フィヨルドや陸地に退くホッキョクグマがいる一方で、あるものは多年氷の上で夏を過ごすために北へ急ぐ。

クマ科において初期に分岐した系統群のなかで、ジャイアントパンダは唯一の生き残りである。ジャイアントパンダはほぼ完全な植物食であるが、"親指"（実際には手首の骨が変形したもの）が発達していて、主食である竹を扱う際に役に立つ。

のジャイアントパンダのみが属する。ジャイアントパンダは、現生クマ類の"姉妹分類群"といわれるものである。姉妹分類群とは、系統樹上の同じ枝から分岐した分類群のことである。ジャイアントパンダの食性は、ほぼ完全に竹のみに依存している。また、その行動圏はホッキョクグマなら午前中に歩き終えてしまうような大きさで、一年中をそこで過ごす。にもかかわらず、ジャイアントパンダとクマ科のもっとも新しい種であるホッキョクグマには多くの共通点がある。

　約1,200万〜1,500万年前には、ドーン・ベアーからメガネグマ亜科（Tremarctinae）とクマ亜科（Ursinae）が発生した。メガネグマ亜科で現存する種は南米のメガネグマ（別名アンデスグマ）だけである。メガネグマ亜科には、すでに絶滅しているが、体重約600〜1,000 kg、肩の高さが2 m以上もあるジャイアント・ショートフェイス・ベアー（giant short-faced bear）が属していた。その長い脚から、彼らは足の速い捕食者か、少なくとも恐ろしいスカベンジャー（死肉食者）であったと考えられている。また、巨大な雑食動物であったとも考えられている。このクマは、これまでに存在したクマのなかでは最大である。更新世（260万〜1万年前）最大の捕食者であったこのクマは、現在のメキシコおよびフロリダからバージニア、カリフォルニア、北はアラスカにいたるまでの地域で発見されている。私のようなクマの研究者にとっては、この恐ろしい捕食者が絶滅してしまったのは残念なことである。もっとも、かつて北米にいたパレオ・インディアンはそうは思わなかっただろうが。ドーン・ベアーから発生したもう1つの亜科、クマ亜科は、オーヴェルニュ・ベアー（Auvergne bear）を経由し、ホッキョクグマへとつながる。オーヴェル

いずれの種もすぐにクマであると認識できるが、Ursus属に属する6種は、それぞれが特定の生態的地位（ニッチ）に適応している。メガネグマ、別名アンデスグマは、Tremarctos属で唯一残存している種である。現在見られる種は、クマの系統樹のほんとうに先のほうだけである。多くの種は、ドーン・ベアーがクマのようなイヌから進化してから2,000万年の間に消えていった。
①ホッキョクグマ　②グリズリー（ヒグマ）　③アメリカクロクマ　④ナマケグマ　⑤アジアクロクマ（ツキノワグマ）　⑥マレーグマ　⑦メガネグマ

ニュ・ベアーは体重約50 kgで、400万〜500万年前に旧世界で発生した。オーヴェルニュ・ベアーは森林性のクマであり、時代が下るにつれ徐々に体サイズが大きくなっていった。クマ属（Ursus）に属する現生のクマは、すべてオーヴェルニュ・ベアーを祖先とする。

オーヴェルニュ・ベアーから分岐した枝の1つに、絶滅したヨーロッパホラアナグマ（European cave bear）がいる。このクマは、もっとも大きいグリズリーほどの大きさであった。ホラアナグマの体重はオスで410〜440 kg、頭蓋骨は幅の広いドーム状である。口吻の基部には明瞭な額段（ストップ）があり、額の立ち上がり角度が急である。ホラアナグマはおよそ28,000年前に絶滅した。気候変動がその原因の1つであった可能性もあるが、古代DNA（半化石物質から抽出したDNA）分析によると、ホラアナグマは25,000年をかけて、徐々に数を減らしていったことが示唆されている。現生人類やネアンデルタール人は、このクマと、まさにクマの名前の由来になっているもの、すなわち洞穴をめぐって競合していたかもしれない。生態学における問題の多くがそうであるように、ホラアナグマの絶滅にはおそらく複数の要因がかかわっていたと考えられる。

約500万年前、地球が乾燥化するにつれ、北半球の哺乳類グルー

プの多くが多様化していった。クマ類は全盛期を迎えたが、更新世の終わりには衰えていった。現在、*Ursus* 属には6種のクマが生き残っている。アメリカクロクマ、アジアクロクマ（ツキノワグマ）、マレーグマ、ナマケグマ、グリズリーあるいはヒグマ（グリズリーとヒグマは同一種）、そしてホッキョクグマである。アジアクロクマ、マレーグマ、ナマケグマはアジアに、グリズリーあるいはヒグマは、北米・アジア・ヨーロッパ・北アフリカのアトラス山脈に分布する。

　ホッキョクグマにいたるには、グリズリーの進化をたどる必要がある。約250万年前、オーヴェルニュ・ベアーからエトルリアグマ（Etruscan bear）が発生した。スペイン、フランス、イタリア、中国で発掘された化石から、エトルリアグマは現在のアメリカクロクマほどの大きさで、徐々に体サイズが大きくなっていったと考えられている。彼らは寒さによく適応しており、氷期と間氷期の環境変化のなかを生き延びた。約200万年前、エトルリアグマからグリズリーが発生した。もっとも古いグリズリーの化石は、中国で約50万年前のものが発掘されている。およそ25万年前にグリズリーはヨーロッパへと移動し、ホラアナグマと同じような場所に生息していた。約25,000年前、大陸氷河が融けるにつれ、グリズリーは北米本土に移動し、さらに南へ進んでメキシコに到達した。グリズリーの南への分布拡大は、ジャイアント・ショートフェイス・ベアーの存在によってゆっくりとしたものになったかもしれない。

　解剖学、形態学、タンパク質の比較、DNA分析のいずれにおいても、ホッキョクグマはヒグマから進化したことが示されている。大きな疑問は、いつ、そしてどのように進化したのかである。ホッキョクグマはグリズリーと少し異なるだけであるが、変化が顕著な点もある。どのグリズリーが祖先であるのか、そしていつグリズリーからホッキョクグマが分岐したのかという問題はまだ研究の途中であり、新しい研究がなされるたびに学説が書き換えられている。ホッキョクグマは海氷の上で生活して死ぬため、よい化石の記録が残りにくく、手がかりがたがいに矛盾してしまうこともある。さらに、食物連鎖の頂点に立つ動物であるため、食物連鎖の下位の種に比べると個体数が少なく、化石も少ない。

　ともかく、ほとんどのホッキョクグマの化石は、進化の理解に多くをもたらしてはくれない。スウェーデン、デンマークおよびノルウェーで出土した化石によって、ホッキョクグマが、少なくとも10,660年前まで北海とバルト海に生息しており、グリズリーと生息域が隣接していたことがわかっている。ホッキョクグマとグリズリーが形態的に似ていることが化石の判別を困難にしている。たとえば、ロンドンのキュー・ブリッジの近くで発

見された骨は、当初はホッキョクグマの大型の亜種 *Ursus martimus tyrannus* のものだと考えられていたが、近年、大型のグリズリーのものであると再分類された。私にとって再分類はちょっと悲しかった。かつて巨大なホッキョクグマがロンドンにいたという話はとてもおもしろいと思っていたからだ。

　北極はこれまでに何度も氷の多い時期を迎えているため、化石の記録がより複雑なものになっている。ホッキョクグマは海氷の変化に応じて移動するため、海氷域の前進と後退は、彼らを南へ北へと移動させた。こうしたさまざまな時期に、ホッキョクグマが正確にどこに生息していたのかは不明であるが、おそらく、ベーリング海や大西洋、太平洋の氷に覆われた海域に生息していたと思われる。また、さらに南に移動してスペインあたりにも生息していたかもしれない。東シベリア海やボーフォート海に退避地があった可能性もある。しかし、もっとも興味深いのは、ホッキョクグマがかつてアイルランドに生息し、そこでグリズリーと交雑していたことを示唆する研究結果が新たに発表されたことである。化石記録からだけではわからないことである。

　ホッキョクグマの進化に関し、初期の仮説では、起源はシベリアにあり、グリズリーからの分岐は約7万〜10万年前、あるいは早ければ20万〜25万年前に起きたと考えられていた。分子時計を用いた遺伝的な研究では、ホッキョクグマが117万年前にグリズリーから分岐したことが示唆され、混乱が増した。シベリア起源説に対する異論が出始めたのは、遺伝的な研究の結果、南アラスカのアドミラルティ島、バラノフ島およびチチャゴフ島に生息するグリズリー（ABCベアー）が遺伝的にユニークであり、ほかのグリズリーから長い間隔離されていたことが明らかになってからであった。このABCベアーは、遺伝的にホッキョクグマによく似ていた。そのため、ホッキョクグマは、アラスカ南東部に生息するグリズ

アラスカ南東部に生息するグリズリーはホッキョクグマと近縁である。ホッキョクグマは、1回の出産で通常2頭の子を産む。ホッキョクグマのメスに、機能する乳房が4つ（左右2対）しかないことは、産子数が少ないことの反映である。この写真で、母グマのお尻のほうにいるグリズリーの子グマは、3対目の乳房から乳を飲んでいる。3対目の乳房はホッキョクグマにはない。

BOX　安定同位体による食性解析

　この10年、安定同位体分析の発達により、生きているホッキョクグマ、あるいは化石であっても、その食性を決定するのが容易になった。同位体とは、同一元素における異なる原子形態のことである。同一元素の原子であっても中性子の数が多いものがあり、同位体は異なる質量数を持つ。安定同位体に放射能はなく、簡単には崩壊しないため、"安定"同位体と呼ばれる。ホッキョクグマの研究では、炭素と窒素の同位体が分析されるが、それぞれに軽い同位体と重い同位体がある。重い同位体は食物連鎖の上位になるにつれて増加する。無脊椎動物を食べるホッキョクジラは、魚を食べるワモンアザラシよりも食物連鎖でかなり下位に位置する。それぞれの種は、独自の同位体比を持っている。

　ホッキョクグマの食性を調べるには、餌となる動物とクマの同位体比を知る必要がある。分析に用いる組織が異なると、同位体比に影響する代謝活動の期間が異なるため、同位体比の決定に少しコツがいることもある。代謝の遅い組織である毛や爪は、それが伸びている間のクマの食性を反映するが、血液は最近1カ月の食性を反映する。一方、クマの呼気は、呼気を採取しているときに代謝されている食物を反映する。骨や歯のサンプルからは、その動物の一生の総合的な食性を推定できる。どういう組織であっても、それに含まれる同位体の比を明らかにするには、余分なものを取り除き、乾燥させ、質量分析計にかける。捕食者と餌になる動物の同位体比が統計モデルに組み込まれ、食性が推定される。

北極における食物連鎖は、底辺に位置する藻類に始まる。藻類は光合成を行い、多様な無脊椎動物の餌となる。食物連鎖の終点は、頂点に位置するホッキョクグマである。たとえば写真にある北極海のヒトデ（左）や等脚類のように、それぞれの種は、食物連鎖における位置に応じて、ある同位体比を持つ。研究者はそれをもとに、どの種がどの種を食べるのかという関係図を描く。

リーに由来する可能性があること、または少なくともABCベアーをもたらしたグリズリーの祖先種に由来する可能性があると考えられた。しかし、1年も経たないうちに、この説はアイルランド説で書き換えられることになった。

　ホッキョクグマの一部が不完全に化石化すると（半化石）、そこからDNA（古代DNA）を回収して分岐年代の特定に用いることができるため、重要な試料となる。現在、もっとも古いホッキョクグマの半化石は、大人のオスの下顎で、13万〜11万年前のものである。この半化石はスバールバルで発見された。この下顎は、そのどこをとってみても、現在のホッキョクグマと非常によく似たものだということがわかる。安定同位体分析によって、そのホッキョクグマは、現在のホッキョクグマと同様に、海洋環境で採食していたことが示唆されている。

　この下顎の犬歯から採取したDNAの分析によって、このホッキョクグマは、ABCベアーとホッキョクグマが分岐する点の近くに位置することが示唆された。このことは、この個体が最初のホッキョクグマに近いこと

を示している。この研究では、約152,000年前にABCベアーがほかのグリズリーから分岐し、約134,000年前にホッキョクグマがABCベアーから分岐したとされた。ホッキョクグマの分岐は、約13万年前に始まったエーム間氷期に近い時期に起きたことになる。エーム間氷期はとくに温暖であった時期であり、そのため"新種の"ホッキョクグマたちが北に移動することになり、分岐が促進された可能性がある。

それではこれが答えなのだろうか。そうかもしれない。ところが、最新の分析結果がすべてを変えてしまった。問題となったのは、ホッキョクグマとグリズリーの交雑が、何千年にもわたって繰り返されていたことであった。数年前であれば、私はこれをありえないことだと思っただろうが、2006年にカナダで射殺されたホッキョクグマとグリズリーの交雑個体が私の考えを変えた。キーポイントは、ミトコンドリアDNAは母親からしか遺伝しないということである。スバールバルの下顎やアイルランドの試料を用いて分析されたのはミトコンドリアDNAであった。もし、メスのホッキョクグマがグリズリーと交雑し、その娘がABC諸島に残ったとしたならば、ABCベアーとの関係はよくわからなくなってしまう。ホッキョクグマの進化について、最新の仮説として3つのオプションが考えられている。1つめは、ごく最近の約35,000年前、ホッキョクグマは絶滅したアイルランドのグリズリーから進化したというものである。しかし、これは考えにくい。2つめは、約9万年前にホッキョクグマはグリズリーから分岐し、ABCベアーやアイルランドのグリズリーと更新世の間に何度か交雑したというものである。（今のところの）最後の仮説は、ホッキョクグマはもっと古い種（125,000年以上前からいる種）で、約85,000年前にグリ

白いアメリカクロクマは、カーモード（Kermode）・ベアー、あるいはスピリット・ベアーと呼ばれ、カナダのブリティッシュ・コロンビア州沿岸で見られる。"クロ"クマから"シロ"クマへの変化は、わずかな遺伝子の変化で起こる。色素を欠くホッキョクグマの被毛が、どのような遺伝的メカニズムによってグリズリーから生まれたのかは、まだ解明されていない。

BOX 交雑個体

ホッキョクグマとグリズリーは、ヨーロッパやロシアの動物園で何十年もの間交雑されてきた。交雑個体には繁殖力があり、ホッキョクグマとも、グリズリーとも交配することが可能である。このことは、両種が遺伝的に非常に近縁であることを示唆している。

交雑個体は動物園の目玉ではあったが、科学的にはそれほど重要な意味はなく、好奇心の対象でしかなかった。しかし、2006年4月16日、カナダのバンクス島の近くで、ホッキョクグマのガイド付きスポーツハンティングをしていたハンターが、ある1頭のクマを撃ってから状況が変わった。彼がホッキョクグマだと思っていたそのクマは、なにかが大きく違っていた。私はそのとき、クマが撃たれた場所から120 kmほど南にある小さな小屋のなかにいた。地元でブッシュ・ラジオと呼ばれている単側波帯無線は、そのクマの話題でにぎわっていた。クマを撃ったハンターのガイドには、そのクマが普通のホッキョクグマでも、普通のグリズリーでもないことがわかっていた。そのガイドは、初めから、そのクマが交雑個体であると見抜いていた。交雑個体はそれ以前には発見されたことがなかったため、現地のイヌクティトゥット語で交雑個体を表す言葉はなかった。それ以降、ピズリー（pizzly；polar bear + grizzly）、グローラー（grolar；grizzly + polar bear）、ナヌラーク（nanulaqまたはnanulak；地元のシグリット・イヌヴィアルイット Siglit Inuvialuit の人々が使う方言でホッキョクグマを意味するナヌーク nanuq とグリズリーを意味するアクラーク aklaq を組み合わせたもの）など、さまざまな呼び名がつくられた。正式には、*Ursus arctos* × *U. maritimus* と呼ばれる。

遺伝子解析から、このオスの交雑個体の母親はホッキョクグマで、父親がグリズリーであることがわかっている。私たちは、同位体や脂肪酸の分析結果から、

春、グリズリーのオスは、メスよりも早く冬眠穴から出るのが普通である。彼らはふらふらと海氷上へ出ていくことがよくあるが、その場合、交尾可能な状態にあるメスのホッキョクグマに遭遇する可能性がある。恋は盲目である。グリズリーとホッキョクグマの最初の野生交雑個体は、2006年、カナダ北極圏で発見された。

ズリーとの交雑が起こり、その後さらに時代が下って35,000〜40,000年前にもアイルランドで交雑が起こったというものである。私はこの最後の仮説がもっともらしいのではないかと考えている。ホッキョクグマとグリズリーの核由来の古代DNAの分析が進めば、分岐年代の謎が少しずつ解明されるだろう。進化はけっして単純な経過で起こるものではなく、系統樹の枝は完全に分岐するまでに何回も交わる可能性がある。グリズリーの祖先からホッキョクグマが進化した過程は、木の枝というよりも、絡み合う蔓のようであったのかもしれない。遺伝子を用いてホッキョクグマの進化の歴史を理解することは、まだ始まったばかりである。今後の解析結果が、再び私たちの考え方を変えることになるだろう。

このクマはホッキョクグマよりもグリズリーのような生活をしていたのではないかと推測している。しかしながら、グリズリーにしては異例なほど早い時期に活動しており、かつ沿岸の海氷の上にいた。これは単におもしろい話というだけにとどまらなかった。2010年4月、最初の交雑個体が撃たれた場所からそう遠くないビクトリア島で、新たな交雑個体が撃たれたのである。このクマは、ホッキョクグマとグリズリーの交雑個体を母に持ち、父親はグリズリーであった。つまり、2世代目の交雑個体であったのだ。カナダ北極圏西部のどこかには、この2世代目の交雑個体を産んだ、メスの交雑個体がもう1頭いることになる。

グリズリーは北へと移動している。その原因は気候変動であるといいたくなるところだが、北への拡大は何十年も続いていることである。グリズリーは、カナダのメルヴィル島、北緯74°にいたるまで目撃されている。グリズリーが2歳のホッキョクグマを殺して食べた例もある。こうしたことは気候変動が原因なのだろうか。それとも別の原因があるのだろうか。この問いに答えるのはむずかしい。グリズリーは近年、北だけでなく東や西のはずれで目撃されたり、その他の"普通ではない"場所で目撃されているからだ。

交雑個体の体色は、ベージュがかった白、白っぽいグレー、茶色がかった白などで、グリズリーよりは淡い色だが、ホッキョクグマよりは濃い。肩のコブはあるが、それほど大きくない。爪は、グリズリーよりは曲がっているがホッキョクグマほどではなく、長さはグリズリーほど長くはない。首の長さも、グリズリーとホッキョクグマの中間である。被毛の断面も中間的に見える。どの点をとって見ても、交雑個体は"中間"である。ちょっとママ似で、ちょっとパパ似なのである。

ほかのクマの交雑個体は動物園で生まれている。ナマケグマとマレーグマ、アジアクロクマとグリズリー、アメリカクロクマとグリズリーの交雑個体が生まれている。このことは、これらのクマの間の生殖隔離が不完全であることを示唆している。自然交雑個体というのはよくあることで、カナダオオヤマネコとボブキャット、オオカミとコヨーテ、ミュールジカとオジロジカの間などで見られる。ホッキョクグマの餌動物でいえば、タテゴトアザラシのオスとズキンアザラシのメスが交雑した例がある。交雑種として生まれた子は、母の種としても、父の種としても、どちらにも満足に適応できず、うまくやっていけないことが多い。

交雑個体は現在の種の概念を覆すものではない。どんなに極端な"ランパー"（lumper；種を大きな群へと区分けする分類学者）でも、グリズリーとホッキョクグマを同じ種と見なすことはないだろう。交雑個体は、最近になって分岐した種は交雑できることを示している。種が十分に進化し遠く離れれば、交雑個体は発生しない。今後、さらに交雑個体が目撃されることになるかどうかはだれにもわからない。しかし、交雑個体を見ようと北極圏にやってくる人が増えていることや、グリズリーが北へ分布を拡大していることを考えると、可能性はある。交雑個体がめずらしくなくなるということはないだろう。また、新しい種にもならないだろう。しかし、進化を予測するなどというのはおこがましいことだ。

　ホッキョクグマがどのように進化したかを理解するには、ホッキョクグマの祖先にかかった選択圧を考える必要がある。陸地にいたグリズリーにとって、少し涼しい場所や、あるいは寒冷化が起きていた地域へ広がっていったことは想像に難くない。海岸沿いの海氷は陸地と見分けることがむずかしい。冬眠穴から出てきた空腹のグリズリーにとって、海生哺乳類の死骸はとてもありがたい食物資源だったであろう。やがて、グリズリーのあるものは、さらに海氷の先へと出ていった。ホッキョクグマより古い種で約500万年前からいるワモンアザラシは、当時、沿岸の海氷上に豊富にいたのかもしれない。もし、そのころのアザラシが、直近の進化の歴史のなかで捕食者に出会ったことがなかったとすると、彼ら

海氷の上に大量にいたアザラシが、ホッキョクグマの祖先を海洋環境へと導いた。海氷へ出るや、ホッキョクグマは、地球上でもっとも特化した捕食動物の1つへと進化した。このホッキョクグマは、仕留めたばかりの若いアゴヒゲアザラシを引きずりながら、海氷の上を移動している。

は捕食に対してとてもうぶであったと考えられる。南極のアザラシには陸生の捕食者がいない。そのため、彼らにあまり気にされることなく、だれでもすぐそばまで近寄ることができる。海氷上へと移動したグリズリーが、こうしたアザラシを早春の豊富な食物資源として利用した可能性は高い。そして、頻繁にアザラシを利用したクマは、より多くの子を残すことに成功しただろう。おそらく、体色の薄いクマのほうがよりうまくアザラシを捕まえることができ、やがて白いクマが普通になったのであろう。

　ホッキョクグマとグリズリーの体色の違いは化石に保存されないため、いつ体色の変化が起きたのかはわからない。しかし、古代DNAを用いた研究ならば、最初期のホッキョクグマがいつ白くなったのか明らかにできるかもしれない。そのような研究を待とう。非常に体色の薄い金毛のグリズリーはめずらしくない。私は、ホッキョクグマと同じくらい白いグリズリーを見たことがある。胸や肩に白い模様があるのも、グリズリーでは一般的である。日本の北にある南千島列島には、頭と首、前肢が白いという、めずらしい体色パターンを持つイニンカリと呼ばれるヒグマがいる。イニンカリとは、アイヌの族長の名である。1791年に描かれた肖像

画のなかで、彼は、白いヒグマの子と黒っぽいヒグマの子を縄につないで連れている。イニンカリと呼ばれるヒグマは、今でもよく目撃されている。アメリカクロクマでも、アルビノではない白色個体がいる。カーモード・ベアー（Kermode bear）、もしくはスピリット・ベアーと呼ばれ、ブリティッシュ・コロンビア州の中部沿岸地域や、その近隣の島々で見られる。

カーモード・ベアーは目や皮膚に色素がある。個体群のなかでの割合が25%に達することもある。白色タイプは黒色タイプに対して遺伝的に完全に劣性なので、カーモード・ベアーが白くなるには白の遺伝子が2つなければならない。黒いクマからカーモード・ベアーへの変化は、色素（メラニン）の生成抑制によるものであるが、それはほんの少しの遺伝子の変化によって引き起こされる。カーモード・ベアーは、1つの遺伝子のなかの1つのヌクレオチド（DNAの基本単位）が突然変異したことで出現した。顕著な違いであっても、同一種のなかでの違いであれば、必ずしも大きな遺伝子の変化を必要としない。ホッキョクグマの体毛に色素がないのはなにによるものか、そして、遺伝子がグリズリーとどう違うのかは未解明である。しかし、そう遠くはない将来に、新しい遺伝的ツールによって解明されていくだろう。

カーモード・ベアーの魚の捕獲成功率は、ホッキョクグマの場合への示唆に富む。カーモード・ベアーのタイヘイヨウサケの捕獲成功率は、夜の場合、黒いクマに比べ低かったが、昼の場合は高かった。日中、サケは黒い物影を警戒するため、カーモード・ベアーは黒いクマよりも魚をうまく捕まえることができる。このメリットによって、カーモード・ベアーの遺伝子は長い間存続することができたのかもしれない。ホッキョクグマの祖先にかかっていた選択圧を想像するのはむずかしくない。色の黒いグリズリーに比べ、色の薄いグリズリーのほうがアザラシをうまく捕まえられたのだろう。白いグリズリーはどの色よりもよかったに違いない。ホッキョクグマの体色にはバリエーションがなく、非常に強い選択圧がかかっていたことが示唆される。

ホッキョクグマの進化と同様なことが、現在、ボーフォート海の海氷に隣接した陸上に生息するグリズリーで起きている。カナダ北西準州のホートン川のあたりには、ジャコウウシからビーバーやホッキョクジリスまで、さまざまな哺乳類を獲物にするグリズリーがいる。さらに、このグリズリーたちは、春には日常的に海氷に出て、ワモンアザラシを狩ったり、海生哺乳類の死骸をあさる。

海生哺乳類を食べることは、明らかに、グリズリーからホッキョクグマに向かう進化の1つのステップである。しかし、種分化には生殖隔離が

必要であるため、ホッキョクグマの祖先はほかのグリズリーから離れる必要があった。エーム間氷期、地球はその惑星動態によって温暖化していて、現在とはずいぶん違っていた。たとえば、ロンドン近郊のテムズ川やドイツのライン川でカバを見かけることができた。エーム期の温暖化によってホッキョクグマの祖先は北へ後退した。その結果、遺伝子流動が絶たれ、種分化を促すのに必要な隔離が生じた可能性がある。もう1つの可能性として、アザラシを狩ることが、ある特定のグリズリーのグループ、もしくは個体群に特化されていたことが考えられる。アザラシ狩りのピーク時期はグリズリーの交尾期と一致するため、アザラシ狩りをするグリズリーは陸にいるグリズリーと生殖的に隔離されるようになったのかもしれない。グリズリーの一部が北へ、そしてさらに沖合へと移動するにつれ、海氷での狩りへの適応が起こるとともに、陸にいるグリズリーとの遺伝子流動が絶たれたのだろう。競合する捕食者がいない状況下で大量のアザラシを利用できたことと、生態学的な条件が劇的に変化したことによって、急速な種分化を促すような強い選択圧が生じたと考えられる。グリズリーからホッキョクグマへの分化はあまりにも急速に起きたため、これは、非常に短い時間で急激な変化の起こる非連続的進化の一例だと考えられている。やがて、もともと陸生であったグリズリーの一部はもはや陸生ではなくなり、氷上のクマが誕生したのである。もしかしたら、ホッキョクグマの祖先は、現在のホッキョクグマ生息域の一部で見られるのと同じように、越冬のために陸に移動して冬眠穴に入ったり、また夏の氷が融けた時期には陸に移動し、可能なときに海氷へと戻っていたのかもしれない。

　海由来の資源への依存度が増すにつれて、初期のホッキョクグマの陸への結びつきは弱まっていった。いつ、ホッキョクグマが真にホッキョクグマであるといえるようになったのかは正確にはわからない。とにかく、氷上のクマは、やがて陸への依存を断った。現在、ホッキョクグマのなかには、一度も乾いた大地を踏むことなく、海氷の上で生まれ、生き、死ぬものもいる。そして、このような進化の道をたどる途中、ホッキョクグマはヒトと出会うことになる。

4 ヒトとの関わり

　最初に北極に住みついたヒトが、大きな白いクマに出会うまで、そう時間はかからなかったであろう。その遭遇でより驚いたのはどちらであったのか、そして食物としてメニューに載ったのはどちらであったのかは知る由もない。しかし、すでにヒトはグリズリーのような大きな捕食者を扱うのに慣れていたため、ホッキョクグマは長い間、ヒトとクマの関係において敗者であったと予想される。ホッキョクグマは、昔から、古代エスキモーやイヌイット（人々の意）にとって文化的にも栄養的にも重要な存在であった。今日においてさえ、ホッキョクグマ（イヌクティトゥット語でナヌーク nanuk / nanuq、チュクチ語でアンカ umky）は北方の人々にとって重要な動物である。

　イヌイットの神話と文化には、ホッキョクグマの伝承がちりばめられている。ホッキョクグマは危険だが非常に重要な獲物であった。また、死んでいても生きていても、クマには敬意が払われた。クマの魂が舞い戻ってきてハンターやその家族に危害を加えることのないように、さまざまな予防策がとられていた。1924年、著名なグリーンランドの人類学者クヌート・ラスムッセンは、銛で突かれたホッキョクグマの魂は、オスならば4日間、メスならば5日間、銛の先にとどまると信じられていることを報告している。死んだクマが悪霊となるのを防ぐために、雪の家（イグルー）のなかには、その毛皮と頭蓋骨が鼻の穴からつるされた。さらに、ナイフや銛の先などの男たちの道具がオスグマの毛皮の近くにつるされ、女性が使うナイフ（ウル）や料理道具などはメスグマの毛皮の近くにつるされた。若い女性は、ホッキョクグマがイグルーに入ってくるのを防ぐための魔よけのお守りを身に着けていた。

　ホッキョクグマに関連する伝統は地域によって多様であるが、コミュニティ内でのホッキョクグマの肉の分配方法に関する慣習は多くの地域に存在し、今でもいくつかの地域では踏襲されている。ホッキョクグマの骨は、かつて、工具をはじめ、フォーク、矢じり、毛皮作製用のヘラなど、さまざまな道具をつくるために用いられた。肋骨からは弓錐や孫の手がつくられた。毛皮は、マットレスとして、あるいは手袋やズボンなどの衣服をつくるのに使われた。アザラシ猟をする際、氷の上を濡れずに滑るためにクマの毛皮を使うこともあった。同じく独特な使われ方として、あまり魅力的なものではないが、棒の先にホッキョクグマの毛皮の切れ端をつけて、ヒトについたシラミをとるのに使っていた。

BOX　神話や物語に登場するホッキョクグマ

　人々の間には、クマと遭遇するようになった初期のころから、クマに関する物語があったと考えられる。ホッキョクグマの話は、ヒトとの一番最初の遭遇から語り始められただろう。伝えるべき大切な教訓があったからである。ホッキョクグマの話は代々受け継がれてきた。お話のなかのホッキョクグマは、ときには優しく、穏やかである。しかしまたあるときには、獰猛な捕食者として描かれている。

　どの北方文化にもホッキョクグマの言い伝えがあるが、そのなかでもイヌイットのものが一番豊富である。人類学者フランツ・ボアズによる1888年の著書『中央エスキモー（The Central Eskimo）』に収録された言い伝えには、イヌイットがUdleqdjunと呼ぶ星座がどのように誕生したかが語られている。3人の男と1人の少年がクマ狩りに出かけた。クマを追いかけている途中、少年は手袋を拾おうとしてそりから落ちてしまった。氷の上に座りながら、少年は、クマが空へと浮かび、男たちを乗せたそりがそれに続いていくのを見た。彼らは、私たちがオリオン座（ギリシャ神話の猟師）として知っている星座の一部になった。クマはNanuqdjungという星（ベテルギウス）、男たちはオリオンのベルト、そりはオリオンの剣になった。

　ノルウェーの民話『白クマの王バレモン（White Bear King Valemon）』は、黄金のリースを譲る代わりに、王の娘を妻とした白クマの話である。クマはかわるがわるヒトの姿とクマの姿になった。黄金、トロール（北欧民話に出てくる妖精の一種）、策略が話を飾り、最後はハッピーエンドで終わる。このクマが森にすんでいたことから、これは白いグリズリーだったのではないかとも考えられるだろう。しかし、1万年前、現在のノルウェーにあたる地域のフィヨルドで、ホッキョクグマは狩りをしていた。それに、民話というものはとても長い間言い伝えられるものだ。

　日本に住むアイヌの人々の神話によると、彼らはホッキョクグマの末裔であるという。皮を剥がされたクマを見れば、そのような神話が生まれた理由に想像がつくだろう。クマの筋肉の付き方はとてもヒトに似ているのである。このようなクマとヒトとのつながりは多くの文化に見られる。北海道では、冬になると今でもオホーツク海沿岸に流氷が接岸する。過去の氷期には、この海をホッキョクグマが歩き回り、アイヌの人々と出会っていたのかもしれない。

　最近のものではこんな都市伝説のようなものもある。私はよく、ホッキョクグマは狩りをするとき、アザラシに見つからないように鼻を隠すのかと聞かれる。私自身はそのような姿を見たことがないし、見たことがあるという話も聞いたことがない。クマは寝るとき、よく手の上に顎を載せるが、私のイヌも同じことをする。ホッキョクグマは左利きであるかと聞かれたこともある。これはだれも研究したことがない。私は、以前は利き手があるとい

　ヒトとホッキョクグマの歴史は、古代ローマまでさかのぼる。そこでは、飼育されているクマがアザラシを追いかけるのを見ることができた。しかし、白いクマはめだったはずであるのに、当時の博物学者たちは明らかにそれについて触れていないため、この記録には疑問が残る。日本や満州では、西暦658年にホッキョクグマの生体や毛皮の記録がある。北欧では、ホッキョクグマの記録は西暦880年までさかのぼることができる。そのころ、アイスランドやグリーンランドの住人は、ホッキョクグマを捕まえ、ペットとしてトレーニングしていた。インギムンドル翁（Ingimundr the Old）は、アイスランドで母グマと一緒に岸へ上がった子グマを2頭捕まえた。彼はそれをノルウェーのハーラル美髪王（King Harold the Fairhaired；850～933）に贈り、そのお礼に材木を積んだ外洋船をもらった。

　ホッキョクグマは中世を通じ、王族の歓心を買うために贈られていた。

うこと自体に懐疑的であったが、セイウチがハマグリを食べるために海底の砂を払うのに、右の鰭を好んで使っているという研究結果が発表されて考えが変わった。さらに、骨格の計測から、右の鰭のほうが大きいことも明らかになった。今後の研究で、ホッキョクグマが左利きなのか、右利きなのか明らかになるかもしれない。

フィリップ・プルマンの著書『黄金の羅針盤（The Golden Compass）』（別題『オーロラ（Northern lights）』）には、鎧グマ（armored bear）と呼ばれる、スバールバルのホッキョクグマが登場する。映画版（『ライラの冒険 黄金の羅針盤』）のなかでCG化された鎧グマは、見た目も動きも驚くほど本物のホッキョクグマと似ていた。この映画は視覚効果部門でアカデミー賞を受賞している。このような映画は、人々のホッキョクグマへの関心を育み、野生のホッキョクグマを見てみたいという気持ちにさせるのではないだろうか。

もっとも危うい神話は、ホッキョクグマが地球温暖化に適応すると信じている人たちのたわごとだ。ホッキョクグマの生態を学び、進化の基礎を理解している人たちにとって、そのようなおとぎ話は想像すらできない。ホッキョクグマは、気候変動の象徴、あるいは"ポスター種（poster species）"に持ち上げられたことによって、活動の求心点になったのと同時に、故意に地球温暖化の科学的事実を無視する人たちの標的となった。

ノルウェーの民話『白クマの王バレモン』では、王の美しい娘が黄金のリースを夢見た。王にはそのようなリースをつくることはできなかったが、王の娘は森にすむ白いクマが黄金のリースを持っているのを見つけた。そのリースを譲ってもらう代わりに、王の娘はその白いクマの王と一緒に行くことを承諾した。この絵はノルウェーの画家テオドール・キッテルセン（1857〜1914）による作品である。

ホッキョクグマの毛皮は1300年までにはエジプトで知られており、生きたクマはドイツ皇帝のハインリヒ3世およびフリードリッヒ2世、イングランド王のヘンリー3世が飼っていた。ヘンリー3世（1207〜1272）の発令した命令書には"ロンドンタワーにいる白いクマを維持するためにロンドンの保安官は1日6ペンスを供出すること、クマが水から上がっているときにつないでおくための口輪と鉄の鎖を用意すること、クマがテムズ川で魚を捕まえるときにつないでおくための強くて長いロープを用意すること"と指示されている。ロンドンの中心街でのそのような光景は目を惹くものであったに違いない。

16世紀のある探検家のグループは、ホッキョクグマの生態について、その一部を知ることになった。1597年、ウィレム・バレンツ（彼の名はバレンツ海の名前の由来になっている）とともに、ロシアのノヴァヤゼムリャ付近を探検した役人はこう書いている。

どんな北方文化も、その地域に生息するクマとの関連を持っている。イヌイットは、現在でもホッキョクグマと非常に強い関わりを持っている。民話や言い伝え、タブーは、今でもホッキョクグマ猟と切り離せないものとなっている。北極の一部地域では、ホッキョクグマの手袋やズボンが、その撥水性からハンターたちに重宝されている。犬ぞりを使ったホッキョクグマ猟はめずらしくなったが、地域によっては今でも行われている。

"私たちのほうへ巨大なクマが向かってきた。私たちは防御の体勢をとったが、彼女はそれに気づき、去っていった。巣穴を見るために彼女が最初にいた場所に行くと、氷に巨大な穴があいていた。それは大人1人分ほどの深さで、入口はとても狭いが、なかは広かった。私たちは穴に槍を突っ込んで、なかになにか入っているか確認した。穴は空だと思われたので、私たちのうちの1人がなかに這い入ったが、見ているのが恐ろしかったため、あまり奥までは行かせなかった"。

ただ、いつもこのようなハッピーエンドというわけにはいかなかった。バレンツ隊の船員2人が海辺で寝転がっていたところ、痩せた大きなクマが忍び寄り、1人の首をくわえた。彼は"私の首を引っ張るのはだれだ"と叫んだ。襲われた船員を助けに20人が駆けつけたが、彼はすでにクマの食事となっていた。クマを追い払うまでに、もう1人の船員が犠牲

となった。残りの船員は安全な船に戻り、慎重にクマへの復讐の計画を立てた。銃や斧を使って復讐は成し遂げられた。その翌日、クマに襲われた2人の船員が埋葬された。

　1773年、第2代マルグレイヴ男爵コンスタンティン・ジョン・フィップスは、英国海軍を率い、2隻の軍艦、レースホースとカーカスで北極へ向かった。ホッキョクグマの学名 *Ursus maritimus* は、1774年のフィップスの著書、『北極への航海（A Voyage towards the North Pole）』で最初に使われた。フィップスは、いくつかの計測値と、ホッキョクグマが"たくさんいる"ということ、"水夫は彼らの肉を食べているが、とても硬い肉である"ということ以外はほとんどなにも書いていない。1774年という年が、正式な分類年としてラテン語の二名法とともに記されている。昔の分類学者は、ときに、すでに記載されている種に新しい名前をつけることがあった。大きな標本や小さな標本が新しい種として誤って同定され、混乱が生じることもあった。このため、ホッキョクグマは、*Ursus marinus*、*Ursus polaris*、*Thalassarctos labradorensis*、*Thalassarctos jenaensis*、*Thalarctos maritimus* など、これでも一部であるが、さまざまな呼び方をされていた。一般的に使われていたのは、*Ursus maritimus* と *Thalarctos maritimus* だけであった。1953年以来、*Ursus maritimus* が正式名で、亜種は知られていない。

　1800年代には北極探検がさかんになり、氷上のクマとの軋轢は続いた。探検家がクマを狩ることもあれば、クマが探検家を襲うこともあった。1869〜1870年、ドイツの東グリーンランド探検隊はクマの襲撃に苦しんだ。ある寒い冬の夜、海岸で温度計をチェックしていた科学者が背後の音に気づき振り向くと、ホッキョクグマが目の前にいた。銃の撃鉄を起こす間もなく、クマは彼の頭をくわえ、引きずっていこうとした。助けを求める叫び声を聞いた船からの発砲で、クマは追い払われた。科学者は重傷であったが、分厚い毛皮の帽子で多少なりとも守られていたため、回復することができた。

　人間が自然界と関わるときはいつもそうであるが、力関係のバランスはたちまち人間が有利なほうへと傾いていった。

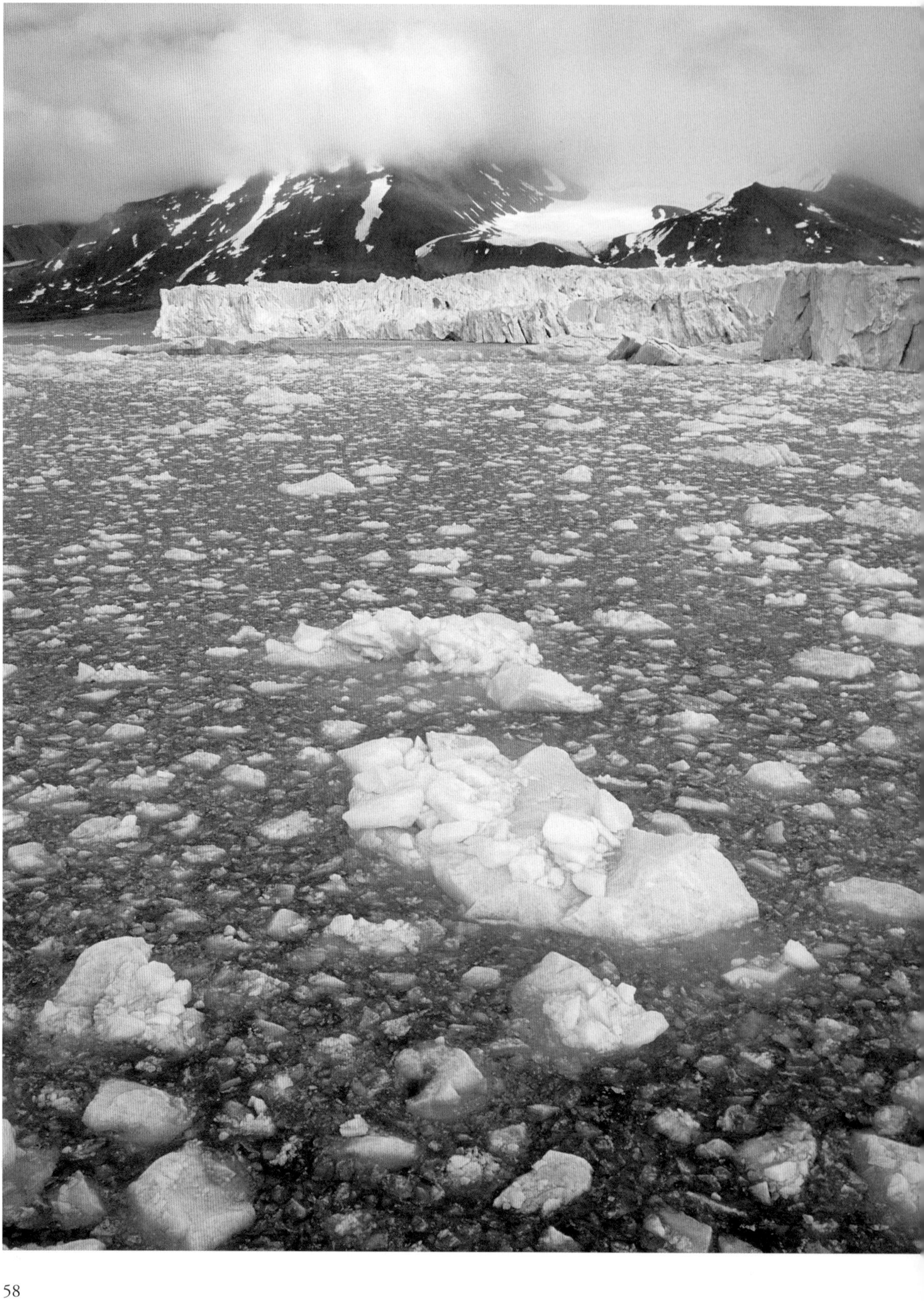

5 北極の海洋生態系

　ホッキョクグマの生息地のほとんどすべてが、米国（アラスカ）、カナダ、グリーンランド、ノルウェーおよびロシアにある。北緯84°以北に陸地はなく、北緯75°以北の陸地は最終氷期の名残の厚い氷で覆われている。しかし、ホッキョクグマがよりどころとしているのは陸地ではなく、彼らの生息域の南端に沿った浅い大陸棚の上に広がる海洋である。

　凍った北極の海が不毛であるというのはまちがった考えである。陸の生態系と比較すると、ホッキョクグマのすむ生態系は単に上下逆さまなだけなのである。北極の海洋生態系の活動は、その大部分が私たちの見えないところで起こっている。それは海氷直下、あるいは海氷自体のなかである。北極では、海氷が森林の土壌と同じ役割を果たしている。海氷がなければ、海氷と関わりを持つ生物種は外洋生態系の生物種に置き換わってしまう。多くの海洋生態系には水−空気界面があるのに対し、北極の生態系はさらに複雑な水−氷−空気界面を有する。海氷は、なにが、どのようにして、いつ成長するのかをすべてコントロールする基質である。また、ホッキョクグマが歩くプラットフォームでもある。

　ヒトを除くと、ホッキョクグマは、氷に覆われた北極の海の食物連鎖の頂点にいる。一般的には、北極の海洋生態系は南方に比べて生物多様性に乏しいとされているが、新種の発見が続いている。一次生産者からホッキョクグマにいたるまでの北極の食物連鎖は、連鎖の段階が少なく、季節や年によって極度に生産性が変動するという特徴がある。もっとも単純にいうと、海洋生態系は2つの部分に分けられる。開放水域（浮遊系 pelagic）と海底（底生系 benthic）である。この相互に関係し合う2つの部分の食物連鎖には、おおよそ5つの段階（栄養段階）がある。陸域と同様、北極の食物連鎖の原動力になっているのは太陽である。日長が長くなるにつれ、北極の食物連鎖は爆発的に活性を増す。遷移と呼ばれる陸域生態系の変化は数十年や数百年単位で生じるが、海氷の生態系では、氷は1年の間に形成・融解・再形成するため、遷移は短い時間で起こる。

　海氷は生態系の構造と生物種の構成を支配している（海氷のない海洋生態系も北極に存在するが、そこにはホッキョクグマが生息しないため本書の範疇ではない）。海氷のなかやその下に生息する細菌やウイルス、藻類、珪藻（ガラスでできた殻を持つ微小な単細胞植物）、原生動物、そして小さな無脊椎動物が、食物連鎖の基礎を築いている。海

前ページ：氷河はホッキョクグマの通常の生息地ではない。ところが、クレバスのような危険があるにもかかわらず、ホッキョクグマは氷河を横切ることが多い。氷河が海氷に出会う場所でのアザラシ狩りは、非常に効率のよいことがある。スバールバル北部にあるモナコ氷河は、モナコ公国のアルベール王子に敬意を表して100年以上前に名づけられた。

このヨコエビ類のような動物プランクトン、いいかえれば"漂流する動物"は、北極の海洋食物連鎖のなかで重要な役割を持つ。大発生する藻類を餌とするこの小さな植物食者は、魚や海鳥、アザラシ、クジラの餌となる。

　氷が凍るときには、塩分濃度の高いブラインチャネルが海氷中に形成される。ブラインチャネルには、髪の毛ほどの太さから鉛筆ほどの太さまで多様なものがある。こうした高濃度塩水の排水路のなかには独自の生態系があって、多様な生物で構成され、独自の周年サイクルを持っている。ただし、すべての生物が極寒に適応しているわけではなく、つぎに氷が融ける時期まで活動を停止するものもある。寒さにじっと耐えるだけの生物種がいる一方で、寒さのなかで繁栄する種もある。そうした種は、寒さのなかで成長・繁殖し、海氷に関連した生物群集（sympagic community）を形成している。珪藻類が発生すると海氷が茶色っぽく染まることが多く、そこに生命が存在していることが見て取れる。氷に適応したこれらの種は、乏しい光量でも光合成できる種が多い。その結果、珪藻は海氷の下面に長い帯をつくり、海氷下の生物群集（epontic community）の餌となっている。北極では、約200種の多様な珪藻が、食物連鎖の底辺を構成している。また、これらの珪藻は、私たちに海の歴史を垣間見せてくれる。珪藻のガラスの殻は、堆積物のなかに良好な状態で保存される。そして、多くの種が特定の温度域でしか成長しないため、海底ボーリングコアを試料に太古の環境を研究する際の手がかりになる。

　海氷は複雑な環境である。海氷が融けると排水路ができるが、そこへはすぐに無脊椎動物が安全なすみかを求めてやってくる。もっとも数の多い無脊椎動物としては、エビのような動物プランクトンであるカイアシ類やヨコエビ類などがあげられる。これらの無脊椎動物は、一次生産者を餌とする。より大きい動物プランクトンが小さい動物プランクトンを食べ、エネルギーは食物連鎖の上位へと移動していく。動物プランクトンには、何年にもわたる複雑な生活環を持つものもいる。春には餌となる生物の大発生に合わせて上層に移動し、秋には捕食されることを避けるために深いところへ移動する種もいる。ホッキョクグマと同じように、多くの動物プランクトンは体内に蓄積した脂肪に依存して冬を越す。大きい動物プランクトンの多くは、海鳥やワモンアザラシ、アゴヒゲアザラシ、ホッキョククジラの餌となる。

　一次生産者を餌とする生物や、肉食性の無脊椎動物に続くのは、よ

り大きい捕食者の集団である。なかでももっとも重要なのはホッキョクダラである。この魚は、長さ30 cmほどにもなる細長い魚で、おもに海氷と関連を持ちながら生息し、海域によっては非常に数が多い。この種は食物連鎖のなかのエネルギーの移動に大きな役割を担っている。若いホッキョクダラは、海氷の割れ目に生息することが多く、ワモンアザラシのおもな餌となっている。

　わずかな量であっても、積雪は海氷中の光透過に影響する。極夜が明けて太陽が戻ってくると、雪が融け、一次生産が増加する。周縁氷帯（開放水面と海氷との境界部分）に沿って氷が融けると、それまでは草食動物や肉食動物から隔離されていた海氷に関連した生物群集が解き放たれ、餌の爆発的な増加が起こる。その結果、生産性は急激に上昇する。周縁氷帯沿いの海水は温かく栄養に富んでいて、幅16〜48 kmにもわたって藻類が大発生する。このような大発生は、藻類の年間発生量の40〜60％を占めることもある。海氷が融けると、生産の舞台は海のなかに移動する。海水の透明度が高ければ、光合成は水深100 mでも起こることがあるが、通常はそれより浅いところでしか起こらない。海のなかには、クシクラゲやクラゲ、美しい殻のないカタツムリであるクリオネ、肉食性カイアシ類、イカなど、多様な捕食者がすんでいる。北極には150種以上の魚が生息しており、食物網にはたくさんのつながりがある。海域によっては、大量のプランクトンを消費するカラフトシシャモ

ミツユビカモメは北極全域に生息しており、海面もしくは海面直下にいる無脊椎動物や小魚を食べる。世界でもっとも数の多いカモメともいわれており、岩群の上に巣をつくり、大規模なコロニーを形成する。1つのコロニーの個体数が数万羽になることもある。

イヌ科の一種であるホッキョクギツネは北極全域に生息しており、沖合の海氷の上で、ワモンアザラシの新生子を捕食したり、ホッキョクグマが残した獲物の残骸をあさっている姿がよく見られる。ホッキョクギツネは海氷に慣れ親しんではいるが、小型の哺乳類や鳥などの陸生の餌動物への依存度が大きい。ホッキョクグマは体の大きさと体脂肪で寒さを凌ぐが、ホッキョクギツネは分厚い被毛で冬の寒さを耐え凌ぐ。

やニシンが、海鳥やタテゴトアザラシ、ミンククジラの重要な餌となっている。海鳥は、40種以上が食物の一時的な増加の恩恵にあずかろうと、北極に渡ってきて繁殖する。キョクアジサシは、南極から往復8万km以上の距離を飛んで、北極で育まれた餌を食べにくる。ほかにもたくさんの鳥や哺乳類が、驚くような渡りを行い北極へやってきて、ひとときの豊かな恵みにあずかる。

　海底における食物網は、北極と暖水域では異なる。たとえば、北極では海草はまれにしか見られない。海藻は岩がゴツゴツした海底には見られるが、浅いところには見られない。海氷によってこすられてしまうからだ。また、海底には多様性に富んだ生物群集が形成されていて、海綿、サンゴ、二枚貝、巻貝、カニ、ナマコ、ヒトデ、タコ、そしてさまざまな魚がいる。アゴヒゲアザラシは海底にいる無脊椎動物、セイウチはおもに二枚貝を食べる。多くの北極の生物種と同様に、セイウチは日和見的な採食を行い、チャンスがあればワモンアザラシを食べる。

　北極の海洋生態系は陸域と強いつながりがあるわけではないが、海鳥によって栄養分の一部は海岸に移動する。海鳥の排泄物がツンドラの肥料となり、北極の砂漠に緑のオアシスが出現することもある。ホッキョクギツネは、唯一、海と陸の両方の世界に強いつながりを持つ種である。イヌ科の小型種であるこの動物は、1年のサイクルのなかで、海氷から陸へ、また陸から海氷へと、軽やかに飛び跳ねながら移動する。ホッキョクグマと違い、ホッキョクギツネはつねに海氷に依存しているわけではない。レミングやハタネズミのような小型哺乳類が豊富にいるときは、ホッキョクギツネは陸にとどまる。小型哺乳類が少ないときは、ホッキョクギツネは海氷を選択し、はるか沖合へと出ていく。北極では、柔軟に食事のプランを立てることが身を助ける。ただ、冬を通して北にとどまろうとするなら、脂肪分たっぷりの食物をプランに加えるのがよいだろう。

6 海氷と生息環境

　ホッキョクグマの生態を理解するには、海氷について知り、それが空間的・時間的にどのように変化するかを理解することが必要である。寒い地方に住む人々にとっては、凍結した池や湖、川はめずらしいものではない。しかし淡水氷は、ホッキョクグマのすむ世界とはほとんど無縁である。ホッキョクグマのすみかは、凍結した広大な海とそれに隣接する海域、そしてそこに浮かぶ氷盤からなる。潮流や潮汐が、淡水系にはないダイナミクスを生む。それに加え、海氷は淡水氷とは違う挙動をとる。淡水氷が割れてしまうような場合でも、海氷は曲がるのだ。もし薄い氷の上を歩くなら、私は淡水氷の上より海氷の上を歩きたい（できることなら薄い氷には一切近づきたくはないのだが）。薄い灰色の氷の上でホッキョクグマを捕まえたときのことだ。着陸するには氷が薄すぎたので、私たちは近くにヘリコプターを降下させた。ヘリから降りてクマのほうへ歩いていく間、足を運ぶごとに氷がたわみ、氷の割れ目からその両側へ小さな噴水のように水が噴き出すのを見て、私は気が気ではなかった。淡水氷なら崩壊していただろう。

　初心者にとって海氷は均一に見える。微妙な違いがわかるようになるには、海氷の上や上空を行き来して、相当な時間を過ごさなければならない。そうすると、海氷上の生息環境の違いが、ほとんど陸上のそれと同じくらい明白に区別できるようになる。風や潮流、潮汐の作用は海氷を変形させ、氷丘脈や氷丘、いかだ氷、クラックといったさまざまな表面形態を生み出す。海氷は二次元的生息環境のように見えるかもしれないが、重要な構造的要素が、氷の高さと深さ、そしてそのなかのクラックの性状に影響する。北極の氷においてもっとも劇的な第3の次元をなすのは氷山である。この氷河に由来する太古の淡水氷の塊が、ホッキョクグマにとって重要になることはあまりない。ホッキョクグマの研究者がもっとも関心を持つのは、形成されて1年未満の氷である。

　ごく単純にいうと、海氷の形成は、水温の低下によって形成される氷の結晶に始まる。氷の結晶はゆっくりと合体し、さまざまな型の氷を経て堅固なプラットフォームとなる。塩分濃度に依存し、海水はおよそ−2℃で凍る。氷の結晶はさまざまな形で形成され、海面へ浮上して氷晶を形成する。氷の結晶が厚くなるにつれ、油をひいたように見えるツルツルした氷が形成される。この氷は、いみじくも「グリース・アイス」と呼ばれる。風、潮流、そして潮汐によってつぎに起こることが決まる。

次ページ：春になり北極の氷が融けると、ホッキョクグマにとって狩りの条件は悪くなる。アザラシは、ホッキョクグマに捕まるおそれのある小さなクラックや呼吸穴にいる必要はもうない。氷の面積が50％以下になると、多くのクマは、厚い氷を求めて北に向かうか、陸に上がって気温が下がるのを待つ。

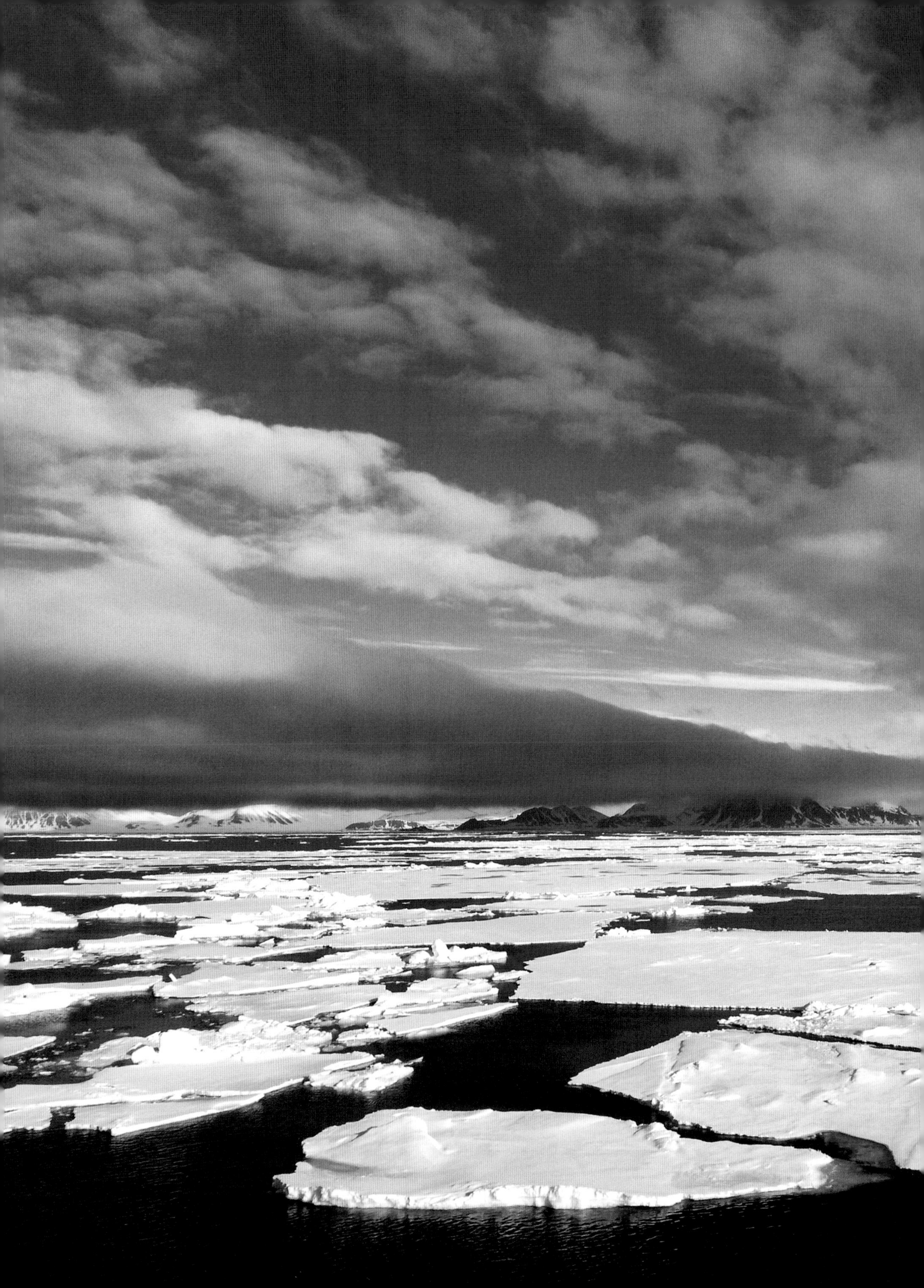

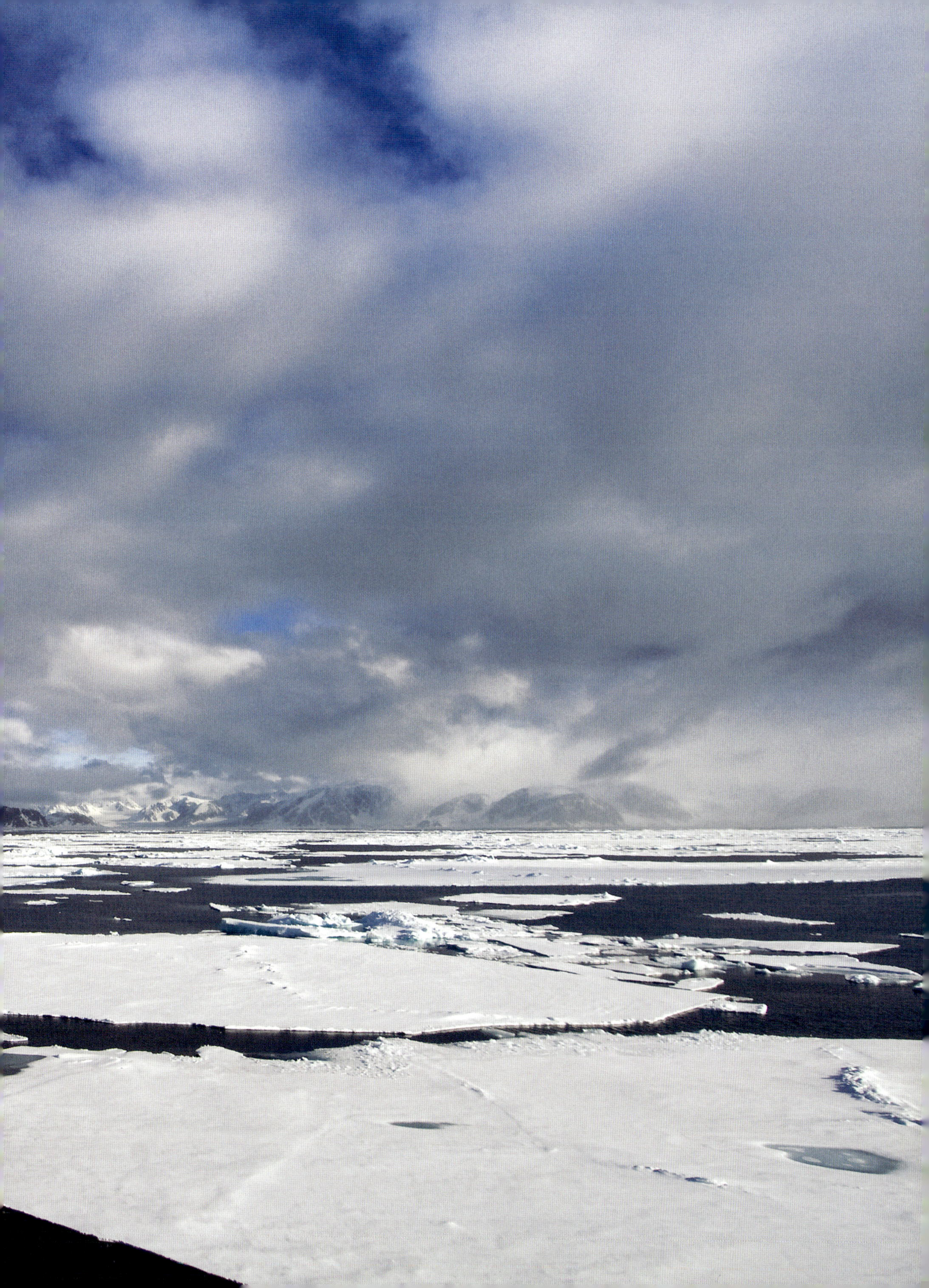

氷がたわむのを感じると、体重を均等に分散させようと、クマは手足を広げてヒトデのような体勢になる。こうすることで、クマは、氷を踏み抜くことなく、より堅固な氷に到達できる。ホッキョクグマは泳げるが、いったん海に落ちると薄い氷の上に戻るのはむずかしい場合がある。

穏やかな日には、結晶はニラスと呼ばれる若い氷を形成する。ニラスは、薄い弾力のある厚さ 10 cm 以下の氷殻である。ニラスが波間でたわむのを見るのはおもしろい。ニラスは透明だが、下にある海水のため暗色に見える。ニラスは厚くなると白っぽくなる。海水に動きがあると、グリース・アイスは集合し、蓮葉氷と呼ばれる 3 m 以下の小さな円盤になる。気温が低くとどまれば、蓮葉氷の端は成長し、たがいにぶつかって、上向きになる。小さな蓮葉氷が融合するか、平らなニラスが厚くなると、ついには氷盤と呼ばれる、より大きな氷となる。氷盤には、ダイニングテーブルくらいの大きさのものから、10 km を超えるものまである。

どんな形で氷の形成が始まったかによらず、温度が低いと氷は下側にどんどん長い結晶を成長させていく。結晶は長さや幅が数十 cm にもなることがある。気温と水温により、氷が厚くなる速度が決まる。1 年の間に、氷は 2 m を超える厚さになることがある。これが、一年氷として知られているものである。一年氷が大陸棚の上に形成されれば、それはホッキョクグマにとって絶好の生息環境である。一年氷は夏に融ける。もし融けなければ、それは多年氷となり、何年もの間融けずに 4.5 m も

の厚さに達することがある。おもしろいことに、北極には南極より厚い海氷がある。なぜなら、南の海氷はそのほとんどが毎年夏に融けるが、北極の海氷はすべてが融けるわけではないからである。そのうえ、北極の海氷は北極点の真上まで広がるのに対して、南極の海氷は南極大陸で行き止まりである。

　一般的に、多年氷はホッキョクグマの狩りには適さない場所だと考えられている。厚い多年氷では、アザラシは呼吸穴を確保するのがむずかしく、生息数が少ない。それでもなお、多年氷はホッキョクグマにとって重要な生息環境の1つである。ボーフォート海西部から東グリーンランドに生息するクマの多くは、毎夏、多年氷に向かって北へ移動する。そこで彼らは、秋が来て、一年氷の形成が始まり、よりよい狩り場を求めて南下を開始できるようになるのを待つのである。

　ホッキョクグマが歩いても大丈夫な氷の厚さは、なにをおいてもそのクマの体重に依存する。ホッキョクグマが北極の海に落ちても死ぬことのないのは確かだが、薄い氷の上でのクマの行動を見ていると、彼らが落ちたくないと思っているのは明白である。クマは氷がたわむのを感じると、脚を目一杯広げて体重を分散させる。もしホッキョクグマがヒトデそっくりになることがあるとすれば、それは薄い氷の上である。氷を割るまいと必死なクマは、腹ばいになって手を使って氷の上を滑る。腹ばいで滑る行動は、どんどん割れていく薄い氷の上にクマがとどまろうとするときによく見られる。

　海氷は、淡水の存在など、ほかの多くの事柄に影響を受ける。淡水は海水より軽いので、上に浮き、いくつかの海域で重要な役割を果たす。ハドソン湾西部では、チャーチル川からの淡水が沿岸を流れ、この海域はほかの海域より早く凍る。そのため、その近辺に移動してきたクマは、早い時期に陸地から離れ、少し早く狩りを始めることができる。氷河や氷山といった淡水氷によって、局所的にホッキョクグマの生息適地が生じることもある。スバールバルやグリーンランドのクマのなかには、氷河の縁に沿ってワモンアザラシを狩るエキスパートもいる。私は、大人のメスのホッキョクグマを数年間、衛星で追跡したことがある。彼女の行動圏は、大きな氷河のある湾をいくつかつないだ範囲だった。彼女はけっしてそこを離れることなく、ある年には南北方向には 100 km 以下しか移動しなかった。彼女の子育ての成果は、1 年に広大な地域を利用するほかのクマに遜色ないものだった。

　氷には漂流するものとしないものがある。陸地にくっついている氷は定着氷と呼ばれる。定着氷には、しばしば巨大な座礁氷脈があり、その

BOX　子殺しと共食い

　子殺し（幼若個体を意図的に殺すこと）と共食い（同種の動物を食べること）は、ホッキョクグマを含むクマ類で普通に見られる。こうした事象が個体群に影響をおよぼすことはほとんどないが、ほかのクマに殺される危険があるということは、ホッキョクグマの生態と行動にさまざまな影響をおよぼしている。子殺しが行われる理由はたくさんある。交尾機会を得るため、子が食べられた場合は栄養を得るため、資源に対する競争を減らすため、親が子の数を調節するため、異常行動、といったものである。

　アフリカライオンやグリズリーなどの動物種では、子殺しの一般的な理由の1つに、子を育て、乳をあげているメスは発情しないことがある。オスがメスの育てている子を殺せば、そのメスは発情し、オスとの交尾を受け入れるかもしれない。グリズリーの子殺しは、しばしば社会構造の攪乱と関係している。優位なオスのグリズリーが殺されると、空白になった行動圏に若いオスが侵入し、子グマを殺してその母グマと交尾しようとするのである。ホッキョクグマで子殺しをするのは、多くの場合オスである。しかし、子殺しは交尾期以外でもしばしば起こるので、ホッキョクグマにおいては、交尾機会を得ることが子殺しの理由であるとは限らない。

　共食いの動機は、多くの場合、栄養を得るためである。身体的状態が悪い場合、同種の他個体を殺して食べることが、生き残るための唯一の方法であることもある。共食いは、個体あるいは個体群内のストレスの兆候であることがある。ホッキョクグマの共食いは、分布地域の全域で報告されている。状態の悪い大人のオスが、大人のメスと若い個体を殺して食べているのがたびたび観察されている。このような死に物狂いのオスが生き残るには、積極的に同種の他個体を捕食して食べることが重要になることがある。

　私は、スバールバルのある巣穴で殺されている3頭の子グマを見たことがある。母グマの状態は悪く、食べものを求め、巣穴から遠く離れてさまよっていた。母グマのいない間に1頭のオスが海氷に近いその巣穴を掘り返し、子グマをすべて殺し、1頭を食べた。子グマたちの脂肪は少なかったので、食べてもたいしたエネルギーにならず、2頭は食べられずに残された。

　母グマが自分の子を殺すことはめったに、あるいはおそらく絶対にない。ある巣穴で、母グマによるさかんな洗い行動が観察されたことがあり、死んだ子グマを母グマが食べたことが示唆された。ロシアの研究者たちも、子グマが死んだ際、母グマが子グマを食べたことを報告している。母子の絆は深く、母グマが故意に自分の子を殺すことはない。

　共食いはさまざまな状況で起こる。スバールバルでは、狩猟されたホッキョクグマの皮5枚と、冷凍された丸ごとの2頭が、ホッキョクグマに食べられたことがある。しかし、私はまた、すぐそばを別のホッキョクグマが通っているにもかかわらず、食べられずに残っているホッキョクグマの死体を数多く見たことがある。大部分のホッキョクグマにとって、ほかのホッキョクグマを食べることはメニューの上位にはないようだ。もしほかの食物がなければ、状況は変化する。

　北極の多くの海域で海氷の状態が悪化するにつれ、共食いの報告は増えてきている。ストレスのかかったクマたちは、生き残るために死に物狂いの手段に訴えている。

次ページ：定着氷は海氷の年周期の早い時期に形成され、夏、最後に融ける。定着氷は冬の間厚さを増し、小さな子グマを連れたメスグマに安定した環境を提供する。定着氷の氷丘脈には積雪があるので、ワモンアザラシは定着氷を好む。積雪は巣穴をつくるのに安全な場所を提供し、ワモンアザラシはそこで子を産む。

高さは2階建ての建物くらいになる。そこでは流氷が厚い定着氷にぶつかっている。定着氷はワモンアザラシの出産場所なので、そのためホッキョクグマにとって非常に好適な生息環境となりうる。氷が安定していることも、定着氷が子連れのホッキョクグマにとって好適な生息環境であることに寄与する。大人のオスのホッキョクグマは、もっと動きのある氷の上で大きなアザラシを狩るので、定着氷にはあまり見られない。オスが少ないということは、嫌がらせを受けたり、子を殺される危険が少ないことを意味するのである。

第6章　海氷と生息環境

アザラシはしばしば氷の下深くで餌をとるが、呼吸をしに氷の上にあがるため、氷と開放水面が出会う氷盤の端に沿って浮上する。ホッキョクグマは、しばしばその氷盤の端でアザラシを待ち伏せる。北極でのネコとネズミの追いかけっこだ。

　北極の氷のほとんどは流氷である。流氷は、ホッキョクグマの主要な生息環境である。そこには、ワモンアザラシ、アゴヒゲアザラシ、タテゴトアザラシ、ズキンアザラシのほか、セイウチも豊富にいる。流氷は、隙間なく海を覆うことはめったにない。風や潮汐、潮流により、水路と呼ばれる開放水面が現れる。水路の幅は、数十 cm から数 km に達するものまである。水路は一時的なものであるが、ホッキョクグマの重要な狩り場である。ホッキョクグマは水路の縁に沿って歩いたり、ときには、再凍結しつつある水路の上を歩いてアザラシの呼吸穴を探す。開放水面にはまた、流氷帯や氷舌、小氷帯が形成され、ホッキョクグマはそこで、厚い氷を貫通できないタテゴトアザラシのような獲物を捕食する。ほとんどすべての生息環境でいえることだが、生息環境の境界域は重要である。流氷が開放水面と出会う周縁氷帯は、きわめて生産性の高い海域である。定着氷と流氷が出会う辺縁では、通常、大きな沿岸水路が毎年形成と消滅を繰り返す。沿岸水路は非常に不安定なことがあり、数時間から数日の間に開放したり、閉鎖したりすることがある。多くの海域で、沿

岸水路はホッキョクグマにとって幹線道路のような役割を持つ。

　氷量は通常 10 段階で記述される。海面が見えない全密接氷域の氷量は 100% である。氷量が減少するにともない、氷域は最密氷域、密氷域、疎氷域、分離氷域と呼ばれる。ホッキョクグマにとってよい生息環境は通常 50% を超える氷量である。50% を下回ると、クマは陸地かもっと氷量の多いところへ向かう。クマが氷量の少ない海域で行動するのは、繰り返し水に入ったり出たりすることになるので、きわめて大きなエネルギーを消耗する。そのうえ、アザラシは呼吸穴の近くにいる必要がなく、ホッキョクグマが狩りをする氷から遠く離れた開放水面に浮上するので、狩りの成功率も低下する。

　氷湖は、毎年現れる不規則な形をした水域で、冬の間中、氷に囲まれてなくなることがない。氷湖は、潮流や風、潮汐、あるいは温かい海水の湧昇により凍結することがない。大きさは数 km² から、50,000 km² を超えるものまである。氷湖は流氷と海岸、あるいは流氷と定着氷の間にできる。ホッキョククジラは回遊中、氷湖をたどることがよくある。セイ

氷に囲まれた開放水域である氷湖は、北極の野生動物にとって重要である。セイウチやケワタガモ、クジラはみな、氷湖を利用している。ホッキョクグマは定期的に氷湖のそばを徘徊する。

第 6 章　海氷と生息環境 —— 71

ホッキョクグマは普通、非常に狭い水路には入らないが、狩りや身を隠すときは別である。

ウチは冬の間ずっと氷湖を利用する。氷湖のなかにはアザラシの多いところもあるが、セイウチがいない場合だけである。春、氷湖は、ケワタガモや海鳥にとって唯一の開放水面となることもある。

　じつにさまざまな大きさ、形、成り立ちを持つ海氷は、大多数の人々の日常生活からは遠く隔たったものだが、地球の熱循環においては非常に重要な役割を果たしている。第1に、海氷は、地球に降り注ぐ太陽の光の多くを宇宙に返す反射蓋として働く。海氷に覆われる部分が少なくなると、より多くの太陽光が海氷より暗色の海に到達し、より多くの熱が蓄えられる。このような温暖化現象は、フィードバックループに陥る可能性がある。つまり、氷が少ないと海水が温まり、海水が温まると氷が薄くなる。薄い氷はすぐに融けるので、太陽光によってさらに海水が温められる。このループは、北極の温暖化が、地球上のどの地域よりもはるかに早く進んでいる理由の1つになっている。過去30年にわたる科学的調査の結果、北極の海氷は厚さ、広さともに劇的に減少してい

とがわかっている。海氷の存在がホッキョクグマの進化に非常に重要な役割を果たしたのとまったく同じように、海氷の将来がホッキョクグマの将来を決めるだろう。

　海氷形成における大切な特徴の2番目は、塩水が凍るとき、塩分が氷から排出されることである。このプロセスは、ブライン形成と呼ばれる。塩水のいくらかは氷のなかのブラインチャネルに閉じ込められるが、大部分の塩分は下側の海水へ放出される。ブライン形成の結果、冷たい、密度の高い塩水が生じ、急速に沈んで深層水を形成する。ラブラドールからスバールバルにかけての海域は、深層水形成の鍵となる海域である。同様のプロセスは南極の氷の下でも起きている。ここで重要なのは、熱塩循環コンベアベルトと呼ばれる地球規模の海洋循環において、この深層水が、事実上その流れを牽引しているということである。沈み込んだ冷たく塩分濃度の高い海水に代わって、温かく密度の低い表層の海水が、メキシコ湾流の風に乗って北へと運ばれてくる。海氷形成の変化は、地球規模の気候パターンに重大な影響をおよぼす可能性がある。

　イヌイットは、何世代にもわたって海氷から塩分が排出されることを知っていた。多年氷は最終的にはすべての塩分を排出し、後には淡水が残る。氷が十分に古いと、飲用に適する。多年氷は、夏に少し融けて角のとれた氷丘脈を持つことと、空気を多く含み青く見える点で、一年氷とは異なった外観をしている。

　流氷はほとんどつねに動いている。氷盤は衝突すると割れ、氷丘脈と呼ばれる割れた氷の山をつくる。氷丘脈は、石を投げて届くくらいの長さのこともあるし、何十 km にわたって、ときには何百 km にわたって、くねくねと波打ちながら形成されることもある。海面上、氷丘脈の高さは 20 m に達することもあるが、多くの場合 2 m 未満である。海面下では、竜骨氷が 50 m の深さに達することがある。氷丘脈はワモンアザラシにとって重要な生息環境である。ワモンアザラシは氷丘脈沿い、あるいは氷丘脈の下に呼吸穴をつくる。風に飛ばされた雪は氷丘脈の風下側にたまり、ワモンアザラシはその吹きだまりに下側から出産のための巣穴を掘る。ホッキョクグマは氷丘脈に沿って歩き狩りをするが、極端に起伏の激しい割れた氷は避ける。歩くのが困難なためである。子連れのメスや亜成獣のホッキョクグマは、見通しがよいため、しばしば大きな氷丘脈の上で休息する。

　風は、氷丘脈形成を支える主要な力である。どんな氷の変形も小さな帆のような働きを持つ。何百万もの変形が巨大な"帆"を形成し、風がそれを押す。風が止むと、抵抗で氷の速度はすぐに低下する。また、

氷盤が衝突するところには氷丘脈が形成される。氷丘脈には雪が積もり、ワモンアザラシの出産にきわめて重要な環境となる。また、氷丘脈の下には複雑な環境が形成され、数多くの無脊椎動物や魚がすむ。

　氷丘脈には海面下に大きな竜骨氷があり、海流によって押されている。北極のいくつかの海域では、還流と呼ばれる大きな円形の海流が、海氷を押している。ハドソン湾では、反時計回りの還流が、最後に融け残った海氷を南に押す。その氷の上にいるクマは、北の海域にいるクマより数週間長く氷の上にとどまることができる。ボーフォート海では、時計回りのボーフォート還流が、海氷を東から西へ移動させる。海氷は、そこで北極横断流に乗り、北極点を越えて大西洋へ移動する。ホッキョクグマがどこにいようと、海氷はつねに変化している。

　海氷のユニークな特徴の1つに、その変化の速さがある。数時間の間に、開放水面が凍結して広大な氷の平原となったり、巨大な流氷野が暴風で消えたりする。私は身をもって体験したことがある。それは、ロ

シアの共同研究者たちとバレンツ海で砕氷船に乗ってクマを捕獲していたときのことだ。その日は調査がうまくいき、数頭のクマを捕獲できた。その夜は嵐になったが、朝になってみると、私たちがその上で捕獲を行っていた氷はどこにも見当たらなかった。氷は100 km以上北に移動していた。前日に捕獲したクマに装着した衛星追跡用首輪からのデータは、クマたちが流氷に乗って北へ行ったことを示していた。

　海氷の驚くべきもう1つの面は、その空間的広がりの変化である。通常2月後半から3月に北極の海氷面積は最大になり、1,500万 km^{2}に達する。この面積は、北米の約6割、あるいは欧州の面積の1.5倍に相当する。そのピークを過ぎると海氷は融け始め、9月中ごろまでには半分以下の700万 km^{2}が残るだけとなる。9月後半に残っている氷は、多年氷か、多年氷になりつつある氷である。しかしながら、氷に覆われる面積はここ数十年の間減少し続けており、ホッキョクグマの生息環境が失われつつある。このような月単位および年単位の生息環境の顕著な変化は、採食から季節移動にいたるまで、ホッキョクグマの生活のありとあらゆる側面に影響をおよぼす。

　すべての海氷がホッキョクグマにとって好適な生息環境とは限らない。好適な生息環境となる海氷は、クマの体重を支えるのに十分な厚さでなければならないが、アザラシが生活するのに十分薄くなければならない。また、氷と氷を結ぶ通路ができるのに十分な密接度を持たなければならない。そしてもっとも重要なのは、生物学的に生産性が高いことである。もっとも生物学的生産性が高い海域は、水深140 m以下の大陸棚である。大陸棚の沖合には、深く冷たく、生産性の低い北極海がある。水深は4,000 mを超え、アザラシが潜る深さよりずっと深い。大陸棚の大きさも生態系の生産性に影響をおよぼす。大陸棚は、数 kmのものから550 kmを超えるものまである。概して、ホッキョクグマは大陸棚の動物種であり、北極海の周縁に、ほかのどの海域よりもはるかに多数が分布する。

　同じ獲物に依存していれば、ホッキョクグマの好む生息環境は、北極のどこでもかなり似かよっている。移動していて、岸に近く、活動中あるいは再凍結中の水路があり、かつ氷丘脈のある海氷は、ホッキョクグマを探すのに適した場所である。アザラシの数は、餌動物の分布、氷の状態、そしてほかのアザラシの存在によって変わる。もしある海域にアザラシがいれば、そこはホッキョクグマの生息環境である。しかしながら、生息環境の利用には地理的な違いが見受けられる。ベーリング海やチュクチ海では、メスのホッキョクグマはめったに定着氷を利用しない。カナ

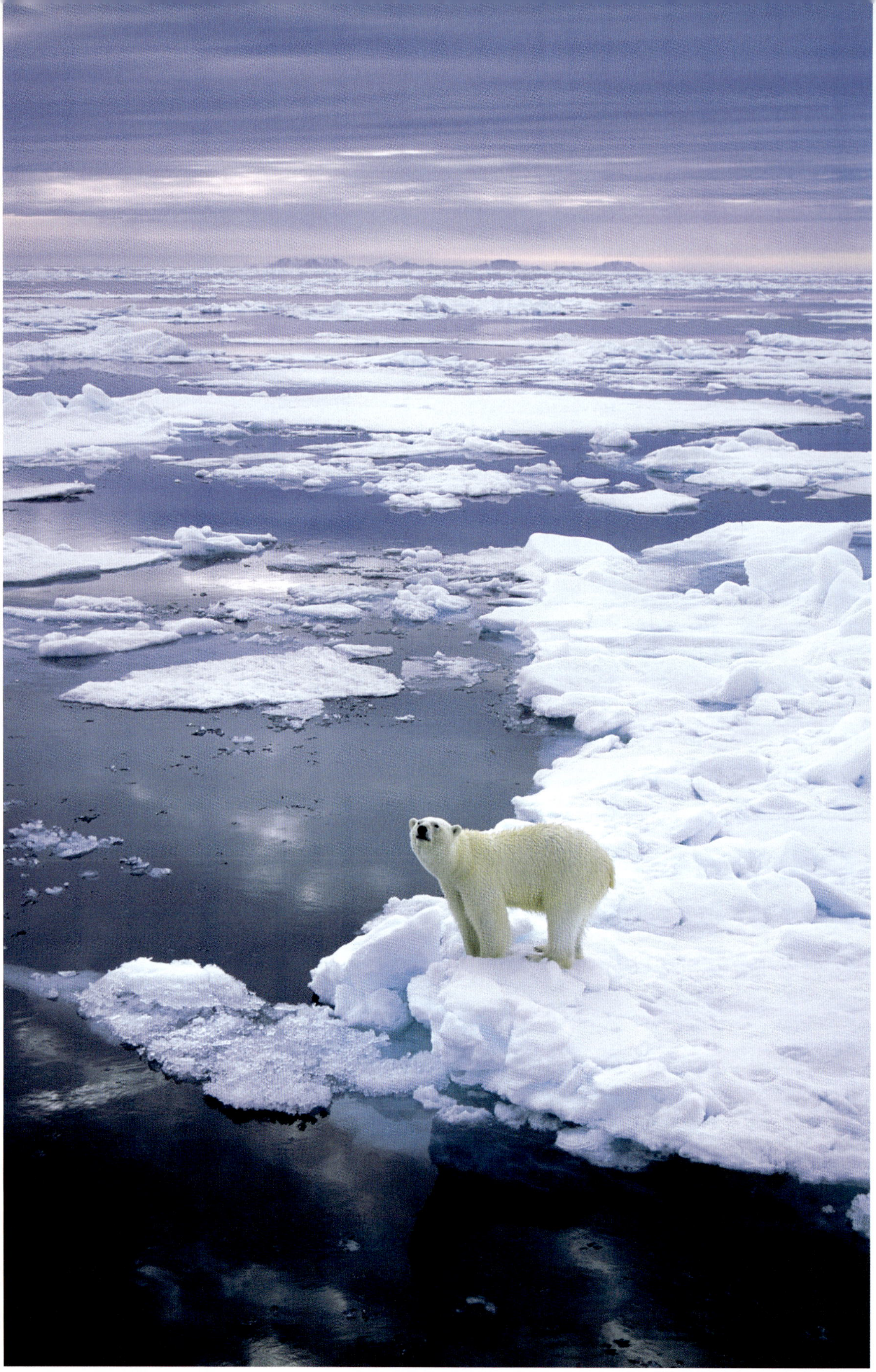

ダ北極諸島のランカスター海峡では、衛星で追跡したクマの位置の69％は定着氷の上であった。こうした違いは、生息環境の利用しやすさによるものである。前者の海域では流氷に比べて定着氷が少ないのに対し、ランカスター海峡はその逆である。ベーリング海やチュクチ海は外海であるのに対して、ランカスター海峡は陸地に囲まれている。

陸上の生息環境

多くのホッキョクグマは陸地に足を踏み入れることはけっしてないが、いくつかの地域では、毎年、海氷が融けると個体群全体が陸に上がる。だれもホッキョクグマを森の動物だとは思わないが、1年のある時期、ハドソン湾のクマたちは森林にいる。霜の降りた秋の朝、鮮やかな黄葉のカラマツ林を歩く巨大なオスの姿は、私の好きな想い出の1つである。

陸上では、子連れのメスはほかのクマから離れた場所を好む傾向がある。大人のオスは、自分の好きなところ、普通は浜辺をうろうろしている。妊娠しているメスは遠隔地を好み、時期がくるとその近くに巣穴をつくる。交尾期も終わり、大部分の陸上地域には食べものが少ないので、資源に関する競争はほとんどなく、生息地選択圧は緩和されている。多くのクマは、見通しのよい、乾燥していて快適な場所を好む。なかには、開

ほかになにもすることがないとき、ホッキョクグマは、見通しのきく露岩の上で居眠りをすることがよくある。大人のオスはほかのクマを気にしない。亜成獣や子連れのメスは、じゃまされる可能性が低い場所を探すことが多い。

前ページ：氷が割れると、空腹のホッキョクグマは狩りの戦略を、水中から忍び寄る方法（aquatic stalk）に変更しなければならなくなる。

第6章　海氷と生息環境 —— 77

けたツンドラにある湖や小川のほとりを選ぶクマもいる。浜辺にいる大人のオスは、しばしば浜堤に浅い穴を掘る。

　さらに北のほうでは、より変化に富んだ陸上生息地の利用が見られる。岩だらけの小島を選ぶクマもいる。アラスカでは、細長い防波島が、氷の戻ってくるのをホッキョクグマが待つ場所になっている。山岳地域では、周囲から一段と高い岩の台の上に寝そべっているクマを見ることもある。このような場所は、あたりをよく見回すことができ、ちょっかいを出される可能性も低い。陸にいる間、クマは餌を求めてさまよい歩く。動物の死骸や、ときおり打ち上げられる海藻を見つけることができる浜辺は、彼らの夏の生息地の1つである。ガンやカモの群れのいる島に行き、卵を失敬するクマもいる。動物の死骸が見つかると、年齢や性別を問わずクマが集まってくることがある。

　ホッキョクグマは、決まった時期に標高の高い地域を徘徊する。ある地域から別の地域へ移動する際に、峠や氷河を越えていくのである。ルートのなかには、学習され、繰り返し利用されるものもある。陸路の長旅は感動的でさえある。ロシア東部のチュコト半島をベーリング海からチュクチ海まで越えるクマや、スバールバルを北グリーンランド海からバレンツ海まで越えるクマもめずらしくはない。標高800mに設営したテントのそばに、朝、ホッキョクグマの足跡を見つけて狼狽した経験のある氷河研究者は多い。

7 餌動物

　ホッキョクグマは、氷を好む（好氷性の）アザラシに特化した捕食者である。肉食動物とは、肉を食べる動物に適切な言葉だが、脂身（脂質）を食べて生きているホッキョクグマには、なにか新しい用語をつくるのが適当かもしれない。自然科学は造語を嫌うが、「脂食動物」という言葉は、ホッキョクグマのなりわいを適切に表現している。脂身を食べるということがどういうことなのかというと、アザラシの脂身に含まれる熱量は、暖房用油の約82％である。つまり、ホッキョクグマは、途方もなく高カロリーな食事をしているのだ。ホッキョクグマの生態を理解するには、その餌動物の理解が不可欠である。

ワモンアザラシ―お得な軽食

　ワモンアザラシの名は、背中の暗色の被毛のなかに見える灰白色の輪の模様に由来する。北極に生息するアザラシのなかでもっとも小型でもっとも数が多く、全世界では250万頭に達するといわれている。成獣は体長約1.3 m、体重は70 kgに達する。メスは4～5歳で性成熟に達し、毎年1頭の子を産む。ワモンアザラシは、ホッキョクグマの分布域であればどこにでも見られる。いくつかの海域では、さらに南方にも分布する。ワモンアザラシの生息密度は場所によって大きく異なり、その数は、ホッキョクグマの分布と生息数に影響をおよぼすおもな要因となっている。

　ワモンアザラシは、72種を超える生物を餌としている。餌には、海生の蠕虫、カイアシ類、端脚類、イカ類、カニ類などが含まれるが、もっとも重要なものはホッキョクダラである。春、ワモンアザラシはもっとも栄養状態がよい。その後は、交尾期と換毛期を経てホッキョクダラを豊富に食べられるようになる9月初旬まで、体重が減少する。春に捕殺されたワモンアザラシは、秋に捕殺されたものより多くの脂肪を蓄えている。

　ワモンアザラシは、呼吸のため、クラックや水路の開放水面を利用する。氷量が増えてくると、薄い氷に頭で穴を開け、凍結してまもない氷をスイスチーズ様の外観にしてしまう。氷が厚くなってくると、ワモンアザラシは、前脚の鰭の大きな爪で氷を削って呼吸穴をつくる。ワモンアザラシは、2 mを超える厚さの氷にも呼吸穴をつくることがあるが、薄い氷を好み、クラックがあるときはそれを利用する。

　ワモンアザラシは、ホッキョクグマとホッキョクギツネの捕食から身を守るために巣穴を使う。メスのワモンアザラシは、氷丘脈の横にできた雪

北極にすむアザラシのなかでもっとも小型で、もっとも数の多いワモンアザラシは、ホッキョクグマのもっとも一般的な獲物である。呼吸穴と出産のための巣穴に依存する彼らの生態が、ホッキョクグマにとって捕食の機会を生む。アザラシに特化した捕食者として適応するホッキョクグマと、捕食される確率が低くなるような行動を進化させるアザラシとの、それはまさに軍拡競争である。ワモンアザラシはホッキョクグマよりずっと古くからいる種で、その歴史からすれば、闘いは始まったばかりである。

の吹きだまりに巣穴を掘り、そこで子を産み哺育する。巣穴へは下側から入る。メスは、子どもを移動させなければならない場合に備えて、巣穴を複数持っていることが多い。捕食者が接近すると、子どもは海に入る。環境から身を守るこのようなシェルターづくりを進化させたアザラシはほかにいない。子どもは、産毛と呼ばれる白い被毛を持って生まれてくる。脂肪が十分に蓄えられて断熱の役割を果たすようになるまでの間、産毛が子どもの体温を保つ。4月の出産時には、子どもの体重は4〜5 kgで、体脂肪率は約5%である。5〜6週齢になると、子アザラシは丸々と太り、体重は20 kgになり、そのおおよそ半分は脂肪である。

　ホッキョクギツネは幼い子アザラシだけを捕食するが、いくつかの海域では重要な捕食者になっている。ホッキョクグマは、すべての年齢クラスのワモンアザラシを捕食する。頻度はより低いが、セイウチ、ニシオンデンザメ、シャチ、そしてヒトも、ワモンアザラシを狩る。

　ホッキョクグマの春の生息地選択は、ワモンアザラシの分布に依存する。ワモンアザラシは、出産のため、氷丘脈と積雪のある安定した海氷を利用し、ホッキョクグマもそうした場所で生活する。定着氷は移動しないので、ワモンアザラシが出産に使う巣穴にもっとも適した場所である。大きな移動する氷盤も利用されるが、氷が動くことで、子どもが巣穴に閉じ込められたり、つぶされたり、氷の上に押し出されたりすることがあるので、定着氷より危険である。私は氷の上に押し出された子アザラシを何度も見たことがある。子アザラシは海に入ろうと必死で這い回っていた。それは切ない光景なので、私は子アザラシを「救いたい」という思いに駆られる。しかしけっきょくのところ、私はいつも自然のままに、子アザラシがホッキョクグマの餌食になってしまうにまかせてきた。

　ある海域では、ワモンアザラシは氷の上で子を産む。私は、その光景

をスバールバルのフィヨルドで見たことがある。そこでは、氷は平らに凍り、巣穴を掘るのに十分な雪もない。私はある日、生まれたばかりのワモンアザラシの子が点々と乗っている海氷を見たことを思い出す。つぎの日に同じ海域の上を飛ぶと、海氷の上に、ホッキョクギツネの足跡と、血に染まった場所が点々と見えた。血は子アザラシの痕跡だった。キツネはその海域の子アザラシをきれいさっぱり持ち去り、後の楽しみとして陸地に隠したのだった。また別の海域では、ワモンアザラシが雪面の直下にどうにか巣穴をつくれる程度の積雪しかないのを見たことがある。ホッキョクグマにとってはよいカモで、雪面をドンドン叩いては子アザラシを探していた。雪が深く固いときは、ワモンアザラシの親子は逃げる時間を稼げるので、出産巣穴を狙ったホッキョクグマの狩りの成功率はずっと低くなる。

　捕食によりワモンアザラシの個体数が減少する可能性はあるが、その関係はよくわかっていない。アザラシの巣穴を発見するように訓練されたイヌを使ったカナダ北極圏での調査によれば、ホッキョクグマは、雪の下の巣穴の42%を掘り起こし、掘り起こしたうちの17〜33%でアザラシを捕殺していた。ワモンアザラシの子を狙った狩りは不確実なものである。痩せた子アザラシは粗末な食物であり、しばしば食べずに放置される。狩りの成功率は、クマの年齢と経験、アザラシの密度、アザラシの年齢、そして氷と雪の状態によって決まる。ホッキョクグマの亜成獣が、何十もの巣穴や呼吸穴を探索しても、1頭のアザラシも仕留められないことはよくある。対照的に、メスの成獣が、30 km を歩く間に、たった8つの巣穴を掘り返しただけで、3頭の太った子アザラシを仕留めるの

春の終わり、氷と水がつくる迷路は、狩りがむずかしい生息環境である。しかし、この丸々としたクマが示すように、離乳したばかりの太ったワモンアザラシやアゴヒゲアザラシの子どもが、狩りを価値あるものとしている。

定着氷につくられたこのワモンアザラシの出産巣穴を掘り返したクマは、狩りに失敗した。しかし、このような狩りのしかたは、非常に効率のよいものとなることがある。

を私は見たことがある。

　春夏の温かい日には、ワモンアザラシは海氷の上で日光浴をする。3〜4頭のアザラシが1つの呼吸穴のまわりにいたり、100頭以上がクラックに沿って点々と並ぶのはめずらしくない。ワモンアザラシは神経質な動物で、20〜30秒ごとに油断なくあたりを見回している。水面から、体長の半分以上離れることはない。ワモンアザラシがホッキョクグマにケガを負わされることはめったにないが、これは、ホッキョクグマが仕掛けた場合、アザラシはほとんど助からないことを示唆している。

　交尾期、オスのワモンアザラシは、ガソリンやカビ臭い靴下を連想させる強烈でなかなか消えないにおいを放つ。イヌイットの人々は、こうしたアザラシを tiggak（臭い奴）とよぶ。そのにおいがアザラシの体全体に回り、イヌもヒトも、そしてホッキョクグマも、その肉を食べられなくなるという。しかし私は、tiggak アザラシがホッキョクグマに食べられるのをたくさん見たことがある。もし、ホッキョクグマがほんとうに tiggak となったオスを避けているとすれば、一年中悪臭を放つことの自然選択上のメリットは大きく、メスも同じような捕食者に対する防御を進化させるはずである。腐敗したクジラの死骸のようなほかの食物資源のにおいを考えれば、tiggak となってもアザラシがホッキョクグマから逃れることができる確率は低いだろう。Tiggak アザラシは、4月から5月にかけての交尾期には、自分のなわばりを防衛する。海中のなわばりを防衛するオスは、ほとんど海から出てこない。

アゴヒゲアザラシ―大盛りアザラシご飯

　その名のとおりのアゴヒゲアザラシは、ホッキョクグマの餌動物として2番目に重要な種である。特徴であるあごヒゲ（長く豊富なヒゲは上唇に生えているので厳密には"口ヒゲ"であるが）は、ときに"スクエア・フリッパー"と呼ばれる本種のトレードマークである。スクエア・フリッパーの名は、角の丸い前脚の鰭に由来する。アゴヒゲアザラシは、北方のアザラシのなかでは最大の種で、体重425 kg、体長2～2.5 mを超えることもある。メスは5～6歳で性成熟に達し、オスはそれより1年遅い。被毛は灰色から茶色で模様はなく、顔と背中に色の薄い部分がある。多くの個体が錆色の顔をしているが、これは、海底堆積物のなかをあさる際に付着した鉱物酸化物による色である。野外観察下で際立つ特徴は、体の大きさに対して頭が極端に小さく見えることである。不思議なことだが、頭蓋骨は、この大きさの動物にしては繊細としかいいようがないものである。

　アゴヒゲアザラシは、ワモンアザラシに比べると数が少なく、全世界で最大75万頭程度と推定されている。アゴヒゲアザラシは、厚い多年氷の海域を除く、北半球のすべての海氷域に生息する。彼らは大陸棚上の不安定な流氷を好み、周縁氷帯や氷湖の周辺に多い。海から上がって休息するのは、海面に程近い氷の縁である。危険を感じると、バタバタと這って海へ飛び込む。1年の大半を単独で暮らしているが、晩春から初夏には集まり、多数の個体がクラックに沿って等間隔に並ぶ。アゴヒゲアザラシは海底で餌をとる。300 mまで潜る能力があるが、通常は

ワモンアザラシに比べ生息数は少ないが、大型のアゴヒゲアザラシは、ホッキョクグマにとって重要な餌動物の1つである。アゴヒゲアザラシは体が大きく、ワモンアザラシに比べると割れた氷を好むので、おもに大人のホッキョクグマの狩りの対象になる。

アゴヒゲアザラシの子どもが危険を回避する手段は急いで海に逃げることだけなので、ホッキョクグマの捕食に対して非常に弱い。この不用心なアザラシの子は、典型的な生息環境である開放水面に点在する氷盤の上で捕食されたようだ。より月齢の進んだ子アザラシに比べると脂肪は少ないが、ホッキョクグマにとってはよい食事となるだろう。

100 m 未満の深さで餌をとる。彼らの餌動物は 40 種を超える。その大部分は、底生および遊泳性の無脊椎動物、エビ、カニ、二枚貝、巻貝、蠕虫、魚類である。

　子アザラシは、3 月から 5 月にかけて、水面から 1 m と離れていない氷盤上に産み落とされる。新生子の体重は約 35 kg で、ほとんどすぐに泳ぐことができる。授乳期間は 18 日しかないが、新生子は 1 日に 6.4 ℓ を超えるミルクを飲む。ミルクの栄養のほぼ半分は体に蓄えられ、この期間中に、子アザラシの体重は 85〜100 kg まで急増する。月齢の進んだ子アザラシは、ホッキョクグマにとって栄養面でより魅力的である。アゴヒゲアザラシの子どもの警戒心はそれほど強くなく、しばしばホッキョクグマの犠牲となる。

　大人のアゴヒゲアザラシは、ワモンアザラシより手ごわく、ホッキョクグマから逃げおおせることも多い。捕まると、アゴヒゲアザラシは回転して逃れようとする。回転する大きなアザラシは、最大級のクマを別として、どんなホッキョクグマにとっても手に余る。ある研究によると、80% を超

えるアゴヒゲアザラシに、ホッキョクグマから逃れたときのものと考えられる爪や歯の傷跡があった。アゴヒゲアザラシにとがった歯はないので、それらの傷はほかのアザラシによるものではない。ホッキョクグマ以外の捕食者には、シャチがいる。セイウチも可能性がある。そしてもちろん、ヒトもアゴヒゲアザラシを狩猟する。

　アゴヒゲアザラシの皮膚は非常に分厚いので、ホッキョクグマにとっても裂くのは簡単ではない。ホッキョクグマは、バナナの皮をむくようにして、アゴヒゲアザラシの皮をむいて脂身を食べる。アゴヒゲアザラシの残骸は、最後は背骨と細長く裂かれた皮になる。昔、イヌイットの人々は、アゴヒゲアザラシの皮で縄をつくった。

　アゴヒゲアザラシのオスは、薄気味の悪い、耳につく声で鳴く。その奇妙な、高低の変化する鳴き声は、爆弾が落ちる音（爆発音はない）のように聞こえる。この鳴き声はオスがマリトリー（海におけるテリトリー（なわばり）のこと）を防衛する行動の一部である。

背中に典型的な"竪琴"模様を持つタテゴトアザラシの母親が、白い被毛の新生子のそばにいる。タテゴトアザラシは、北大西洋のホッキョクグマ生息域の周縁に生息し、付近にすむホッキョクグマにとっては重要な餌資源である。ホッキョクグマがタテゴトアザラシのパッチに侵入すると、捕食者に対する防御手段を持たない子アザラシたちに大打撃を与えることがある。タテゴトアザラシは全世界に約700万頭いる。

タテゴトアザラシ—地域の名物料理

　タテゴトアザラシの学名 *Pagophilus groenlandicus* は、「グリーンランドにいる氷好き」を意味する。世界でもっとも生息数の多いアザラシで、東はロシア西部から西は大西洋北西部にいたる亜寒帯に700万頭以上が分布する。"タテゴト"の名は、背中にある濃色のV字あるいはO字型の模様に由来する。サドルバック・シールやグリーンランド・シールと

も呼ばれ、体重は130 kg、体長は約1.7 mに達する。タテゴトアザラシは、デービス海峡、バフィン湾、フォックス湾、グリーンランド海、バレンツ海で一般的なホッキョクグマの餌である。また、周辺海域でも程度は異なるが餌として利用される。

　タテゴトアザラシは、ホッキョクグマの生息域の端に位置する流氷の周縁部に生息する。そうした生息場所は、ホッキョクグマの捕食を避けるための戦略、あるいはその結果であるのかもしれない。タテゴトアザラシは、2月から3月にかけ、分布域の南限近くに位置する大きな"パッチ"（流氷原）で出産し、交尾する。そうしたパッチは4つあり、最大のものはニューファンドランド・ラブラドール州沖にあり、それより小さいものがセントローレンス湾にある。ほかの2つは、アイスランドの北、グリーンランド方面に1つと、ロシア西部の白海にある。1頭で生まれる"白毛"の新生子の体重は、約11 kgである。新生子は12日以内に離乳する。体重は約36 kgになっているものの、1頭で放っておかれる。一方、母親は付き添うオスと交尾する。子アザラシは6週間絶食し、海に入って餌を食べ始めるまでに脂肪の半分を失う。

　ホッキョクグマは、タテゴトアザラシのいるパッチで狩りをするとき、ときどき食べられる分以上の子アザラシを殺すことがある。ノルウェーの科学者フリチョフ・ナンセンは、1900年代の初めに、そうした出来事を記述している。"クマは、子アザラシがいると、とても楽しい時間を過ごすことになる。子アザラシはたやすい獲物である。ふさふさした産毛を脱ぎ捨てるまでは、当然のこと、水に入ることがないからだ。かくしてクマは、ネコがネズミをいたぶるように、子アザラシをしばしば弄ぶ。子アザラシのなかの1頭をくわえると、空中高く投げ上げ、氷の上を毬のように転がし、小突いてひっくり返し、そしておそらくは一咬みするが、その小さな生きものを半殺しのまま放っておき、また別のアザラシで同じ遊びをするのだ。"ホッキョクグマは、自分の周囲の目新しいものに興味を示すことが多い。いとも簡単にアザラシを殺せるということが、クマにとって目新しいことなのかもしれない。昔、アザラシ猟師は、ホッキョクグマがパッチにいるのを見つけるとすべて殺した。

　タテゴトアザラシは、通常20～300 mの深さに潜る。餌には、67種以上の魚類と70種以上の無脊椎動物が含まれる。タテゴトアザラシは、夏、換毛のためにはるか北方へ移動する。流氷の縁に乗って換毛するが、そこでホッキョクグマに狙われやすい。

　タテゴトアザラシは、襲われると自ら麻痺状態に陥ることがある。体は硬くなり、前脚の鰭は引き込まれ、後脚の鰭はたがいに押し付けられて、

脱糞、排尿する。タテゴトアザラシはホッキョクグマのいる環境で進化してきた動物であり、麻痺は、ホッキョクグマに触れられたときにケガを軽くするための防衛行動の1つである可能性がある。タテゴトアザラシを捕まえたホッキョクグマが、死んだように見えるアザラシから注意をそらし、逃げられてしまうことがときどきある。タテゴトアザラシがホッキョクグマという捕食者に太刀打ちできないとすれば、少なくとも、死んだふりは逃げおおせる可能性を生む。ヒトはグリズリーに対して同じことをする。もちろん、最初から捕まらないに越したことはない。

ズキンアザラシ──個性的な食事

　ズキンアザラシがホッキョクグマの餌となることはあまりない。タテゴトアザラシより大きく、体重は300 kg、体長は約2.2 mにもなる。その名前は、"頭巾"のようなオスの鼻の上にある付属器官に由来する。オスは交尾行動の一部としてそれを膨らませる。オスはまた、弾力のある鼻中隔を持ち、暗赤色の風船のように大きく膨らませて鼻孔から出す。

　子アザラシは、3〜4月に生まれ、体重約24 kg、体長約1 mである。ズキンアザラシの授乳期間は驚くべき短さで、たったの4日間である。新生子は、毎日10ℓの濃厚なミルクを飲んで、おおよそ6 kgずつ体重を増やし、42 kgで離乳する。子アザラシは、海に入って餌をとり始めるまで、数日ないし数週間、氷の上でのんびり横たわっている。

　大西洋北西部のみに生息するズキンアザラシは、分布域の南限で出産するが、夏は流氷の南限に沿った海域で過ごす。ブルー・バックと呼ばれる若いズキンアザラシは、夏はよく流氷の上にいて、氷縁を移動するホッキョクグマの格好の餌となる。大人のズキンアザラシは、ホッキョクグマにとってもっとも手ごわい食事で、めったに殺されることはない。

　ズキンアザラシは深く潜る種で、カラスガレイ、イカ、ニシン、カラフト

大人のズキンアザラシは、ホッキョクグマにとって、食べごたえはあるが危険な食べものである。これまでに1例であるが、大人のズキンアザラシがホッキョクグマを殺したという報告がある。北大西洋のホッキョクグマ生息域の端に位置するズキンアザラシの本来の生息域では、ホッキョクグマの餌となることは少ない。しかし、夏に氷縁海域へ向かって北へ移動する際には、ズキンアザラシの子どもがしばしば犠牲となる。

シシャモ、タイセイヨウダラ、ホッキョクダラをはじめ、さまざまな魚を食べる。タテゴトアザラシの数にははるかにおよぶべくもなく、生息数は全世界で50万頭程度である。

ゼニガタアザラシ、ゴマフアザラシ、クラカケアザラシ—南の料理

　ゼニガタアザラシは、通常は温帯の種であり、ホッキョクグマの餌動物と見なされていないが、スバールバル、グリーンランド、および北米では、メニューに載ることが多くなってきている。ゴマフアザラシは、ごく最近にゼニガタアザラシとは別種であると認識された種で、ベーリング海およびチュクチ海の季節海氷域にのみ分布し、ときおりホッキョクグマの犠牲となる。ハドソン湾およびスバールバルでは、ゼニガタアザラシの分布は沿岸の生息地とフィヨルドに限定される。ゼニガタアザラシおよびゴマフアザラシの体重は50〜70 kg、体長は1.2〜2.0 mに達する。温暖化が進むと、この両種はホッキョクグマの餌としてもっと一般的になるかもしれない。しかし、両種とも、せいぜい氷縁に生息する種であり、ホッキョクグマが利用しないような生息環境を利用することで捕食を回避するように進化してきている。

　クラカケアザラシは、黒褐色の被毛の上に、美しい乳白色のリボンのような帯模様を持つ。帯模様は、首、前脚の鰭、腰を回り、クラカケアザラシをすてきに飾る。ホッキョクグマの餌動物としては一般的ではないが、チャンスがあればクマは喜んでクラカケアザラシを狩る。クラカケアザラシは、北太平洋、ベーリング海、チュクチ海に分布する。

セイウチ—危険なごちそう

　セイウチの学名 *Odobenus rosmarus* は、"歯で歩く海の馬"を意味

ゼニガタアザラシは、通常、温帯の種と見なされているが、徐々にホッキョクグマの餌動物の1つとなりつつある。ゼニガタアザラシは上陸場として海岸や岩を利用するので、はるか沖合に生息するホッキョクグマにとっては、あまり出会う機会がない。ゼニガタアザラシが利用可能な場合は、ホッキョクグマは捕食する。ゼニガタアザラシの数は、ワモンアザラシに比べるとずっと少ない。

セイウチは、ホッキョクグマにとって手ごわい獲物である。短い牙でも、捕食者にとって致命的となりうる。ホッキョクグマのセイウチ狩りはうまくはないが、大人のクマは、子どもや若いセイウチなら、簡単に殺せる。

する。大人のセイウチは、その大きさのため、ホッキョクグマに捕食されることがほとんどない。オスの体重は1,700 kgを超えることがあり、体長は3.2 mに達する。メスの体重は約850 kg、体長は約2.7 mに達する。セイウチの一番の特徴は、犬歯が変化した牙である。牙は長さ1 mにもなることがある。オスの牙はメスより大きい。牙は、ホッキョクグマに対する恐るべき武器となるが、普通は、セイウチが海底でおもに二枚貝を採食する際にハンマーとして使われる。セイウチは敏感なヒゲで餌の位置を特定する。貝の柔らかい中身をおよそ6秒に1個の速さで吸い取り、1回の潜水で50個以上の貝を食べる。セイウチの餌をまかなうには大量の貝が必要だ。

　セイウチには、大西洋の亜種と太平洋の亜種がいる。生息域は、フォックス湾、ランカスター海峡、バフィン湾、グリーンランド、バレンツ海、カラ海、ラプテフ海、チュクチ海、ベーリング海、それにボーフォート海西部の周辺海域で、ホッキョクグマの生息域と大きく重なる。全世界の

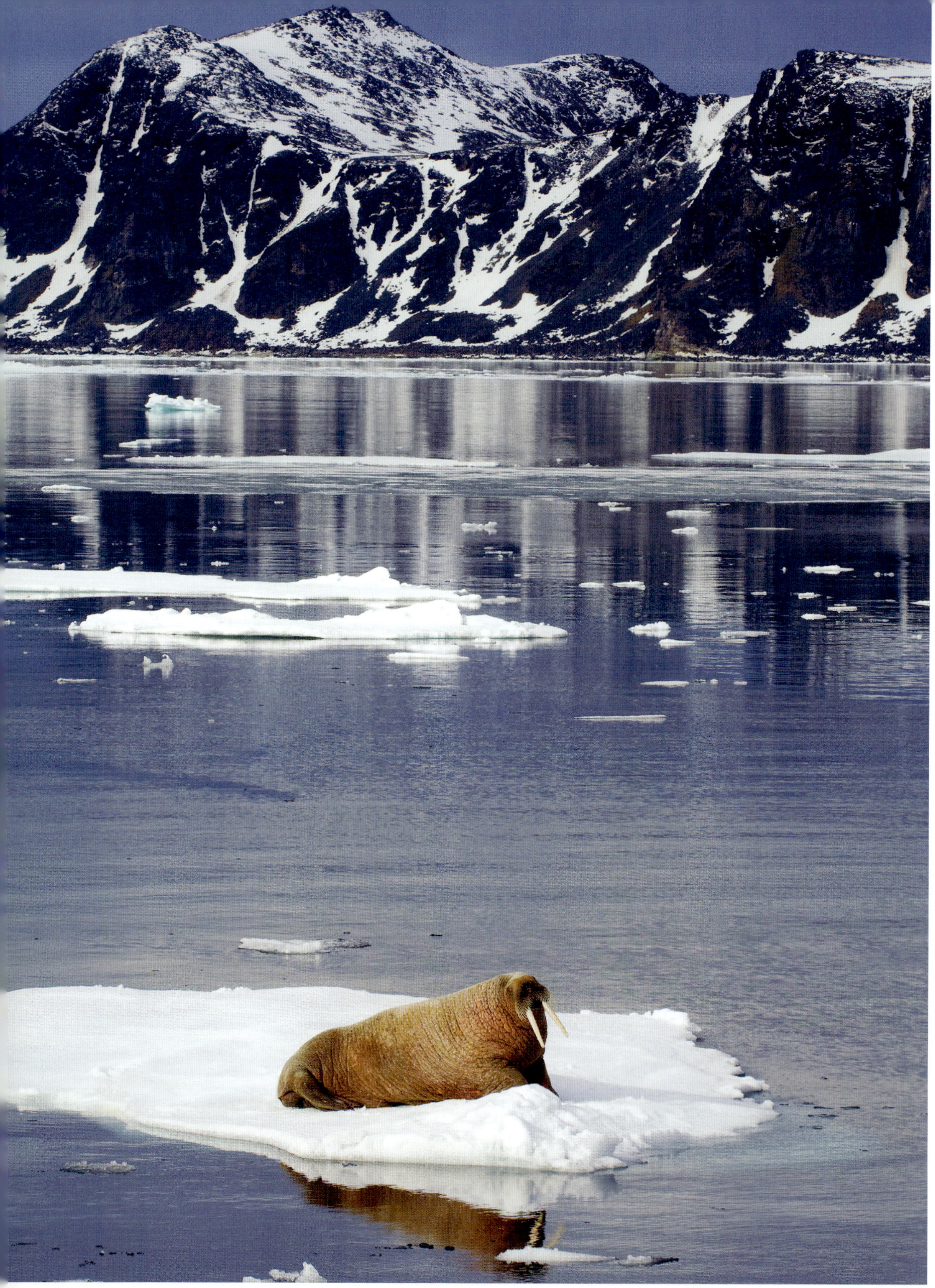

生息数は25万頭程度である。セイウチは浅い海に潜る種なので、分布は通常大陸棚に限られる。

　セイウチの首と頭のまわりの皮膚は、厚さが2～4cmあり、ホッキョクグマから身を守るのに役立っている。大人のセイウチを殺すのは簡単ではなく、成功することがあるのは、最大級の大人のオスのホッキョクグマだけである。前世紀の初め、フリチョフ・ナンセンはこう書いている。"私は、フランツヨーゼフ諸島でたくさんのセイウチとホッキョクグマが同じところにいるのを見たが、ホッキョクグマがセイウチを追いかけるのを見たことがない。セイウチはクマをまったく意に介さず、クマはセイウチに気づかれることなく、そのそばを通ることができた。セイウチは明らかに、自分は安全で優位であると感じている。"ウランゲリ島での観察が示唆するところによれば、ホッキョクグマが好む襲撃方法は、上陸しているセイウチを脅かして暴走させ、その混乱に乗じてセイウチの子を捕まえようとするものである。セイウチは陸上ではあまり敏捷ではなく、大混乱のなかで押しつぶされる若いセイウチは、ホッキョクグマの格好の餌となる。セイウチが水路や氷穴のそばに上がっているときは、流氷上でもホッキョクグマは襲撃するが、セイウチをコントロールするだけの力があるのは、通常、オスの大人のホッキョクグマだけである。

　ホッキョクグマの個体群の多くはセイウチと接触する機会がない。接触する機会がある個体群では、セイウチへの襲撃の約60％はオスによって試みられ、大人のメスによる襲撃は17％である。残りの23％は亜成獣によるものだが、亜成獣が大きな獲物をうまく扱えることはめったにない。ウランゲリ島では、セイウチの捕食成功率は6％程度でしかなく、子どもや若いセイウチがおもなターゲットである。飢えたクマはしばしば死にもの狂いになり、餓死の可能性がある場合は一か八かの賭けに出やすい。セイウチを食事とするには必ず犠牲をともない、ホッキョクグマがケガを負うこともめずらしくない。ホッキョクグマがセイウチの主要な捕食者として進化していたら、今よりもっと大きな体になっていただろう。

　ホッキョクグマとセイウチにはおもしろいつながりがある。両種ともにワモンアザラシを捕食するのだ。スバールバルの北端でホッキョクグマを探していたとき、私は、あたりを舞うシロカモメの群れに氷縁へと引き寄せられた。ホッキョクグマとその獲物の存在を予想したが、氷の上にはなにもなく、私は少し混乱した。ヘリコプターで旋回すると、海中にセイウチがいた。最初、私は、セイウチがロープに絡まっているのだと思った。しかし近寄って見ると、セイウチはワモンアザラシを"セイウチ抱っこ"していて、"ロープ"に見えたのは、その下でとぐろを巻くワモンアザラシの

前ページ：セイウチは、すぐに水に入れる小さな氷盤の上に乗ることが多い。陸上にいるセイウチは、海や氷の上にいるときより捕食されやすい。ホッキョクグマは、セイウチの大きな群れを脅かして暴走させ、その混乱に乗じてセイウチの子を捕まえようとすることがある。

腸だった。このような観察記録は、ほかの地域でもときどき見られる。セイウチの数が多いとワモンアザラシの数は少ない。ホッキョクグマは、セイウチが利用する海域を避けることが多い。

クマのお腹に納まるクジラ

　ホッキョクグマが捕食するクジラは北極にすむ2種の小型のクジラだけだが、死体であればどんな大きさのクジラでも食べる。シロイルカは、ベルーガあるいはシロクジラとも呼ばれ、また、その奇妙な鳴き声から"海のカナリア"とも呼ばれる。体長は3.5〜5.5m、体重は1,500kgに達する。新生子は薄い灰色をしており、体長1.5m、体重80kgである。シロイルカは齢をとるに従い白くなる。シロイルカは北極点を取り巻くように分布している。その南限はホッキョクグマの分布域を越えているが、北限はホッキョクグマの分布北限には届かない。全世界での生息数は15万頭を超える。真の北極性のクジラであるシロイルカには、背鰭がない。背鰭があれば、シロイルカの流氷域での生活は困難なものとなっていただろう。シロイルカはさまざまな魚類や無脊椎動物を餌とする。

　シロイルカにときどきみられる平行に伸びた傷痕は、捕食から逃れたことを示唆している。ホッキョクグマがシロイルカを殺すことができる状況は3通りある。浜辺で襲うか、それより深い海であれば氷盤から襲う、あるいは、海氷中の小さな開放水面で襲うという状況である。シロイルカは、皮膚の外層部を脱皮するために河口に移動してくるとき、浅瀬でストランディング（座礁）して、ホッキョクグマに捕食されることもある。カナダのサマーセット島にあるカニンガムインレットでは、毎年7月と8月にシロイルカが浅瀬にやってきて、岩に体を擦りつけて皮膚の外層部の脱皮を促す。大潮の時期には、浅瀬にストランディングしてしまい、安全な海に戻るには潮が満ちるのを待たなければならなくなるシロイルカもいる。クマのなかには、こうした大潮の時期にはたやすくシロイルカを食べることができるということを知っていて、その場所を探しあてるものもいる。クマはストランディングしたシロイルカの皮膚と脂身を食べ、シロイルカを死にいたらしめる。シロイルカは体が大きく頭蓋骨も頑強なので、簡単に殺すことはできない。状況によっては、クマは、シロイルカの頭を叩いて気絶させることができる。ロシアのあるクマは、この方法で少なくとも13頭のシロイルカを殺したと報告されている。より深い海の上では、大人のホッキョクグマは、海面に上がってくるシロイルカの子に氷盤の上から飛びかかり、引き上げて食べる。

　海氷の状態が急変するとき、広大な海氷のなかに、周囲を閉ざされ

カナダ・ヌナブト準州のサマーセット島付近でストランディングしたこのシロイルカは、ホッキョクグマに殺された。通常の状況では、大人のシロイルカがホッキョクグマに捕食されることはほとんどないが、浅瀬ではクマに分がある。

た開放水面のパッチができることがあるが、ホッキョクグマは、こうしたパッチに閉じ込められたクジラも捕まえる。グリーンランド語のsassat、イヌクティトゥット語のsavsattは、このような小さな開放水面に何頭かのクジラが閉じ込められているめずらしい状況を指す言葉である。クジラは呼吸のために開放水面にやってくるが、sassatを見つけたホッキョクグマは、クジラを脅かして、十分呼吸させないまま潜らせてしまう。最後には、弱ったクジラはクマに襲われて死ぬ。Sassatはめずらしい出来事だが、起これば壮観である。大きさ15×4 mのあるsassatには、40頭のシロイルカと1頭のホッキョククジラが閉じ込められた。8頭のシロイルカが殺され、氷の上に引き上げられて、20頭を超えるホッキョクグマの餌食になっていた。別の例では、55頭ものシロイルカがホッキョクグマによって氷の上に引き上げられていた。大部分は若いシロイルカであった。はじめ15頭のクマがいたが、食べられていないシロイルカの死体もたくさんあった。2週間後、30頭のクマが死骸を食べていた。餌が豊富なとき、ホッキョクグマにとって餌を分かち合うことに問題はない。餌となる動物をたくさん殺すことが比較的簡単で、かつ長期間にわたって餌資源とすることができるような状況であれば、餌動物を余分に殺すことは理にかなっている。1頭のクジラの死骸を長期間独り占めするのはむずかしく、リスクをともなうだろう。クジラをたくさん殺すことで、クマは、ほかのクマから防衛する必要のない餌資源を確保しているのだ。

　シロイルカは、海のなかにいるホッキョクグマを見つけると、クマのまわりを半円状に囲み、追い払おうとするように見える。捕食者に対するこのような組織だった反応は、捕食者に、自分がすでに特定されていることを知らしめる。ホッキョクグマに対して集団で威嚇する類似のディスプレイは、セイウチでも見られる。

第7章　餌動物 —— 93

スパイホッピング（偵察浮上）しているこのシロイルカは、周囲に目を光らせている。ホッキョクグマが近くを泳いでいると、数頭のシロイルカがやってきて、ホッキョクグマを追い払うことがよくある。

　　ホッキョクグマが捕食することのあるクジラには、ほかにイッカクがいる。"1本歯、1本角"を意味する学名 *Monodon monoceros* を持つイッカクは、親しみを込めて"海の一角獣"とも呼ばれる。英名の nar-whal は、"死体クジラ"を意味する古ノルド語に由来する。イッカクが、溺死したヒトに似ているからである。新生子は、体重約 80 kg で青みを帯びた灰色をしている。成長するにともない、特徴的な脱皮模様ができる。また、加齢とともに白くなっていく。イッカクのもっともめだつ特徴はらせん状の牙で、オスでは長さ 3 m にもなる。メスは 3% が牙を持つのみで、大きさもずっと小さい。過度に成長した切歯である牙は、見た目の恐ろしさにもかかわらず、防御の役割は果たさない。イッカクは、シロイルカより深い海を好み、カラスガレイやその他の魚、イカ、甲殻類を食べる。イッカクの分布は、そのほとんどが北極の高緯度地方の一部に限られ、一部のホッキョクグマの個体群と分布が重なるのみである。ホッキョクグマの餌動物としてのイッカクの役割はよくわかっていないが、ストランディングしたイッカクはホッキョクグマの餌になっている。Sassat に閉じ込められたイッカクもホッキョクグマの餌になる。

　　ホッキョクグマは、日和見的な採餌をする動物で、利用できる餌資源

はなんでも利用する。スバールバルでは、56頭のホッキョクグマが、流氷の海に浮かぶホッキョククジラの死骸に群がっていた。クマたちはクジラを貪り食い、多くのクマはたっぷりとした腹をしていた。こうした思いもかけない掘り出しものは、とんでもなく遠くのクマを引き寄せる。死骸にいたクマのあるものは、12日前、180 km離れた場所で捕獲されていた。クマが腐った死骸のにおいをどのくらい遠くから嗅ぎつけられるのかはわからないが、ヒトですら、その頼りない嗅覚でも、ずいぶん遠くからその悪臭には気づくだろう。

　クジラが餌になった出来事でもっとも変わっていたものの1つに、1996年にスバールバルの氷河から融けて出てきた350年前のホッキョククジラがある。最初に死骸が見つかったとき、ホッキョクグマが残っていた筋肉と脂身を食べていた。好き嫌いが激しいといってホッキョクグマを非難した人は今までにいないし、少しぐらいの冷凍焼けなどクマは気にしていなかった。ホッキョククジラは氷河のなかでなにをしていたのだろう。クジラの死骸は、小氷河期の終わりごろのある時期、氷河が前進しているときに氷河のなかに取り込まれたようだった。

　ホッキョクグマが死骸を食べるのは普通のことである。アラスカ北海岸

クジラの死骸は、クマにとって、冬、海氷が戻り、アザラシを狩ることができるようになるまで、重要な餌資源となることがある。この写真は、小型のヒゲクジラの一種、ミンククジラの死骸である。これまで、ホッキョクグマは、2種のクジラを殺し、それ以外の5種のクジラの死骸を食べているのが観察されている。

の町カクトビクでは、イヌピアトの猟師が仕留めたホッキョククジラのおこぼれを目当てに集まってくるホッキョクグマの数が増え、今やその中心地になった。おもしろいことに、グリズリーが死骸に引き寄せられることがしばしばあり、ホッキョクグマより体が小さいにもかかわらず、ホッキョクグマを追い払うことができるのだ。こうしたクジラの死骸を食べるクマは肥満になる。死骸から離れて5カ月経ったクマを何頭か捕獲したことがあるが、前年の秋に蓄えた脂肪で依然丸々としていることがよくある。

ほかにもたくさんある食べもの

　ホッキョクグマは日和見的な肉食動物で、海や陸の植物も好んで食べる。ホッキョクグマ以外の種でも日和見的な採食を行う動物は多い。カリブーは鳥の卵を食べるし、私は、ホッキョクグマが浜に残したアザラシの死骸を、ホッキョクウサギが喜々としてかじっているのを見たことがある。

　ホッキョクグマの餌となる生物は、優に80種を超える。餌生物には、32種の哺乳類、21種の植物、18種の鳥類、6種の魚類、そして多数の無脊椎動物が含まれる（付録B）。この事実は、ホッキョクグマが特定の種を捕食するように高度に進化した捕食者である、という主張と矛盾しないだろうか。答えはノーである。ワモンアザラシとアゴヒゲアザラシが、ホッキョクグマの主食である。大部分のホッキョクグマは、一生のうちに片手に余る数の生物種を餌とすることはない。ホッキョクグマにとっての陸生餌生物の重要性を曲解する研究者がいるのは残念なことである。偶発的に餌となった生物から得られるエネルギーや、その生物が餌資源として頼れるものであるか、また、その生物の量を正しく評価しないと誤解が生じる。エネルギーの観点から見れば、アザラシの呼吸穴のそばに寝そべり、丸々と太った脂身いっぱいのアザラシを捕まえるのと、虫が大発生するツンドラをさまよって、少量の漿果を食べるのとはまったく違う。ホッキョクグマは、栄養の補助となるものを食べるし、餌のなかには、エネルギーはないが、栄養素やビタミンに富むものもある。たとえば、ジンヨウスイバ、ガンコウラン、クロマメノキは、ホッキョクグマが食べるビタミンCの豊富な北極の植物である。イヌイットもこれらの植物を食べる。北極のような厳しい環境では、ビタミンの補給は重要であるのかもしれないが、アザラシもまた、ビタミンA、C、D、Eに富むので、ほんとうのところはわからない。

　ほかの変わった餌といえば、スバールバルにおけるトナカイがある。ホッキョクグマは、少なくともスバールバルにおいては、明らかにトナカイを餌動物と認識している。ホッキョクグマは、アザラシにするのとまったく同

じようにトナカイに忍び寄る。スバールバルのトナカイは、陸上の天敵がいない状況で進化したので、ハイイロオオカミやグリズリーから逃げる生活を送ってきたカリブー（トナカイと同属同種の *Rangifer tarandus*）よりのんきである。個体群レベルで見るとトナカイの餌としての重要性は小さいが、個体レベルで見るとトナカイは重要な餌となりうる。ホッキョクグマはジャコウウシを倒すことができるが、めったにそれはしない。ツンドラに生息するグリズリーは、ジャコウウシを効率的に狩るが、グリズリーとジャコウウシの分布は広範に重なっている。ホッキョクグマとトナカイやジャコウウシの分布はほとんど重ならないので、捕食機会は少ない。

　ホッキョクグマはほとんどなんでも食べる。陸上にいるとき、ホッキョクグマの糞には、通常、木や石、そのほか栄養的にはほとんど、あるいはまったく価値のないものが含まれる。私は、アザラシを食べているホッキョクグマの糞を集めようと思ったことはない。消化された脂肪と肉に由来する液状でタール様の汚物はにおう。そうした餌に繊維質は多くない。クマのお尻のほうで作業する人には職業上の危険があり、消化されたアザラシの洪水を食らわないように、クマの腸がゴロゴロいうのに注意していなければならない。いったん事が起こると、それまで親しみやすかったアシスタントが、ヘリコプターの歓迎されない同乗者となる。

　ホッキョクグマが海鳥を捕食するという報告はたくさんある。ホッキョクグマは水中に潜り、下から海鳥を捕まえる。名高いイヌイットの猟師、デビッド・ナソガルアクは、かつてボーフォート海のバンクス島周辺で、若いオスのホッキョクグマが、ケワタガモたちの間に大騒ぎを引き起こしているのを見たことがあるという。ナソガルアクがそのクマを撃ったところ、腹のなかに3羽のケワタガモの残骸があった。ケワタガモの仲間は、しばしば水路の開放水面に大きな集団をつくる。寒い日には薄氷が張り、カモたちがさらに狭くなったところに集中する。薄氷をよく見ると、クマが水路に侵入してカモの群れに向かって泳いでいき、水面下からカモを捕

左：スバールバルのトナカイは、ホッキョクグマの餌動物の1つであるが、その利用は日和見的である。スバールバルにはオオカミがいないので、北米のカリブーに比べると、彼らはそれほど警戒心が強くない。

右：ケワタガモは、ホッキョクグマの餌のうちでもっとも色彩豊かな種かもしれない。繁殖地への渡りの途中、ケワタガモは、水路や氷湖の水面に大きな集団をつくる。ホッキョクグマのなかには、水路を通って忍び寄るものもいる。クマは、薄い氷を突き破って息継ぎし、潜水して無防備なカモを捕まえる。こうした餌はエネルギー的には大したことはないが、ちりも積もれば山となる。

第7章　餌動物 ── 97

左：ハクガンの卵、幼鳥、それに換羽期の個体は、ホッキョクグマの格好のおやつになる。日和見的な採餌をするホッキョクグマは、歯が立つものならほとんどなんでも食べる。数種のガン類は、ホッキョクグマの餌に多様性を与えている。

右：ハシブトウミガラスをホッキョクグマが食べるのはめずらしくない。ホッキョクグマは、ハシブトウミガラスを、開放水面で水面下から捕まえたり、営巣崖で捕まえたりする。この太った海鳥は、営巣場所や交尾相手を争って、営巣崖の下の海氷に落ちることがよくある。ハシブトウミガラスは海氷からは飛び立てないので、通りがかったホッキョクグマの手軽な獲物となる。

まえた場所がわかることがよくある。

　将来、ホッキョクグマがハクガンの卵に依存する割合が増えるという推測がある。ハドソン湾では毎年海氷の融ける時期が早くなり、ホッキョクグマとハクガンの分布の重なりが大きくなってきているからだ。しかし、あいにく、そうした出来事を外挿するのは的外れである。クマがときおり数個の卵を手に入れ、その獲物に喜ぶことはあるだろう。しかし、この推測は、このまま海氷が減少すれば、ハドソン湾にはホッキョクグマがいなくなるという憂慮すべき事実を無視している。いずれにせよ、エネルギーの消費量に対する相対的獲得量を考えることが、こうした問題には重要である。ある分析によると、320 kgのホッキョクグマが走ってハクガンを捕食し、いくばくかのエネルギーを獲得するには、12秒以内にハクガンを捕まえなければならない。ハクガンを追いかけるのに、12秒という時間はそれほど長くはない。ハクガンを利用できるのは、ハクガンが風切羽を換羽している短い期間だけである。ガンを追い回しても、クマのエネルギーバランスはプラスにならない。

　しかし、条件が整っていれば、ホッキョクグマは卵の重要な捕食者にもなる。スバールバルでは、ホッキョクグマはシロハラネズミガンの主要な捕食者であった。シロハラネズミガンのコロニーで失われる卵のうち、約60%はホッキョクグマの存在が原因であった。ホッキョクグマがいるとガンは巣を放棄し、残された卵は肉食性の海鳥であるトウゾクカモメの餌食になる。クマは生態系のなかでおもしろい触媒機能を果たしている。ホッキョクグマが積極的にガンを捕食し、巣を探すのは今に始まったことではない。黎明期の探検家たちは、1898年に、ホッキョクグマが卵を採集する人たちと競争関係にあったことや、捕殺したあるクマのお腹に"巨大なスクランブルエッグ"があったことを報告している。

　クマはこのような餌資源も確かに利用するが、主要な餌はアザラシで

ある。海氷が通常より1カ月早く融解した場合、アザラシを捕食できなくなる分を補うためには、大人のメスのホッキョクグマであれば、クロマメノキの実で 1,000 kg、またはハクガンの卵で 1,670 個が必要になる。ハドソン湾西部に生息する 900 頭のホッキョクグマ全体では、アザラシの分を補うには、1,500 万個のハクガンの卵を消費しなければならない。ハドソン湾西部のハクガンのコロニーには 20 万個の卵しかないことを考えれば、クマにとっての解決策とはならない。

ホッキョクグマはいつもエネルギー効率のよい採食行動をとるとは限らない。ロシアのフランツヨーゼフ諸島では、ホッキョクグマは、ヒメウミスズメの卵や雛、成鳥を捕食するために、巨大な岩をひっくり返す。8 kg のアザラシと等価なエネルギーを得ようとすると、ホッキョクグマは、数トンの重さの岩を動かして、32 羽のヒメウミスズメの雛と成鳥を食べなければならない。この種の採食行動は、通常、アザラシが手に入らないときに起こるが、消費するエネルギーを考慮すると獲得できるエネルギーは非常に少ない。

ホッキョクグマがハシブトウミガラスを捕食するのはめずらしくない。ホッキョクグマは、ときどき、ハシブトウミガラスの群れの下に潜り、1羽の鳥の下から浮上し、前足を補助に使って咬みつく。最近、ハドソン湾北部で、ホッキョクグマが崖に登ってハシブトウミガラスのコロニーを壊滅させたという報告があった。クマの仲間はみなそうだが、ホッキョクグマも日和見的な採餌者であり、予期しないおやつがあれば喜んでつまむ。スバールバル沖のホーペン島にはハシブトウミガラスの巨大なコロニーがある。クマは、しばしば営巣崖に沿って定着氷の上を歩き、氷の上に落ちた鳥を食べる。ウミガラスは氷の上からでは飛べないので、ホッキョクグマだけでなくホッキョクギツネにとっても手軽な食物である。ホッキョクギツネはそうした餌でもそこそこの暮らしができるかもしれないが、白黒の体をしたウミガラスは、ホッキョクグマにとっては、ヒトにとってのクッキーと大差がない。

以前、海鳥のいる崖の下の小さな氷盤の上に伏せてハシブトウミガラスを食べている 450 kg のホッキョクグマを見た（そして捕獲した）ことがある。こんなに大きなクマが、わざわざそんなに小さな獲物を食べているのは奇妙に思えたが、アザラシばかり食べていたクマにとって、ウミガラスはおそらく目新しかったのだろう。餌が多様であると、たとえば微量のミネラルやビタミンが補給されるのかもしれない。私はよく、ホッキョクグマは捕食本能が非常に強いために、餌に見えるものならなんでも、ヒトですら捕食しようとするのだろうかと考えることがある。とはいえ、そ

のような獲物を求める行動は、個体や状況によって変わる。私は、大人のオスのホッキョクグマが、海氷に落ちているウミガラスにまったく興味を示さないのも見たことがある。そうした振る舞いは、満腹だとか、またおそらくは、交尾するメスを追いかけようとしていることを示しているのかもしれない。グリズリーの給餌試験では、餌の種類が多いほうが、少ない場合より体重が増加した。このことから、ホッキョクグマがさまざまな種類の餌を食べることは、私たちがまだ知らないところで、重要な役割を果たしているのかもしれない。温暖化が進むと、私たちは、ホッキョクグマとその餌動物の新しい関係を見ることになるだろう。生物学的事象が発生するタイミング（生物季節）が、何千年もの間存在してきた生態学的な関係を再構築することになるだろう。しかし、ホッキョクグマはアザラシと海氷に高度に適応した種であるため、いつまで生き残れるか大いに疑問である。

　生態学的な関係の顕著な変化をすでに経験したホッキョクグマもいる。たとえば、フランス人探検家ジャック・カルティエは、1534年7月、ホッキョクグマがニューファンドランド沖の不毛の小島、ファンク島へ泳いでいくのを見たと報告している。当時、ファンク島は、飛べない鳥、オオウミガラスの繁殖地であった。オオウミガラスは、北半球のペンギンともいえるものだった。体高85 cm、体重5 kgの大きさを考えると、2～3羽食べれば空腹のホッキョクグマにとってまずまずの食事だったろう。しかし悲しいことに、1800年代半ば、ヒトの狩猟によりオオウミガラスは絶滅した。

　イタリア生まれの探検家ジョン・カボットは、1497年7月、ニューファンドランドで魚を採っているホッキョクグマに出くわした。これはそれほど驚くことではない。グリズリーは、タイヘイヨウサケをじつによく食べる。タイセイヨウサケを食べるホッキョクグマの最後の観察記録は、1770年ごろ、ジョージ・カートライト船長によるものである。貿易商・探検家・猟師であったカートライト船長は、ラブラドールのイーグル川と、ホワイト・ベアー川といみじくも名づけられた川で、数多のホッキョクグマがサケを採っていたと報告している。当時、ヒトも新世界の豊かな自然を利用するためラブラドールの沿岸に住んでいた。そして、こうしたサケを採るクマはたちまち狩猟された。

　ホッキョクグマは、ホッキョクイワナやフォーホーン・スカルピン（four-horn sculpin；カジカの仲間）も食べる。しかし、これらの種は、氷にすむクマにとって重要なエネルギー源ではない。カナダ・ヌナブト準州のユニオン川で行われたある研究によれば、その地域の8頭のクマのう

ち1頭が魚を採っていた。その1頭は、魚を求めて、"シュノーケリング"や潜水をするのが観察された。こうした観察を過大に評価する人もいるが、それは、獲得エネルギーに対する消費エネルギーの大きさを無視するものである。ホッキョクグマの夏の餌から得られるエネルギー利得は、アザラシから得られるものにおよぶべくもない。地球温暖化による海氷の消失によってホッキョクグマが被るエネルギー不足を、そのような食物で相殺することはできない。

ガンコウラン（左）とクロマメノキ（右）は、ホッキョクグマの分布域のいくつかの地域に豊富に分布し、クマのなかには漿果を熱心に貪り食うものもいる。しかし、獲得できるエネルギーは非常に少なく、口から入るのとあまり変わらない状態で排泄される。

餌のなかの植物

　北極にすむクマを大づかみに見ると、グリズリーは肉も食べる植物食者であり、ホッキョクグマは植物も食べる肉食動物である。ホッキョクグマのなかには、あたかもツンドラにすむ爪のある白いウシのように、草をはむものがいることが知られている。ハドソン湾では、夏の間、ホッキョクグマの生息域と、漿果をつける数種の植物の分布域が重なる。進化の起源に忠実に、漿果でお腹を満たすホッキョクグマもいるかもしれない。私は、1980年代、ハドソン湾西部で調査を行っているとき、ホッキョクグマが漿果を餌にしていることに初めて気づいた。それは見逃しようのないものだった。歯は漿果の色に染まり、お尻のまわりの毛は鮮やかな紫色だった。そして、大量の"ホッキョクグマのベリージャム"ともいえるような糞をした。内陸においては、漿果食は、メスの34％、オスの26％に見られた。糞中の種子は、クロマメノキとガンコウランだった。北極で漿果類を餌とするうえでの問題の1つは、豊凶に大きな変動があることである。これを反映して、漿果食がたった2％のクマにしか見られない年もある。ホッキョクグマは、漿果に頼って氷のない期間を生き抜くことはできない。漿果を食べるクマは、それによって体重の減少を抑えることはできるかもしれないが、それも漿果類が豊富な年に限られる。クマが漿果を食べているかどうかを見るためにツンドラのホッキョクグマを観察するのは、刺す虫の多さを考えると現実的でないし、快適なもので

海藻は、新鮮なもの、あるいは腐敗したものを問わず、ホッキョクグマの一般的な食物の1つである。海藻に含まれるエネルギーは非常に少ないので、ビタミンやミネラルの補給がおもな効能である。

もないので、研究者たちは代替指標を探索してきた。そうした代替指標の1つである安定同位体を用いた研究は、ホッキョクグマのエネルギーバランスに対する漿果類の寄与が、あったとしてもわずかしかないことを示している。飼育下のグリズリーを用いた研究によれば、クマが植物だけで生きていくことには大きな限界がある。

海藻は、新鮮なものも発酵したものも、よく食べられる。ホッキョクグマは普通、海岸に積み上がった海藻を掘り返して食べる。スバールバルでハンターに撃たれたあるクマのお腹には、8.5 kgの海藻があった。また、あるメスとその2歳の子が、3～4 m潜って海藻を採り、海氷に座ってそれを食べるのが、30分以上にわたって観察されたこともある。コケや草もホッキョクグマはよく食べる。私のイヌも草を食べるが、イヌもホッキョクグマも厳格なベジタリアンの食事ではうまくやっていけない。

残念ながら、陸にある餌にはあまり栄養がない。もし、陸の餌がエネルギー源として価値のあるものなら、ホッキョクグマはみな、それを利用するはずである。陸に上がったホッキョクグマの大半は、わずかな報酬を探し求めて消耗するよりも、エネルギーを温存しようとする。陸にいる間、クマの体重が減少するのは、クマがエネルギーをあまり獲得していない証拠である。さらには、北極のツンドラの大部分は、夏の盛りでさえ不毛の地である。7月に高緯度北極地方を旅すれば、飢えたホッキョクグマを尻目に草食動物はどうやって生きているのだろうと不思議に思うことだろう。

エネルギーバランスに関連するすべての知見を考え合わせれば、ホッキョクグマは、アザラシの脂身で生きている。ホッキョクグマは、何百万頭ものアザラシという莫大なエネルギー源を利用するように適応した。地球温暖化に直面し、クマが進化の時計の針を逆に回すだろうと提唱する

のは、よくいっても希望的観測であり、悪くいえばホッキョクグマがどのようにして生きているかを意図的に無視している。温暖化する気候の下でのホッキョクグマの将来を予測するのは非常にむずかしい。また、突飛な予言は、保全生物学者が合理的な行動計画を立てるのには役に立たない。アザラシを手に入れる手立てがないとき、ホッキョクグマは、漿果や海藻、ガンの卵を食べるかもしれない。しかし、それらの食物は、けっしてアザラシの代わりにはならない。

食物摂取を分析する

　食性は、動物の生態において非常に重要な要素であるが、ホッキョクグマの食性は、それを定量化するのがむずかしいので有名である。なにを食べているのかを知るのが１つ、そして、そのそれぞれをどれだけ食べているのかを知るのがもう１つの課題である。数でいえば、一般的なホッキョクグマはワモンアザラシを食べて生きているといえる。しかし、ホッキョクグマが食べるアザラシの数を、アザラシの脂身に換算すると、体の大きいアゴヒゲアザラシが上位にくる。

　さて、どうやってクマが食べているものを知るのか。それにはいくつか

ホッキョクグマは、アザラシに特化した捕食者であり、アザラシの脂身はホッキョクグマの生存に不可欠である。シロカモメなどの海鳥は、ホッキョクグマの食べ残しをごちそうとして楽しむ。

の方法があり、それぞれ異なった見方を提供する。1つの方法に糞の分析がある。しかし、糞は、もっとも調査に適した時期でも見つけることがむずかしく、1年の大半は手に入れることができない。以前クマが大量に狩猟されたときには、胃の内容物が調べられた。夏にフランツヨーゼフ諸島で狩猟されたクマの胃内容物は、胃のなかが空のものが44％、ワモンアザラシ38％、セイウチ12％、アゴヒゲアザラシ3％、海藻2％、鳥1％であった。しかし、胃内容物からは一番最近に食べたものがわかるだけであるし、最近では、食性を調べるためにクマを射殺する人はいない。また、極夜の時期の食性は知りようがないので、このような情報は食性の全体を代表するものではない。

　クマやその餌動物の体内に存在する化学的なマーカーなど、間接的な方法を利用することもできる。もっとも示唆に富む方法は、定量的脂肪酸シグネチャー分析と呼ばれるものである。動物の脂肪は、通常、グリセロールの骨格とそれに付加する3つの脂肪酸からなる。これらの脂肪酸は、化学結合や炭素鎖の長さに大きなバリエーションがある。脂肪の摂取に関しては、「貴方は、貴方の食べるものでできている」という言い回しがじつによくあてはまる。動物が脂肪を消化する際、脂肪酸は、ほとんど変化することなく体内に吸収され、体脂肪に取り込まれる。

　ホッキョクグマの脂肪には、70種類を超える脂肪酸が、さまざまな量で存在する。海洋生態系中の脂肪酸は非常に多様である。アザラシやセイウチ、あるいはクジラが食べる餌の1つ1つに特有のシグネチャーがあるので、ホッキョクグマが食べる動物種の1つ1つにも、特有の脂肪酸構成がある。私たちは、ホッキョクグマが食べる可能性のある餌から、そのクマの脂肪酸構成をもっともよく説明する餌の構成を導き出す統計モデルを使用している。このモデルは、ホッキョクグマが体内で独自の脂肪酸を合成できることや、脂肪酸のなかには優先的にエネルギー源として使用され蓄えられないものがあることから、解釈のむずかしいところもあるが、食べられる可能性のある餌動物から、クマが実際に食べた餌の構成を予測することができる。

　こうした分析にはもちろんホッキョクグマの脂肪サンプルが必要であるが、それは簡単に手に入る。クマを麻酔し、クマがもっとも多く脂肪を蓄えている部位である腰背部の毛を少し剃る。そして、小さな円筒状の生検針をクマの脂肪に差し込んで、細長いサンプルを採取する。この方法は少し侵襲的ではあるが、傷はすぐ治る。

　食性に関するもっとも重要な知見は、1,738頭のホッキョクグマから採取したサンプルを用いた脂肪酸の研究から得られている。75％に達す

るクマで、ワモンアザラシが主要な餌動物であったが、餌の構成には地域的な違いがあった。餌となる動物が多い地域では、必然的に餌の構成の多様性が高かった。アゴヒゲアザラシは20％、タテゴトアザラシは50％、ズキンアザラシは8％のクマの食性に寄与していた。体の大きい大人のオスの食性は、より多様性に富み、アゴヒゲアザラシやセイウチを多く食べる。体が大きいことの贅沢さは、小さい獲物も大きな獲物も食べられるということである。大きなアゴヒゲアザラシは、亜成獣、あるいは大人のメスにとってさえ、扱いかねるものである。ワモンアザラシやゼニガタアザラシは、若いクマに食べられることが多い。シロイルカ、イッカク、ゼニガタアザラシおよびセイウチは、地域によって異なるが、食性への寄与は概して10％未満である。これらの数字は個体群のなかでの平均であることに注意しなければならない。個体ごとに見ると、ある個体が1年間、すべてのエネルギーを1つの動物種に依存することが可能であった。

　ホッキョクグマが食べる動物種を知ることは、問題の一部にすぎない。つぎの問題は、餌動物の年齢と性別を知ることである。この問題に取り組む唯一の手がかりは、死体のサンプルである。ワモンアザラシとアゴヒゲアザラシでは、子どもと若齢個体（5歳まで）が、もっとも頻繁に捕殺される年齢層であることがわかっている。ワモンアザラシでは、捕殺される半分以上が子どもである。おそらく、年上の個体はホッキョクグマを回避することを学んでいるのだろう。子を連れているとき、大人のメスのワモンアザラシの危険は増す。巣穴に入らなければならないので、子育てにはリスクがともなう。しかし、ワモンアザラシは、オスもメスも均等に、

ホッキョクグマは、1回の食事で、体重の20％に達する量を食べることができる。アゴヒゲアザラシは、この子アザラシのように、厚い皮膚を持つ。ホッキョクグマは、その皮膚をむいて、脂身の部分を最初に食べる。若いクマは、より多くのタンパク質を摂取する必要があるので、捕殺した動物をほとんどすべて食べてしまうことがよくある。

第7章　餌動物 —— 105

春のホッキョクグマの食物のなかに出現する。アザラシの個体群のなかの社会的な相互関係も重要である。離乳したアザラシの子や若齢個体は、大人のアザラシによって、好ましくない生息環境に追いやられ、そこで捕食の犠牲となりやすいことがある。捕食者は年老いた動物や病気の動物を狩るという考え方は、ほかの哺乳類にはあてはまるかもしれないが、これまでのところ、私たちは、それがホッキョクグマにあてはまるという証拠を得ていない。ホッキョクグマは、若くて柔らかい個体をもっとも頻繁に狩る。

　ホッキョクグマが1年に何頭のアザラシを食べるかについては、まだ答えが出ていない。捕殺率に関する情報は、時間的にも空間的にも限られたものしかない。捕食行動が研究されている唯一の場所は、カナダの高緯度北極にあるデボン島である。観察は、海氷がもっとも密になる4月初めから7月終わりにかけての時期に行われた。このことは、1年の70%に相当する期間のホッキョクグマの捕食行動について、私たちは情報を持っていないということを意味する。ホッキョクグマの生息地は、24時間暗闇であったり、はるか遠く離れた地であったりするので、ほかの時期や場所の情報を得ることは不可能かもしれない。けっきょくのところ、私たちには具体的情報はほとんどないが、エネルギーモデルを利用して、科学的に推測することはできる。

　もっとも捕食の多い時期で、ホッキョクグマは、2〜16日に1頭、平均では5日に1頭の割合でワモンアザラシを捕殺する。この3〜6月の狩りの時期は、しばしば過食期と表現される。クマは、エネルギーの大半を、春のアザラシの出産期に摂取する。ホッキョクグマは、1年間に平均で少なくとも43頭のワモンアザラシを捕殺する。捕殺の大半は過食期に行われる。エネルギー的な計算から、1,800頭のホッキョクグマ個体群（いくつかの個体群はこれに近い大きさを持つ）には、1年間に77,400〜128,469頭のワモンアザラシが必要であることが示唆されている。この数字には多くの注釈が必要だが、ホッキョクグマが大量のワモンアザラシを食べるということは明白である。世界にホッキョクグマが25,000頭いるとすれば、ホッキョクグマは1年に100万頭を超えるワモンアザラシを食べることになる。しかし、こうした見積りは、ほかの餌動物の存在を無視しているので過大である。アゴヒゲアザラシやクジラの存在は、たとえ少数であっても、上記の見積りを著しく違ったものにする。さらに、大人のワモンアザラシの体重は新生子の12倍だが、含有エネルギーは24倍である。150,000 kcal（628 MJ）のエネルギーを含有する大人のワモンアザラシであれば、230 kgのホッキョクグマを、

6日と少しの間養うに十分である。ワモンアザラシの子どもは、ホッキョクグマにとっておやつにすぎない。体重約600 kgの平均的なシロイルカなら、クマが半年生きていくのに十分なエネルギーを含有する。

アザラシの脂肪を食べることは、ホッキョクグマにとってエネルギー的に意味がある。ホッキョクグマは、胃に体重の20%を蓄えることができる。つまり、450 kgのホッキョクグマは、90 kgのアザラシの脂身を食べることができる。ホッキョクグマの採餌行動を調べたある研究によると、ホッキョクグマは、体重の10%に達する量を、30分以内に平らげることができた。ロシアで狩猟されたクマの胃のなかには、10〜70 kgの食物が入っていた。別の観察結果によると、2頭の1歳子を連れたある母グマは、12時間以内に80 kgを超えるアザラシの脂身を食べた。

アザラシの脂肪が好まれる理由の1つに獲物をめぐる競争がある。体の大きい優位なオスでない限り、ほかのクマにアザラシを盗まれる可能性がある。したがって、エネルギー的にもっとも価値のある部位を食べることは、進化的に意味のあることなのだ。脂肪には、タンパク質の2倍以上のエネルギーが含まれる。ホッキョクグマは、皮膚や内臓、筋肉は食べないことが多い。ホッキョクグマが捕殺したワモンアザラシの利用率は、61〜91%と見積もられたことがある。一方、アゴヒゲアザラシでは、その32〜89%が食べられていた。ホッキョクグマの摂取エネルギー同化作用は、ほかの肉食動物と大差がなく、脂肪の消化率は98%である。このことは、クマの体内に入った脂肪は、実質的にそのすべてがクマの体内に蓄えられることを意味している。タンパク質の同化率は83%で、ほかの肉食動物に比べ若干低いが、それでもこの数字は、体内に入ったタンパク質の大部分が体内に残ることを示している。しかし、ヒトがタンパク質豊富な食事をすると水分がほしくなるのとまったく同じように、ホッキョクグマも、肉を食べた後には、窒素を排泄するために水が必要になる。ホッキョクグマはよく雪を食べるが、この行動はエネルギー的には高くつき、とりわけ寒い日には損失が大きい。冷たい雪を食べ、それを体温まで温めるには、多くのエネルギーを消費する。一方、脂肪が燃焼するときには代謝水が放出されるので、脂身を食べるクマののどはそれほど渇かない。

アザラシの新生子を食べるとき、ホッキョクグマは、脂肪の量を確かめるために味見だけして、痩せた子どもは食べずに捨ててしまうことがよくある。こうした選り好みの行動は、クマの大きさと相関がある。痩せたクマは痩せた子アザラシを食べる確率が高く、太ったクマには余裕があり、選り好みが強い。狩りの技術は年齢とともに向上するので、貧弱な

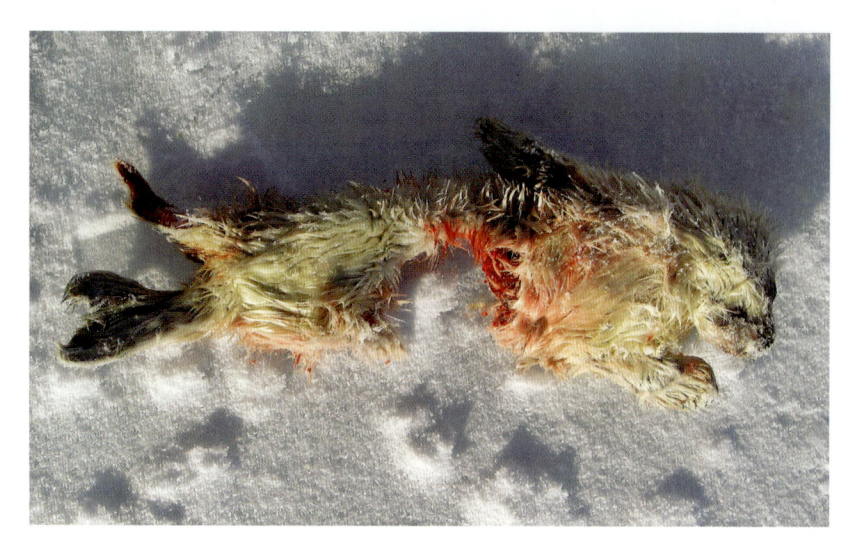

この幼いワモンアザラシの子どもは、厚い脂身を身につけることができるまで長生きできなかったようだ。熟練した捕食者は、より多くのエネルギーを含有する太ったアザラシを探すため、小さい獲物を捨てることがよくある。

獲物を捨てるのは、普通、年上のクマたちである。

　ホッキョクグマは、食べるようにプログラムされており、たとえ太ったクマであっても、獲物を狩り、より多くの脂肪を貪り続ける。ホッキョクグマには、けっして太り過ぎということがないようだ。要するに、ホッキョクグマは、熟練したアザラシの脂身の処理・貯蔵者なのである。ホッキョクグマの生き方はこうだ。食べる脂身がたくさんあれば、たくさん食べる。脂身が少ししかなければ、タンパク質を食べる。食べるものがなければ、蓄えた脂肪を使う。

8 分布と個体群

　ホッキョクグマは北半球の周極種であり、北極の海における最大海氷域の南限をその分布の限界とする。分布範囲は、北緯90°の北極点から、カナダのジェームズ湾の北緯53°地点にわたり、その距離は4,112 kmにおよぶ。かつて、ホッキョクグマはセントローレンス湾（北緯50°）にも分布したが、現在はいない。ラブラドールの沿岸ではホッキョクグマは普通に見られ、よくニューファンドランドに流れてきては、たちまちトラブルを起こす。

　分布域外でホッキョクグマが目撃された興味深い例がいくつかある。1999年9月、1頭の亜成獣のオスが、ハドソン湾から内陸へ約450 km入ったカナダのサスカッチュワンで目撃された。2008年3月には、ボーフォート海の南320 kmで、1頭の痩せたクマが射殺された。その1カ月後には、その東方、同程度の距離を内陸に入ったところで、飢えた母グマとその1歳子2頭が射殺された。海氷からこんなに遠くにいるのは、適応的な行動ではない。クマたちは、単に餌を求めてさまよい始めたのだ。アイスランドの年代記"Icelandic Annals"の記録によれば、アイスランドの沿岸には昔からホッキョクグマがやってきている。1274年には22頭のクマが、その翌年には27頭のクマが殺されている。アイスランドへの上陸は海氷の南限と関連があるが、海氷は近年減少している。ホッキョクグマは、依然アイスランドに上陸しており、上陸するとすぐに殺されている。ノルウェー本土でホッキョクグマが目撃されているが、これらは動物商から逃げたクマかもしれない。しかし、大きな嵐が、ヨーロッパ本土近辺にホッキョクグマを漂流させることもありうる。温暖化が進むにつれ、多くのクマが海氷との接触を失いつつあるために、分布域外での目撃が増加しているのではないかと懸念されている。

行動圏

　行動圏とは、ある動物が普段すんでいる地域をいう。普通は1年にわたってすむ地域をいい、そこには生きていくために必要なすべての資源がある。ホッキョクグマが必要とする資源には、食物、巣ごもり場所、交尾相手、退避場所などがある。なわばりとは異なり、行動圏は防衛の対象ではないので、個々のホッキョクグマの行動圏はほかのクマのものと完全に重なる。

　昔、ホッキョクグマは、北極の周囲に1つの大きな個体群として生息し、

ハドソン湾のホッキョクグマは、夏から秋にかけて、定期的にはるか内陸の針葉樹林に移動する。妊娠しているメスは、子育てのためそこで冬を越す。子を失ったメスは、晩冬、沿岸地域に戻ってくることが多い。

北極の放浪者として、凍った海を自由に行き来していると思われていた。ロマンチックな考え方ではあるが、まったくのでたらめである。人工衛星を利用した追跡によりホッキョクグマの移動に関する重要な情報が得られており、個々のクマがはっきりとした行動圏を持つことがわかってきた。氷の状態が許すならば、クマは同じ海域を何年も利用する。メスのホッキョクグマの行動圏は、1つのフィヨルドに納まってしまう 200 km^2 程度の小さなものから、アラスカの約半分の大きさに相当する 96 万 km^2 という広大なものまである。さまざまな要因が、クマが1年の間に利用する地域の広さに影響するのである。1～2歳の子を持つ母グマは、小さな当歳子を連れてあまり移動しない母グマに比べ、大きな行動圏を持つ。行動圏の大きさの個体群間差異は、海氷の動態にも影響を受ける。流氷域では行動圏は大きく、定着氷が主体の海域では行動圏が小さい。バフィン湾、バレンツ海、ベーリング海、チュクチ海、ボーフォート海では、年間の海氷分布に大きな変動がある。したがって、これらの海域に生息するホッキョクグマの大半は、大きな行動圏を持ち、長距離を移動する。

BOX　南極のホッキョクグマ？

　ホッキョクグマとペンギンは地球の反対側にすんでいる。しかし、多くの漫画や合成写真、広告で、彼らは一緒に描かれており、そして人々はこうたずねる。どうして南極にはホッキョクグマがいないの？ 答えはこうだ。ホッキョクグマはけっして南極に行くことはないんだ。

　ホッキョクグマは北で進化した。生物種は普通、1つの生息域からつぎの生息域へと移動するために、つながった生息域を必要とする。ホッキョクグマが現れて以来もっとも寒かった時期でさえ、北半球と南半球をつなぐ海氷が存在するほど寒くはなかった。ときに、生物種は、"宝くじ的分散経路（sweepstakes dispersal routes）"によって移動することがある。こうした分散経路は、植物のいかだに乗って海に流された2匹のネズミ（オスとメス）、あるいは妊娠しているネズミという図で説明することができる。ネズミが、適した生息環境のある島に上陸すれば、新しい個体群が成立するかもしれない。ホッキョクグマの場合、"いかだ"は海氷でなければならないが、中緯度地域はつねに温かく、そのようないかだが存続することはできなかった。ホッキョクグマは南極で繁栄することができただろうか。まちがいなく、答えはイエスである。南極にすむアザラシの多様性や大きな個体群からすれば、ホッキョクグマを養うのは簡単なことだろう。ホッキョクグマはペンギンをおやつとして楽しんだことだろう（あるコマーシャルにあったようにペンギンから清涼飲料水をもらうのではなく）。1900年代半ば、南極基地の越冬隊員のスポーツハンティングの獲物として、ホッキョクグマを南極に移動させようという話があった。これが実現しなかったのはよかった。もし実現していれば、ホッキョクグマは生態系をむちゃくちゃにしていただろう。ありがたいことに、南極の海洋生物資源の保存に関する条約は、現在、そのような破壊的な生物導入を禁止している。

　たとえばアラスカとロシアの間では、ホッキョクグマは、南はベーリング海のセントマシュー島（北緯60°25′）にまで分布するが、チュクチ海の多年氷で夏を越すために、北に向かって1,600 km以上を移動する。カナダ北極圏中央部やスバールバルのホッキョクグマは、後退する海氷を追わずに、氷に覆われた湾やフィヨルドで夏を過ごすため、その行動圏はずっと小さい。

　残念ながら、オスの行動圏の大きさについてはほとんど情報がない。オスの首は頭より太く、衛星追跡用の首輪を装着できないからだ。短期間オスを追跡した結果によれば、行動圏の大きさは大人のメスと大差がないことが示唆されている。若齢個体を追跡した最近の結果も、その行動圏が大人のメスと大差がないことを示唆している。普通、肉食動物は草食動物に比べ大きな行動圏を持つ。これと呼応するように、ホッキョクグマの最大級の行動圏は、グリズリーの行動圏の450倍にもおよぶ。グリズリーは氷の大好きな従兄弟に比べはるかに多くの植物を食べる。ホッキョクグマにははるかに高エネルギーな食物を手に入れる手段があり、長距離移動に必要なエネルギーをまかなうことができる。

　行動圏の大きさは、利用可能な資源量と関係することが多い。資源が豊富であればあるほど、行動圏は小さくなる。しかし、利用可能な食物量が少なくても、予測がつきやすい資源である場合は、行動圏が小さくなることがある。一方、利用可能な食物量が多くても、予測がつきに

大人のオスの首は頭より太いので、衛星追跡用の首輪をつけられない。行動圏の大きさに関する情報は、主として大人のメスのものであるが、同一個体群のなかでも 2,000 倍もの差のあることがある。1 つのフィヨルドのなかで生きるクマもいれば、テキサス州より広い面積を移動するものもいる。

くい場合は、行動圏が大きくなることがある。消費するエネルギーと獲得するエネルギーの間には均衡があり、メスが子を産む能力を尺度とすれば、大きい行動圏を持つ戦略も、小さい行動圏を持つ戦略も同等のように見受けられる。行動圏は大きくても小さくてもよいのだ。ただし、広大な面積を動き回るためには、多量のエネルギーを摂取しなければならない。要するに、行動圏の小さいクマは"エネルギーを温存するクマ"であり、巨大な行動圏を持つクマは"エネルギー摂取を最大化するクマ"なのである。

移動のパターン

　移動の速さや方向には、1 年のうちの時期が非常に強い影響をおよぼすほか、年齢や性別、繁殖状態、個体群密度、餌動物の量と分布、天気、海氷の状態、陸地の障壁も重要な要因である。ホッキョクグマの移動の速さには顕著な変動がある。ホッキョクグマは毎時 4 km で移動することができるが、平均的にはこの半分以下の速度で移動する。1 日あたりでは、14〜18 km 移動することが多い。幼い当歳子を連れた母グマはあまり移動しない。単独のメスや交尾相手を探しているオスは、大きく移動する。しかし、私たちは、4 時間ごとのクマの位置を記録しているにすぎないことに注意しなければならない。クマは曲がりくねった複雑な経路で歩くので、私たちは、クマが移動する距離を過小評価していることになる。

　ホッキョクグマの生態における興味深い点の 1 つは、その生息環境自体が移動していることである。そのために、海氷の漂流とクマ自身の移動を分離することがむずかしい。海氷は、1 日に 60 km 以上もの距離を、いともたやすく移動することがある。バレンツ海やチュクチ海などのいくつかの個体群では、クマは海氷の動きを打ち消すように移動する。つまり、

海氷は動的な生息環境であり、風や海流により、1日に長距離を移動することがある。移動する流氷上のクマは、トレッドミルの上で生活しているようなものだ。

第8章　分布と個体群 —— 113

トレッドミルの上で生活しているようなものだ。これは気がかりなことである。なぜなら、温暖化によって、海氷はその面積と厚さが減少しており、風や海流によりさらに流されやすくなるからだ。こうした変化が起こると、クマが好適な生息環境にとどまるために必要なエネルギーが増加する。

　クマの活動度は、アザラシがもっとも豊富に手に入る晩春から初夏に最高となる。ホッキョクグマは1年の間に長い距離を移動することがある。メスのホッキョクグマが1年に移動する平均的な距離は5,470 kmである。しかし、実際の距離は個々のクマによって異なる。アラスカ沖で発信機をつけられたあるメスは、北に向かって移動し、北極点に緯度にして2°以内に近づいた後、さらにグリーンランド北部とケイン湾へ移動し、576日の間に7,160 kmを移動した。このメスは、1日に5〜90 km移動した。こうした移動により遺伝子流動の起こる可能性はあるが、これほどの長距離を移動するのは、追跡したクマのうち1%未満である。このメスがグリーンランドにいる間に発信機が壊れたので、移動の始点と終点のどちらが彼女の"本拠地"なのかわからなかった。ひょっとすると、両方だったのかもしれない。

ナビゲーション・テクニック

　ナビゲーションの方法は、動物種によって異なる。行動圏を持つ動物は、周囲の状況から位置を知り、自分の時間的・空間的な位置を推定する能力を持つ。そうでなければ、その動物は無目的にあたりをさまようことになる。行動圏を持つ動物種は、自分が行きたい場所と現在地の関係を判断できなければならない。安定した環境にすむ動物種にとって、ナビゲーションは比較的簡単である。動的あるいは季節的な環境にすむ動物や、渡りをする動物には、高度に発達したナビゲーション能力が必要になる。動物が方向を見出すメカニズムにはいくつかあるが、ホッキョクグマは、ほかの動物と同様に、さまざまな手がかりを利用する。

　ホッキョクグマの進化を考えることは、彼らのナビゲーションの方法を知る手がかりとなる。グリズリーの祖先型の生息域は、ホッキョクグマの現在の分布域と一部重なっていた。陸上の環境は安定したものであり、資源の存在も予測がつきやすい。前の年にグリズリーが利用した漿果の生育地は、つぎの年もそこにあるだろうし、地理的な目印も動かない。それに対し、海氷はきわめて動的なものである。ホッキョクグマの祖先型が、おもに陸上環境に依存し、付加的に海獣類を餌としていたとすれば、彼らは初め、海岸の近くを移動した可能性が高い。時が経つにつれ、より多くの餌を求めて沖へ移動した個体が、繁殖に大きな成功を収める

ことがあったかもしれない。海岸の近くを移動していただけのころであっても、陸地か海氷のどちらかを見失わなかった個体だけが生き残ったはずなので、ナビゲーション能力に対する選択圧は強かったに違いない。はるか南へ漂流し、外洋で流氷を見失って致命的な結果となることもあっただろう。北へ行きすぎたときは、クマは不毛の北極海に取り残されることになっただろう。そのような拙いナビゲーション能力しか持たない個体は、つぎの世代に遺伝子を残すことはできない。

　強い選択圧は、ホッキョクグマが同じ移動を何度も繰り返し行うことの説明となるかもしれない。クマが長距離を移動するのは普通である。しかし、クマの多くは毎年同じ地域に戻ってくる。クマは、カナダからロシアまで移動し、かつ前の年とまったく同じ場所に戻ってくることができる。クマがわが家を探しあてる能力には感銘を受ける。個体群構造を形づくるのは、特定の地域に対するこうした執着である。

　母グマとのんびり歩いている小さな当歳子を捕獲し、何年か後にほとんど同じ場所で、その子グマが大人になって今度は自分の子を連れてい

このメスは1歳子を連れている。ホッキョクグマは、狩りの成否を左右する氷の状態に合わせて、毎年同じルートを繰り返したどる。かつては北極の放浪者と考えられていたが、ホッキョクグマは、実際にはすみかを出たがらないクマである。ただ、彼らのすみかは信じられないほど大きく、かつ移動しているだけなのだ。

第8章　分布と個体群 —— 115

BOX　ホッキョクグマの捕獲

すべてのホッキョクグマの研究に捕獲が必要なわけではないが、成長、繁殖、生存、汚染状況など、クマを検査して標識しなければ知ることができない生態は多い。そして、あたりまえのことだが、追跡装置をつけるためにはクマを捕まえなければならない。

クマの位置がわかれば、今度はクマを安全にハンドリングできる場所を見つける必要がある。第1に考えるべきことは、クマと作業者の安全である。開放水面、崖、薄い海氷、ほかのクマ、上陸に適した場所などは、すべて考慮すべき事柄である。クマは1頭1頭違うので、捕獲の際にはクマの性格を考慮すべきである。ヘリコプターで短時間近づいてみると、クマを安全に制御できるかどうかを知る手がかりが得られる。クマの大きさと状態は必ず評価しなければならない。クマを麻酔する際の目的は、クマを静かに寝かせておくことであって、必要以上に長時間眠ってしまうほど深い麻酔をすることではない。

適正な用量を決め、麻酔薬を矢に注入し、その矢を麻酔銃に込める。安全に捕獲するには、矢をあてる位置に注意が必要である。望ましい位置はお尻と肩である。捕獲中にクマが死ぬことはまれである。ホッキョクグマを野外で麻酔するのは、ヒトを病院で麻酔するより安全である。

ヘリコプターで低空からクマを狙う。麻酔銃を撃つ距離は多くの場合5m未満だが、クマは、動いている場所から撃つ動く標的である。クマに矢があたれば、クマをリラックスさせるためにヘリコプターは離れるが、クマを遠くに行かせないために上空で旋回する。まず後肢がふらつき、通常7分以内に、氷または雪の上でクマは眠りに落ちる。小さな当歳子（数カ月齢）がいれば、ゆっくり近づいて首にロープをかけて逃げないようにする。小さな当歳子には、手に持った注射器で麻酔薬を投与する。当歳子は通常母グマの近くにいるが、もし逃げれば、ホッキョクグマ追いの時間となる。大きな当歳子は危険な場合があるので、棒の先につけた注射器で麻酔薬を投与するか、上空から矢を撃つ。繁殖ペアを見つけた場合は、オスはメスの近くから離れないので、まずメスを捕獲する。メスが寝てしまえば、同じ場所に2頭を集めることができる。

古い麻酔薬を使っていたときは、いびきでクマが起きることさえあった。いびきは、ホッキョクグマの警告の鳴き声のように聞こえるのだ。私たちが現在使用している麻酔薬は、クマが寝てしまえば安全に作業を始められる。1頭1頭のクマには、固有の番号と捕獲された国を表す文字をつける。識別番号を記したプラスチックのタグを両耳につけ、入墨器で上唇の内側に番号を刻印する。計測では、体長、胸囲、頭長、頭幅を測定する。体重を測る場合もある。体重の測定にはクマをつるための重い三脚が必要なため、体重は、体長と胸囲の測定値から推定することが多い。皮膚、脂肪、血液、乳汁、爪、毛のサンプルも採取する。また、小さな前臼歯を採取して年齢を査定する。衛星と通信して位置を検出するGPS首輪を装着する場合もある。

作業中はつねに、呼吸数、心拍数、体温をモニターする。クマから離れる直前には、動物標識用のクレヨンでクマに黒い点をつけ、同じクマを再捕獲しないようにする。黒い点は、そのクマは麻酔されたので45日間食べてはいけないということを、猟師に警告することにもなる。

クマに作業をしている間、別のクマが近づいてくるのは避けたい。そういうことが起こりそうな場合には、私たちは十分な銃火器を準備する。私は、クマを撃たなければならない状況になったことはない。しかし、ヘリコプターから飛び降りてわがままな当歳子を捕えるとき、必要ならば私は銃火器を所持する。

4カ月齢の当歳子が見ているなか、不動化された母グマが計測されている。体サイズの計測は、ホッキョクグマ個体群の状態を知る基礎である。体重が軽いのは、クマが困難な状況にあることを示している。

るのを見るのは感動的である。広大で変化の激しい環境に生きるためにクマが用いるナビゲーションのプロセスは、ホッキョクグマの生活史の重要な構成要素である。私がクマの研究を始めたころ、私たちは、人工衛星と通信して現在地を教えてくれるGPSを持たなかった。代わりに、私たちは、現在地を推定するため、方向と速度を組み合わせた推測航法を用いた。ヘリコプターのジャイロコンパスは、クマの追跡中にずれることがあったが、経度と太陽の位置から修正することが可能であった。おそらく、クマも同じようなことを行っているのだろう。正しい場所に正しい時期にいることは、生存にとってきわめて重要である。

　ときには、正しいはずの場所が、まちがった場所となることがある。私はかつて、スバールバルで1頭の母グマと2頭の1歳子を捕獲し、ヘリコプターで150 km輸送したことがある。彼女たちが、何軒かの小屋に侵入したからだった。侵入された小屋のなかには、クマ対策を施したはずの小屋も1軒あった。その小屋には、猟師が、集めたケワタガモの羽毛とともに、スノーモービルのオイルを貯蔵していた。羽毛は、羽毛布団の原材料として売られる予定だったが、当時約2.5 kgの金と同じだけの価値があった。ホッキョクグマは、オイルジョッキやスノーモービルのシート、そしてアザラシのような、グニャグニャしたものを咬むのが好きである。クマたちがオイルの容器に穴をあけると、オイルは羽毛にしみ込んだ。数週間のうちに、そのファミリーは、長距離をものともせず戻ってきた。母グマは、ほしいものがある場所を知っていたのだ。クマたちにとって幸運だったのは、海氷が戻ってきて、ケワタガモの羽毛よりアザラシに関心が移ったことだった。

　ナビゲーションの方法は、つぎの3つのカテゴリーに分けられる。位置推定（Piloting）：ナビゲーションを行うために固定された地点を利用するもの。コンパス方位（compass orientation）：地点を参照することなく、一定の方向に進むもの。真のナビゲーション（true navigation）：特定の目標に向かって、目標に対する直接的な知覚的接触なしに進むもの。ホッキョクグマがどのような方法でナビゲーションを行っているかはわからないが、地理的・季節的に重要性が変わるこれら3つの方法すべてを使っているのかもしれない。

　カナダ北極諸島の陸地周辺に生息するクマにとっては、山や崖など、位置推定の助けとなる参照地点は多くある。チュクチ海のまんなかにいるクマは、コンパス方位を使うのかもしれない。参照できる固定点はないが、たとえ陸地が見えなくても、陸地からのにおいが助けとなるのかもしれない。私は、春、スバールバルで、陸地に上がってトナカイの死体

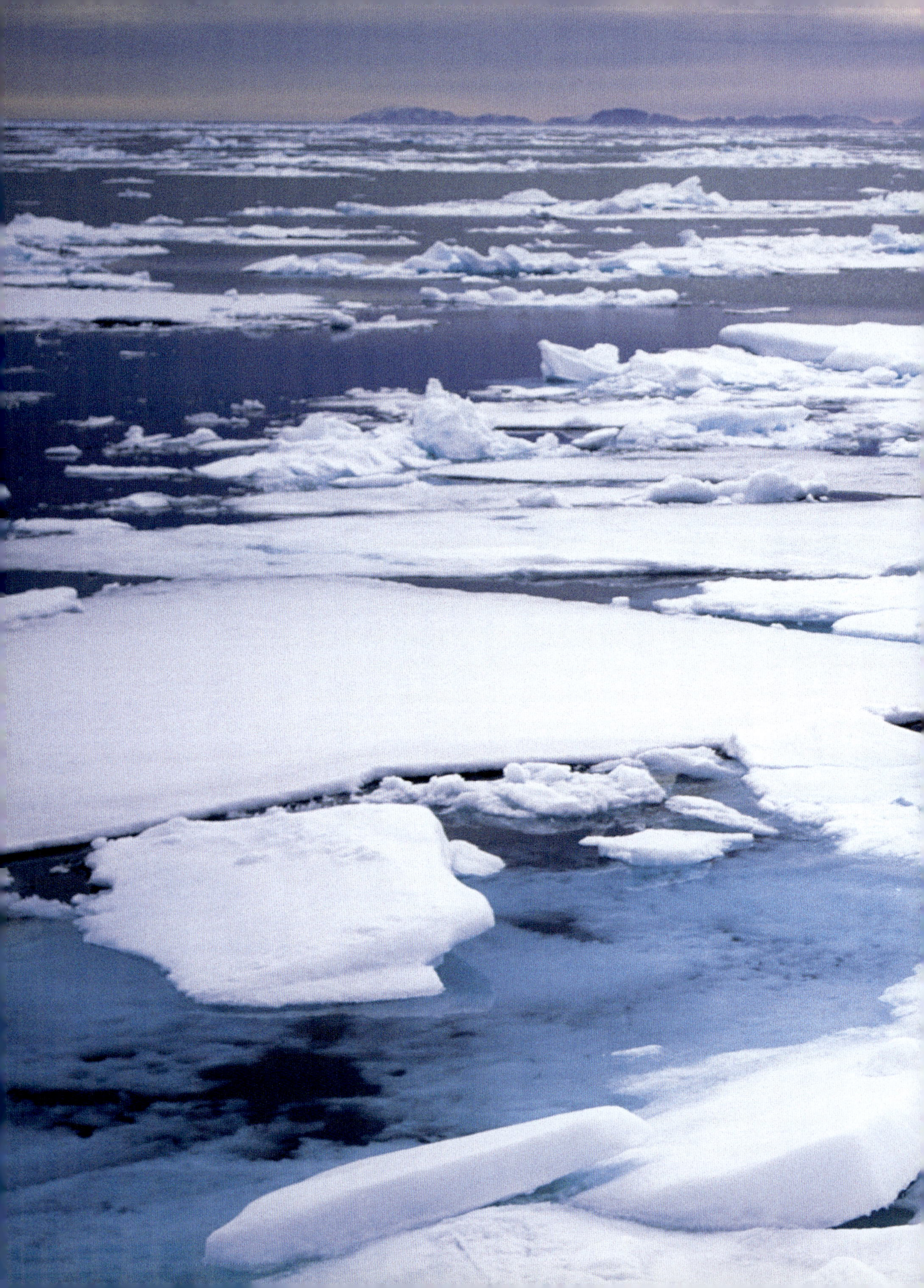

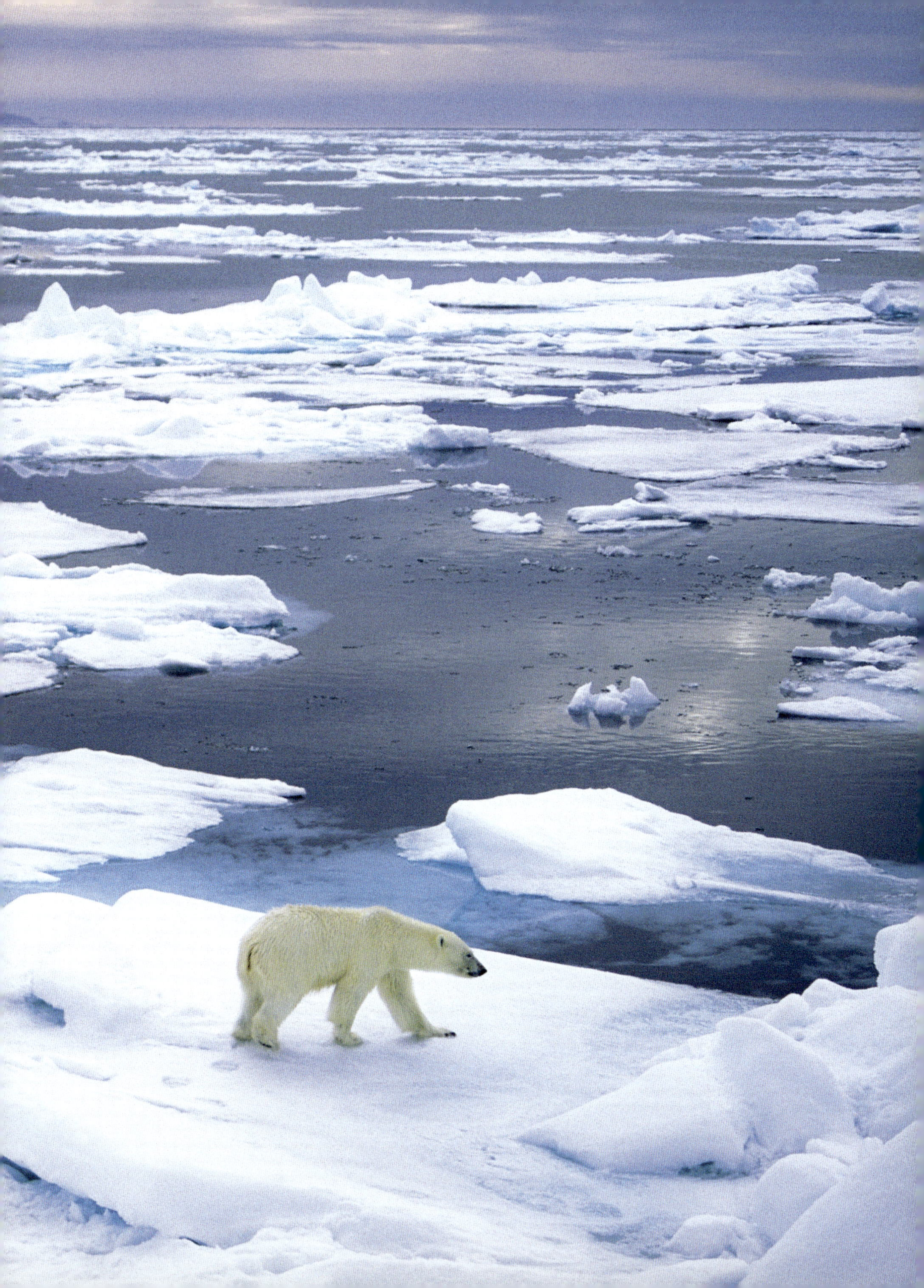

をあさるホッキョクグマをたくさん見たことがある。これらのクマは、氷の上でタダ飯のにおいを嗅ぎつけ、においを追って海岸にやってきた。土や植物のようなほかの陸地からのにおいが、どのような役割を果たしているかを知ることはむずかしい。

　風や海流はホッキョクグマを移動させる。もし、ホッキョクグマが、プランクトン様（浮遊性）の生態に身をまかせるならば、ホッキョクグマは長距離を移動し、行動圏を持たず、ときには大西洋や太平洋へ漂流したりして、放浪性の動物となるだろう。しかし、クマはよく発達した位置感覚を持っている。太陽、恒星、惑星、月はナビゲーションの手助けとなるが、白夜や極夜を考えると、時期によってはクマの助けにならないこともあるだろう。動物のなかには、方位を知るのに地磁気を利用するものがいる。ホッキョクグマもその可能性は否定できない。しかし、磁気コンパスは、高緯度地域ではほとんど役に立たない。カナダ北極圏にすむクマのなかには、北磁極を行動圏に含むものがいるので、北磁極に向かっての移動はどんな方向にもなりうる。とはいえ、鳥のなかには、ナビゲーションの手助けとして地磁気の伏角を利用するものがいるので、そのような手段をクマも利用している可能性はある。

　ナビゲーションの能力はすべてのクマにとって不可欠なものであるが、ナビゲーションのルールは個体群によって異なる。たとえばバレンツ海では、海氷が融けると、クマは、氷上にとどまるために北へ移動する。ハドソン湾西部では、上陸するため南と西に移動する。ナビゲーションには、学習が一定の役割を果たしているに違いない。

　クマはまた、氷の状態の変化を、おそらくは風を手がかりとして、感じ取っているに違いない。そして彼らは、氷と一緒にいるように自分の位置を修正する。たとえば、ものすごい強風でクマが氷から遠く離れた場所へ漂流したとすると、クマは、風上に向かって移動するか、陸地に向かうか、北へ向かうかするだろう。移動が季節的に繰り返されることは、年間のイベントに関する地図がクマの頭のなかにあり、それにもとづいた移動が行われていることを示唆している。行動の年周期（概年リズム）によって、タイミングが制御されているのかもしれない。長い子育ての期間が、方位の適切な手がかりを学習することを可能にしているのかもしれない。

　つぎのナビゲーションの事例は、チャーチルの巣ごもり地域から出てくる子連れのメスたちの例である。彼女らは、北東の方向に移動し続け、海岸に出る。なぜ、どのようにして、このメスたちがこのルートをたどるのかはわからない。まっすぐ北か東へ向かうほうが近いことが多いのだ。

前ページ：ホッキョクグマは特定の地域に対する驚くべき忠実さを示すが、彼らのナビゲーションの方法は、研究者にとって依然謎である。

BOX　ホッキョクグマ研究の実際

　辛抱強さは、熱心なホッキョクグマ研究者の一番の美徳である。ホッキョクグマの研究ではなにひとつ簡単にすむことなどない。吹雪や強風が止むまで待てること、薄い氷や装備の紛失、ヘリコプターの修理に辛抱強く耐えることができる能力は、すべて仕事の一部である。辛抱強さがホッキョクグマ研究者に望まれる一番の能力であるとすれば、2番目はよい計画を立てる能力である。すべての要素が適切に準備されなければならない。よい研究主題の設定はほんの始まりにすぎない。調査許可、協議、物流、そして資金が適切に準備されなければ、なにも始まらない。たとえば、多くのホッキョクグマ研究において、その生命線は、戦略的に配置された貯蔵場所に蓄えられたヘリコプターのジェット燃料である。私は、自分の研究のカーボン・フットプリントを考えると縮み上がってしまうが、私たちが収集する情報は、ホッキョクグマとその生態系を保全し、適切に管理するために不可欠なものである。

　ホッキョクグマ研究者の1日は、天候のチェックに始まる。コンピューターの電源を入れ、航空気象を検索し、最新の衛星画像を見て計画を立てる。あるいは、もう1杯コーヒーを注ぎ、待つ。遠隔地のキャンプにいるときは、私たちは、風速計や気圧計、そして雲をチェックするのだが、たいていの場合それで大丈夫だ。作業できるのは、風がそれほど強くない晴れた日だけである。海氷と雲のコントラストがない曇天に低空を飛ぶのは、墜落しに行くようなものだ。足跡を追ってその主を見つけるためには、地吹雪でない雪と、太陽の光が必要である。

　2～3人の捕獲作業者と操縦士が捕獲用具をそろえる。経験豊富な操縦士は捕獲チームの鍵であり、北極の天候と海氷に関する知識と、ちょっとやそっとでは動じない冷静さが要求される。出発すると、全員の目が、ホッキョクグマ捕獲の仲間うち言葉で"おまけ"と呼んでいる黄色っぽい点を、広大な氷の海のなかに探す。普通、見つかるのは足跡だけである。足跡を見つけると、私たちは、追跡するに十分新しいものかどうかを確認する。追跡を開始すると、ヘリコプターはくねくねと複雑に飛ぶので、百戦錬磨の研究者ですら酔ってしまう。追跡は、5分で終わることもあれば、1時間を優に超えることもある。新雪、十分な明るさ、それに無風が、追跡の好条件であり、これがそろうと全速力で追跡が可能である。私たちは、ホッキョクグマが丸1日かかるところを、数分で飛ぶことができる。追跡中、アザラシを狩った跡があれば、成功・未遂を問わず記録し、停止してサンプルを採取する。

　温かい日には、何百頭というワモンアザラシと、数十頭のアゴヒゲアザラシが海氷の上に姿を見せる。セイウチが見られる海域もある。ケワタガモの群れは春の訪れを告げる。海鳥は、営巣崖の氷が融けるのを待つ間、水面に集団をつくることがある。私はいつも、シロカモメやゾウゲカモメ、それにホッキョクギツネに注意している。彼らはホッキョクグマの食べ残しをあさることが多いので、その存在は、近くにホッキョクグマがいる可能性を示唆する有力なサインである。ホッキョクギツネの個体数が多いとき、その数は驚くべきものであり、この活発な小型のイヌ科動物は、はるか沖合にまで現れる。しかし、たいていの場合、ホッキョクギツネの数は少なく、少ないながらもキツネがいる証拠として見つかるのは、そここにある幾筋かの小さな足跡だけである。シロイルカやイッカク、ホッキョククジラなどが見つかると、私たちの気持ちは盛り上がる。

　ときには計画どおりにいかない日もある。霧や強風、雪などで、キャンプに引き返さなければならないこともある。また、新しい足跡を見つけただけでは、クマが見つかるとは限らない。水路や氷が割れている場所、雪が固くしまっている場所などで、足跡を見失うかもしれない。"私たちの"クマがほかのクマの足跡と交じり、完全に見失ってしまうこともときどきある。

若いころの著者。海氷の上で親子のクマとともに。

このスバールバルのクマのように、ホッキョクグマはめったに生まれた場所を離れない。このクマは、おそらくこの近辺で生まれたのだろう。

小川などの地理的な目標物が方向を決める助けになるのかもしれない。またおそらくは、彼女らは、8カ月前に巣ごもりのために内陸へ向かったルートを逆にたどっているのかもしれない。北東に向かうと氷上のよい狩場に出るという可能性もある。母グマが食物を求めて移動していることには疑問の余地はない。

　ホッキョクグマにとってもっとも簡単なナビゲーションのルールは、母グマに教えられたことを信用することだ。つまり、ランドマークがあるときはそれを利用し、海岸では氷の近くにいること、そして氷のないときは陸に向かえ、ということだ。ホッキョクグマのナビゲーション能力について研究すべきことはたくさんあるが、その研究は容易ではない。

分散

　ホッキョクグマは自分のすみかから出たがらない動物だが、彼らのすみかは非常に大きい。分散とは、生まれた場所または集団から、新たな場所または集団への個体の移動をいう。個体群という視点から見ると、分散は移出と見ることができる。十分に長い時間で見れば、すべての生物種は分散する。もし分散しないとすれば、ある生物種が進化したまさ

にその場所でしか、その生物種を見ることができないはずである。ホッキョクグマが周極的に分布することは、進化の時間スケールのなかで、ホッキョクグマが分散し、広い地域に定着したことを示している。先史時代の寒冷化期に、ホッキョクグマの分布が大きく南に広がったことは、ホッキョクグマが、変化する氷の状態に敏感であり、それに応答することを示唆している。

　分散は、若齢の哺乳動物によく見られ、オスが分散することが多い。生まれた地域からの分散（出生分散）は、ホッキョクグマではめったに起こらないのであまり注目されていない。アメリカクロクマやグリズリーでは、分散は重要な個体群調節機構であり、非常に興味深いトピックである。両種とも、母グマはしばしば自分の行動圏の一部をメスの子には提供するが、オスの子は追い出す。

　生息地への忠実度に比べ、分散は記録することがむずかしい。ある個体が毎年同じ場所に戻ってくることを証明するのは簡単である。これに対し、個体がある場所を去り、別の場所に定着し、かつ戻っていないことを証明するのは、はるかにむずかしい。標識再捕獲法を用いた研究によれば、恒久的にある個体群を離れ、ほかの個体群に定着する個体は、集団の1%未満である。ある個体群を離れる個体は、となりの個体群に移動するのが普通である。しかし、ある個体群から別の個体群に移動していくクマは、たんに探索行動を行っているだけかもしれない。また、ハンターは仕留めたクマについていたタグを提出するが、このタグから分散を正しく記録することは不可能である。死んだクマが、自分の行動圏に戻ることはないからだ。とはいえ、クマは周期的に、普段の行動圏から逸脱することがわかっている。1970年代のボーフォート海では、厚い多年氷の形成が原因で、この海域からクマが大量に出ていった。氷の状態がよくなるとクマは戻ってきた。衛星追跡装置は当時なかったが、おそらくクマたちは西に移動してチュクチ海に入ったのだろう。

　分散理論は、生まれた場所にとどまる場合（フィロパトリー）と分散する場合を比較したコストと利益のバランスを基礎としている。もし、分散する個体が、しない個体よりも多くの子を残すとすれば、分散する個体が増える。もちろん、ほとんどすべての個体が分散する場合は、フィロパトリーの利益が増加する。多くの事柄がそうであるように、バランスというものがあり、そのバランスは時間とともに変化する。

　フィロパトリーのリスクには、近親交配の危険（近交弱勢）、過密や劣位による資源獲得可能性の低下、近親個体との競争などがある。これらのコストはすべて、個体が伝えることのできる遺伝子に関わってくる。

BOX　身の毛もよだつ接近遭遇

　私はクマを撃ったことはないが、危機一髪の目には何度か遭ったことがある。初めてクマに麻酔をした日、私は、ハドソン湾で、ある大人のメスに矢を放った。まもなく、彼女はふらふらと浅い湖に入った。浅く麻酔のかかったそのクマが溺れることを恐れ、私は彼女を追って飛び込み、助けが来るまで彼女の頭を沈まないように支えた。幸い彼女は協力的であった。さもなくば、私のホッキョクグマ研究者としてのキャリアは短いものになっていただろう。

　スバールバルでも忘れもしない捕獲があった。私は、谷の上空を飛び、子連れのメスの調査をしていたが、そのとき、1頭の当歳子を連れたメスを見つけた。その母グマは一目散に谷を駆け下り、私は彼女のお尻に矢を放った。すぐに麻酔が効いて彼女は眠ると思い、私は、ヘリコプターを山頂へと走る子グマに向かわせた。私は、パイロットに斜面に近づいてもらい、着陸装置に沿って歩きヘリコプターから降りることにした。子グマを捕まえるつもりでいたのだ。私は山に降りた。ヘリコプターが離れると、氷で斜面がツルツルなのに気がついた。一歩踏み出せば谷底まで滑落だ。ちょうどそのとき、私は、母グマが明らかに眠っていないことに気がついた。彼女は子グマへと向かっており、私はその途中にいた。私は、"母グマと子グマの間にはけっして立つな"という忠告を思い出した。半狂乱で手信号を送ると、ヘリコプターが戻ってきてくれた。私は着陸スキッドに飛び乗り、這ってヘリコプターのなかに戻った。口から心臓が飛び出しそうだった。標的がいなくなると、母グマはすぐに眠り、私たちは上空から、なんとか子グマを母グマまで誘導することができた。

　ホッキョクグマの研究者は概して用心深い人間である。年寄りの研究者や、勇敢な研究者はいるが、年寄りで勇敢な研究者は希少である。研究対象の動物と作業者の安全は、なにものにも優先する。しかし、麻酔薬、銃、ヘリコプター、そしてクマの組み合わせは、つねに変化する。

ホッキョクグマは泳ぐのを恐れるわけではないが、氷の上を歩いて狩りをするほうが効率的である。クマの一歩一歩は、さまざまな要因の影響を受けた決断の結果である。そうした要因には、クマの性別、年齢、繁殖状態、空腹の程度などに加え、氷の状態や天候などの外部条件がある。

　プラスの側面では、共適応した遺伝子複合体を原型のまま保有していること、資源になじみがあること、移動のエネルギーコストが少ないこと、優位を継承できることなどによって、フィロパトリーの個体は利益を得るかもしれない。分散する個体が直面するリスクには、死亡、繁殖率の低下、エネルギー消費の増加、資源発見の困難さがある。一方、分散する個体は、近親交配、過密、および近親個体との競争を回避することができる。これらの要因の重要性は動物種によって異なる。個体群密度が高い場合、若いクマは、自分が仕留めたばかりのアザラシを、優位の

オスに簡単に奪われてしまうかもしれない。しかしながら、北米およびグリーンランドのホッキョクグマ個体群はすべて狩猟対象にされており、現在の個体数は生息環境が支えることのできる個体数より少ない。そうした環境では、競争が少ないために、最小限の分散しか起こらないのかもしれない。

　分散に関しては、ホッキョクグマは陸生の近縁種とは異なる。おそらく、海氷の動的な性質が、分散をリスクの高いものとしているのだろう。陸生のクマにとって、大地を見失うことはありえない。ホッキョクグマには海氷を見失う可能性があり、その結末は悲惨なものとなることがある。もし、ホッキョクグマがもっとも近縁なグリズリーと同様であるとすれば、個体群密度が高い場合には若いオスがよく分散するはずである。しかし、狩猟されるホッキョクグマの大半は若いオスであるので、研究者が分散を観察することは多くない。ヒトによる改変が著しい個体群においては、本来の行動を研究することが不可能なこともある。

　姉妹や母と交尾することには遺伝的な弊害がある。長期間にわたって世代の重なりがあるホッキョクグマには、このような交尾の可能性がある。近親交配のコストと分散のコストがどのように均衡しているのかはわかっ

このクマのような若いオスは、まだヒトへの警戒心がなく、問題グマ候補生である。狩猟されている個体群においてもっともよく捕殺されるのは、こうした若いオスである。

ていない。オスが遅れて性成熟することによって、近親個体同士の繁殖可能期間の重なりが減り、近親交配が減るという可能性はありそうだ。半姉妹や半兄弟では、状況はもっと複雑になる。遺伝学的な研究により、ホッキョクグマの近親交配はまれであることがわかっている。おそらく、ホッキョクグマは自分の一族を認識できるのだろう。

個体群

個体群とは、ほかの集団からある程度独立した一定の地域を占有する、ある動物種の集団をいう。また、個体群中の個体数は移出入ではなく出生と死亡により決まるといわれることもある。

ホッキョクグマは一定の地域に忠実であることが1970年代の標識調査で明らかにされ、ホッキョクグマの個体群に対する理解は、より明確なものとなった。個体群の境界は、衛星追跡データによって詳細なものとなった。個体群境界は継続して修正されており、温暖化により海氷が変化するにつれ、今後さらに修正が行われるだろう。個体群境界は穴だらけであり（明瞭な線ではなく、不明瞭な境界を思い浮かべたほうがよい）、ある境界はほかの境界より個体の行き来が起こりやすい。東グリーンランドのクマが西に移動する可能性は低い。グリーンランドの北端は生息環境があまりよくなく、南端には氷がないことが多いからだ。それに対し、デービス海峡とバフィン湾の個体群は重なりが大きい。

IUCN/SSC（国際自然保護連合／種の保存委員会）のホッキョクグマ専門家グループは、ホッキョクグマの19の個体群を認定しており、全世界での個体数は20,000～25,000頭と推定している。各個体群は、海氷動態、巣ごもり域、餌動物、生態系の生産性、ホッキョクグマを狩猟する地域共同体、開発と気候変動による脅威の点でさまざまな特徴を持つ。

海氷上のホッキョクグマの密度を推定するのはむずかしい問題である。密度は時間的・空間的に信じられないほど変化するからだ。至適な生息環境では、密度は$100\,\text{km}^2$あたり6頭にも達しうる。生息環境がよくない場合は、同じ面積に1頭もいないこともある。平均すると、海氷上には、$100\,\text{km}^2$あたり1頭というのが妥当な値である。陸上では、密度は$100\,\text{km}^2$あたり7頭を超えることもある。ホッキョクグマが集中する場所では、密度が100倍以上になることもある。

チュクチ海 チュクチ海の個体群は、チュクチ海全域にわたり、シベリア海、ベーリング海、およびボーフォート海の一部にも分布する。ロシ

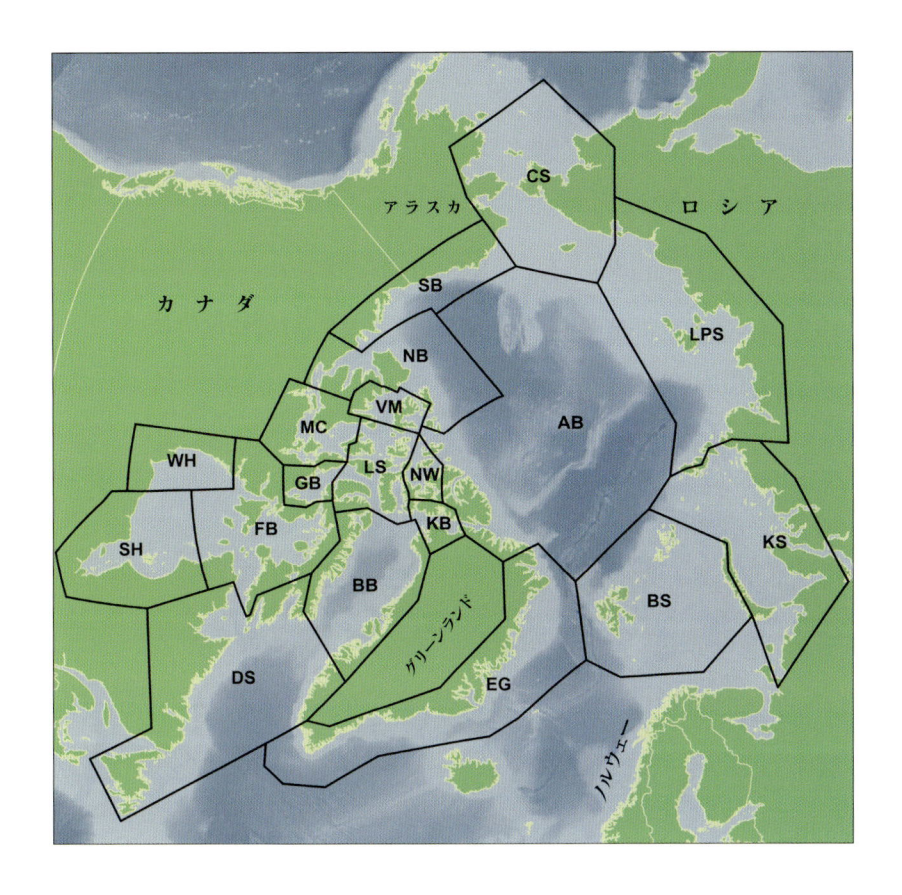

全世界で19のホッキョクグマ個体群が、IUCN/SSC（国際自然保護連合／種の保存委員会）のホッキョクグマ専門家グループにより確認されている。個体群境界のなかには、ほかの境界より個体の行き来が起こりやすいものもあるが、この区分けは、研究や保護管理を行ううえで有用である。
（上から反時計回りに）

- CS ：チュクチ海
- SB ：ボーフォート海南部
- NB ：ボーフォート海北部
- VM ：バイカウントメルビル海峡
- MC ：マクリントック海峡
- NW ：ノーウィージァン湾
- LS ：ランカスター海峡
- GB ：ブーシア湾
- FB ：フォックス湾
- WH ：ハドソン湾西部
- SH ：ハドソン湾南部
- DS ：デービス海峡
- BB ：バフィン湾
- KB ：ケイン湾
- EG ：東グリーンランド
- BS ：バレンツ海
- KS ：カラ海
- LPS ：ラプテフ海
- AB ：北極海盆

ア東部のウランゲリ島には多数の巣穴があり、本個体群の大多数のクマはここで生まれる。密度は低いが、ロシアの本土および島嶼の沿岸でも巣ごもりが行われる。生息地の多くが海岸から遠く離れているうえ、海氷は割れて動的であるため、研究は進んでいない。個体群は米国とロシアの両方に属しており、2007年には、新たな研究を醸成するべく、アラスカ-チュクチ海域のホッキョクグマ個体群に関する二国間協定が採択された。

　アラスカにおける狩猟は1972年に大幅に減少し、ホッキョクグマの個体数は増加した。本個体群は、現在も、米国およびロシア両国の先住民によって狩猟されている。近年になり、チュクチにおける過剰な狩猟に対する懸念が高まってきた。狩猟されたクマのなかには、その一部が、食料や民間薬として、東南アジアの密貿易にわたるものもある。

　この海域生態系の生産性は非常に高く、アザラシも豊富にいるようである。この海域では、非常に太ったホッキョクグマが観察されている。本個体群は、クラカケアザラシを利用できる唯一の個体群であるが、餌動物の主体はワモンアザラシとアゴヒゲアザラシである。セイウチや死骸も重要な食物資源である。

　海氷の変化によって、ロシアではクマとヒトの間の軋轢が増しており、

IUCN/SSC（国際自然保護連合/種の保存委員会）ホッキョクグマ専門家グループによるホッキョクグマ19個体群の推定サイズ（頭数）

個体群	推定サイズ	最新推定年
チュクチ海	不明	未推定
ボーフォート海南部	1,526	2006
ボーフォート海北部	980	2006
バイカウントメルビル海峡	161	1992
マクリントック海峡	284	2000
ランカスター海峡	2,541	1998
ノーウィージャン湾	190	1998
ブーシア湾	1,592	2000
フォックス湾	2,580	2010
ハドソン湾西部	935	2004
ハドソン湾南部	900〜1,000	2005
デービス海峡	2,142	2007
バフィン湾	2,074	1997
ケイン湾	164	1998
東グリーンランド	不明	未推定
バレンツ海	2,650	2004
カラ海	不明	未推定
ラプテフ海	800〜1,200	1993
北極海盆	不明	未推定

ホッキョクグマがヒトの生活環境に侵入するのを防止する目的でパトロールが行われるようになった。パトロールでは、非致死的な侵入防止方法が用いられている。近年の石油試掘権売買に絡んで、ホッキョクグマの保護管理計画策定やモニタリングがさかんに行われるようになった。

ボーフォート海南部　本個体群はもっとも研究されている個体群の1つで、研究は1970年代までさかのぼる。ボーフォート海南部個体群は、カナダとアラスカにまたがる。個体群境界は、衛星追跡の結果から決定されたが、現在はシフトしつつあるかもしれない。この個体群を狩猟しているアラスカのイヌピアト族とカナダのイヌビアルイト族の間には、共同管理協定が定められ、成功を収めた。以前は、沖合の多年氷上での巣ごもりの多いことがこの個体群の特徴であったが、ここ10年、海氷の安定性が低下するにつれ、その数は減ってきた。米国立アラスカ北極圏野生生物保護区は、この個体群の中心に位置する。陸上および海底油田の生産と試掘がさかんに行われており、保全上の懸念となっている。

この海域のクマは、主としてワモンアザラシとアゴヒゲアザラシを捕食するが、ホッキョククジラとシロイルカも重要で、捕鯨の残滓あるいは死

定着氷は驚くような形になることがある。ボーフォート海南部のホッキョクグマ個体群は、米国とカナダにまたがり、ワモンアザラシのよい繁殖場となる広大な定着氷域がある。この個体群の生息域には、陸上および海底ともに豊富な石油資源が存在する。そのため環境への影響が懸念され、慎重なマネジメントが求められる。

骸としてクマに消費される。海氷状態の悪化により、現在、個体数が減少している懸念がある。栄養状態の低下、体サイズの減少、当歳子生存率の低下、共食いの増加、絶食状態にあるクマの割合の増加が観察されており、これらはすべて個体数の減少を示唆している。

ボーフォート海北部 このカナダの個体群は、ボーフォート海南部の個体群とは一応区別されるが、個体群境界を越える移動もめずらしくない。1970年代初めから継続して研究が行われているが、ボーフォート海南部ほどさかんではない。北部には多年氷が存在するため、ホッキョクグマの密度は南部より低いが、近年の海氷の融解により、個体数が変化しつつある。巣ごもりの大半は、バンクス島西部の陸上で行われる。バンクス島やビクトリア島、それにカナダ本土のハンターが、この個体群を狩猟している。海底油田の試掘が増えてきており、保護管理上の問題になるかもしれない。温暖化が続けば、この個体群の個体数は減少

BOX　ホッキョクグマの個体数を推定する

　標識再捕獲法による個体群サイズの推定は、ホッキョクグマの研究と保護管理の中心をなす。捕獲-標識-再捕獲というほうがおそらく的確であり、この方法の原理は単純である。むずかしいのは適正に実行することである。

　ある個体群にクマが何頭いるかを調べるために、私たちは、100頭くらいを無作為抽出サンプルとして捕獲する。1頭1頭に標識したのち放獣する。標識したクマが標識していないクマと混ざるように1年間待ち、たとえば200頭のクマをサンプルとして再び捕獲したとしよう。そして、そのうち、前年に標識したクマが20頭いたとする。求めようとする個体群サイズに対する標識したクマの個体数の割合は、2回目の捕獲個体のなかの再捕獲されたクマの割合に等しい。つまり、求めようとする個体群サイズに対する標識個体100頭の割合は、2回目の捕獲個体200頭に対する再捕獲数20頭の割合に等しい。再捕獲は10頭に1頭の割合だったので、1回目の捕獲数100頭は、個体群サイズの10分の1だったと考えることができる。したがって、個体群サイズは1,000頭であると考えられる。この方法は、1800年代後半から使われているが、明らかな欠点がある。なぜなら、すべてのクマが同じ確率で捕獲されるわけではない、耳標が脱落してしまう、標識されたクマがすべて報告されるわけではない、といったことがあるからだ。加えて、個体群サイズは、出生、移入、移出、および死亡により変わる。単純な分析なら2回のサンプリングで十分であるが、個体群サイズが変化している場合は3回以上のサンプリングが必要である。ホッキョクグマの個体数を算出するモデルで複雑なものは、推定精度の向上のために、年齢や性別、あるいは海氷の状態などの環境変数まで使用することがある。

　初期の個体数推定では、サンプル数が少ないことや、捕獲の分布が十分でないことに悩まされることもあった。クマは広い範囲に分布し、はるか沖合に生息するので、精度の高い推定値を得ることはむずかしい。この方法で正しく個体数を推定するには、各サンプリングにおいて、個体群サイズの約20％を捕獲するべきである。ヘリコプターを飛ばすための高額な費用をまかなう予算の確保も忘れてはならない。海氷の上では、ヘリコプターで1時間飛んで1頭捕獲できれば、かなりよいほうだと思わなければならないからだ。

この若いホッキョクグマの右耳には、耳標が取り付けられている。耳標は、研究において重要な役割を持つ。長期間にわたって個体を識別することで、個体群サイズ、生存率、成長、生息地への依存度といった情報が得られる。捕獲されたクマには、唇に入れ墨も施されるが、ハンターはこれをしばしば見落とすので、耳標が必要となる。

すると予測されている。

バイカウントメルビル海峡　この小さな個体群は、ビクトリア島の北側にあるハドリー湾とウィニアット湾、バンクス島北部、およびメルビル島南部を中心とする。多年氷に覆われた海域が広がり、アザラシの密度も低いので、個体数は少ない。本個体群は、過度な狩猟によりダメージを受けたが、2000年まで禁猟措置がとられ、個体数回復が試みられた。ビクトリア島には少量の狩猟割当があり、島内各地域にその割当

> **BOX　IUCN/SSC（国際自然保護連合/種の保存委員会）ホッキョクグマ専門家グループ**
>
> 　国際自然保護連合（International Union for Conservation of Nature; IUCN）は、世界でもっとも古く、かつ最大の環境ネットワークであり、160を超える国々から約11,000人の官民の科学者がボランティアで参加している。IUCNの下部組織として、種の保存委員会（Species Survival Commission; SSC）は、生物多様性の保全に取り組む100を超える専門家グループを擁している。ホッキョクグマ専門家グループは、1968年に設置され、もっとも古い部類に入る。
>
> 　ホッキョクグマ専門家グループは、ホッキョクグマに関する科学的な情報の交換と健全な保護管理のために設立された。その指導原理は、ホッキョクグマの保全に関する協定（Agreement on Conservation of Polar Bears）のなかにある。40年以上にわたり、ホッキョクグマ専門家グループは、協定に記された原理を大切にしてきた。25人のメンバーは、全員がホッキョクグマ保全活動の一線で働いており、数年ごとに集まって、氷上のクマの研究および保護管理について話し合い、調整を行う。

が分配されている。海氷状態の変化は個体群に影響を与えているが、この個体群は、温暖化によって個体数が増加する数少ない個体群の1つかもしれない。多年氷が一年氷へ変わると、餌動物の数が増えるからだ。本個体群は北西航路の西端に位置するので、船舶航行の増加が懸念される。この地域では、ダイヤモンドの採掘業者も増えている。

　マクリントック海峡　この個体群は、初めて標識再捕獲法による個体数推定が行われた個体群の1つである。しかし、この個体群では極度に過剰な狩猟が行われ、優に50%を超える個体数減少が起こった。禁猟措置が施されたので個体数が増加している可能性はあるが、モニタリングが十分に行われていないため、現在の状態は不明である。個体群の境界は、周囲の島嶼、本土、そして北側は多年氷で区切られている。この個体群では、ワモンアザラシおよびアゴヒゲアザラシのみが利用可能である。巣ごもり地域としてビクトリア島東岸沖のゲイツヘッド島が知られている。広大なダイヤモンド鉱区と船舶航行が環境上の懸念である。

　ランカスター海峡　この海峡は北西航路の心臓部である。本個体群の西部は、以前は生物学的生産性の低い多年氷が優先していた。中央部および東部は非常に生産性が高く、アザラシおよびホッキョクグマの密度が高い。海氷が融解するにつれ、クマは、西方あるいはフィヨルドへ移動している。ワモンアザラシ、アゴヒゲアザラシおよびシロイルカが均等に餌動物として利用されている。過度の狩猟と環境変化により、個体数は減少していると考えられている。近年、この個体群の生息域の一部を、産業活動の制限が可能な海洋保護区とすることが提案された。

　ノーウィージャン湾　この湾の個体群は、多年氷、島嶼および氷湖によって区切られている。衛星追跡の結果により、この個体群の大半は、沿岸のタイドクラックに沿って生息していることが示唆されている。多年

カナダ北極圏中央部に生息するホッキョクグマは、広大な定着氷域を利用することができる。この地域の個体群密度は、ほかの大半の地域に比べて、かなり高い。

氷が多く、アザラシの密度が低いため、ホッキョクグマの密度も低い。本個体群は、分布域、個体群サイズともに小さいが、温暖化とともに個体数が増加している可能性がある。この海域のクマは、世界中のどの海域とも異なる高度な遺伝的分化を示す。遺伝的特異性は、太古の昔に数少ない個体が定着し、移入が少なかったことによるのかもしれない。個体群の状態は不明確だが、温暖化が続けば、この海域はホッキョクグマの退避地となる可能性が高い。

ブーシア湾　この個体群の分布は狭いが、非常に高密度にホッキョクグマが生息する。この個体群は、おもにワモンアザラシを捕食するが、餌の約20%はシロイルカに、10%はアゴヒゲアザラシに由来する。個体数は安定していると考えられており、年間74頭の狩猟が行われている。このような狭い海域にしては、年間74頭もの狩猟が持続可能なのは驚くべきことである。餌動物が豊富なこと、およびランカスター海峡の北端と接続していることが、この個体群の生産性が高い理由の1つなのかもしれない。巣ごもりは、シンプソン半島とペリー湾近辺の島嶼で行われる。冬季の巣穴にいるクマを記録したある研究によれば、この海域では、約18%の巣穴には大人のオスがいた。これらのオスが巣穴を使った期間についてはわかっていない。

フォックス湾　この大きな個体群は、フォックス湾全体と、ハドソン湾北部およびハドソン海峡西部におよぶ。デービス海峡およびハドソン湾のクマと強い遺伝的なつながりがある。夏にはほとんどの海域の氷が融け、クマはサウサンプトン島やウェージャー湾、フォックス湾各地の島嶼や海岸に引き揚げる。クマの餌は多様性に富み、約50%がワモンアザラシで、残りはタテゴトアザラシ、ゼニガタアザラシ、アゴヒゲアザラシ、セイウチからなる。この個体群のクマは、ヌナブトおよびケベックの住民

によって狩猟されている。出産のための巣ごもりは、サウサンプトン島とウェージャー湾に集中しており、ほかでは広い地域に分散している。鉱業がさかんになるにつれ、砕氷船によるクマの生息域の改変が懸念となっている。狩猟数が多いにもかかわらず、個体群の状態は安定しているようである。近年、空からの調査が行われるようになり、個体数の新しい推定値が得られた。

ハドソン湾西部　ハドソン湾は一年氷の生態系である。つまり、毎夏、すべての氷が融ける。差渡し 1,200 km の内海を形成するこの湾は浅く、平均水深は 100 m である。水深が浅く、かつ南に位置するので、生産性が高い海域である。

この個体群は、研究者にも一般の人々にも、同じようによく知られている。1960 年代から行われている研究によって、この個体群について詳細な知見が蓄積されてきた。時期によっては、80% を超えるクマが標識されていることもあった。この個体群は、氷のない時期にはマニトバにある夏の生息地にいることが多いので、研究しやすい。

チャーチル岬とその周辺はホッキョクグマが集まる場所で、ツンドラ・バギーに乗った観光客がホッキョクグマを見にやってくる。大量の映像や写真が撮られ、この個体群は有名になった。そして、チャーチルの町は、いみじくも自らを、世界のホッキョクグマの首都と宣言した。マニトバでは狩猟は行われていないが、ヌナブトのイヌイットの人々は、クマが北へ移動するときにこの個体群を狩猟する。この個体群は、氷のない時期には周辺個体群から隔離されているが、氷のある時期には、ハドソン湾南部およびフォックス湾の個体群と行き来がある。この個体群には、高密度で巣ごもりが行われる地域がある。ピーク時には 191 頭のメスから毎

このあくびをしているクマが狩りを再開するには、ハドソン湾西部の海が凍り始めるのを待たなければならない。解氷は 10 年間に約 1 週間のペースで早くなり、秋の結氷も遅くなっている。海氷状態の変化により、この個体群の個体数は減少した。

春361頭の子が生まれたが、現在の出産ははるかに少ない。1996年には、巣ごもりが行われる海岸の一部と内陸の大部分が、ワプスク（地元クリー語の方言で"シロクマ"の意）国立公園として指定された。もう1つの巣ごもり地域は少し小さいが、オンタリオに隣接するタトナム岬地域にある。

個体数はこの10年で約22％減少し、1987年の1,194頭のレベルから、2004年には935頭となった。海氷のパターンが変化したことで、繁殖率および生存率が低下し、狩猟が持続不可能なものとなった。狩猟が減少しているにもかかわらず、個体数は減少していると考えられている。地球温暖化による早い解氷と遅い結氷が、この個体群に対する最大の脅威である。

ハドソン湾南部　この個体群は、世界でもっとも南に位置するホッキョクグマの個体群である。この海域のクマは、ジェームズ湾にまで分布し、氷のない時期は、オンタリオと沿岸の島嶼で過ごす。また、少数はケベックで過ごす。海氷のある時期、この個体群は、ハドソン湾西部およびフォックス湾の個体群と交配する。個体群の分布は、オンタリオ、ケベックおよびヌナブトにわたる。夏の生息域の一部は、オンタリオ州のポーラーベアー州立公園として保護されている。狩猟はおもに、ハドソン湾南東部のベルチャー諸島に住むイヌイットの人々や、ケベック州北部の住民によって行われている。オンタリオ州のクリー族も、少数のクマを狩る。オンタリオ州のクリー族は、クマを"ワプスク"と呼ぶ。個体数は安定していると考えられているが、気候変動の影響は体重の低下に現れている。体重の低下は、個体数減少の前兆であることが多い。海氷の状態の変化を見ると、このはるか南のホッキョクグマが長期的に存続できるのかという懸念が生じる。

デービス海峡　この個体群は、ラブラドール海、ハドソン海峡東部およびデービス海峡に生息し、一部はグリーンランド南西部に接する。餌は、タテゴトアザラシとワモンアザラシをほぼ均等に食べている。ラブラドール、ケベック、ヌナブトおよびグリーンランドの住民がこの個体群を狩猟している。タテゴトアザラシの増加により、過去数十年、個体数は増加してきたと考えられている。しかし、海氷状態の変化が急であるため、現在では個体数が減少しているのではないかという懸念が浮上している。

バフィン湾　この個体群は、個体群サイズの推定が困難である。バフィン島とグリーンランドが遠く離れているため、はるか沖合の流氷上に生息するクマもいるからだ。餌は、主として、フィヨルドや流氷上で繁殖す

BOX　クマを空から調査する

　空からの調査は、多くの野生動物の保護管理プログラムでごく普通に行われているが、ホッキョクグマの保護管理には近年になってようやく取り入れられた。空からの調査では、調査航路に沿って飛び、ヘリコプターや飛行機から見えたすべてのクマをカウントする。もちろん、すべてのクマを目撃することはできないが、目撃できなかったクマの数を計算するのに十分な数のクマを見つける必要がある。

　白い背景のなかに白いクマを見つけるのはむずかしい。1950年代に行われた最初の空からの調査では、満足な結果が得られず、調査は棚上げされた。1970年代と1980年代に再び空からの調査が試みられたが、解析方法は依然初歩的なものであった。陸地にいる白いクマを数えるのは、雪や海氷の上にいる白いクマを数えるよりずっとやさしい。私は、そのような陸地にいるクマの調査を、1985年にハドソン湾西部で実施したが、方法論上の障害に突きあたった。しかし私は、空からの調査はきっとうまくいくという考えを捨てなかった。1998年、私は、バレンツ海の夏の海氷の上で予備的研究を行い、のちに成功した2004年の個体数推定調査の基礎をつくった。新しい解析方法が編み出され、調査は大きく変わった。

　現在の調査方法では、観察者とクマの間の距離を計測することが必要である。これにはレーザー測距器が役に立つ。観察者に近いクマは、遠く離れたクマより目撃される確率が高いという仮定を置く。距離のデータを一緒に入れると、コンピュータープログラムがホッキョクグマの密度推定値を算出してくれる。そして、その密度推定値に研究対象地域の面積をかけ、個体数推定値を計算する。しかし、実際はもっと複雑である。仮定を妥当なものにしなければならないからだ。たとえば、調査航路にいたクマはすべて目撃されていなければならない。簡単なことに聞こえるだろうか。巣ごもり穴にいるクマや、氷丘脈の向こう側で寝ているクマはどうだろうか。ビデオや赤外線カメラの使用は、仮定を妥当なものにする一助となる。

　空からの調査は、ある単一の季節における推定値が得られること、ほかの調査方法より安上がりになる場合があること、侵襲性が低いこと、などの理由により普及が進んでいる。欠点は、年齢および性別構成、生存率および繁殖率、栄養状態、および成長に関する個体群情報が得られないことである。また、汚染や疾病、餌の内容をモニタリングするためのサンプルを採ることもできない。海氷の状態が悪化して、捕獲を基礎とする研究が今より困難になるにつれ、空からの調査による個体数推定は今後増えるだろう。

るワモンアザラシで構成される。シロイルカや、少量のタテゴトアザラシも餌の一部になっている。夏の間、クマたちはバフィン島へ向かって移動するのが普通である。カナダとグリーンランドに分布するこの個体群は、極度に過剰な狩猟が行われ、個体数が激減していると考えられている。海氷の変化はこの海域でも深刻である。

ケイン湾　この小さな個体群は、南はノースウォーター・ポリニア、東はグリーンランド、そして西はエルズミーア島によって区切られている。カナダとグリーンランドに分布しているが、この小さな個体群はおもにグリーンランド人によって狩猟されている。なお、過度な狩猟が現在の懸念である。

東グリーンランド　この個体群についてはほとんど知られておらず、その状態も不明である。クマは海岸全域にわたって広く分布し、西方はバフィン湾、東方はスバールバルと限定的な移出入がある。一部が北および東グリーンランド国立公園として保護されているが、公園内でのホッ

東グリーンランドの海と陸の景観を支配するのは、氷山と山岳である。ホッキョクグマは、この世界最大の島のフィヨルドと沿岸の流氷の両方を利用することが多い。グリーンランド海沖の水深の深い海は、ホッキョクグマの生息に適していないのである。

キョクグマ猟は可能である。餌は、ワモンアザラシ、アゴヒゲアザラシ、タテゴトアザラシおよびズキンアザラシのミックスであり、セイウチも食べる。この海域では汚染レベルが非常に高く、さまざまな悪影響が報告されている。

バレンツ海 この個体群には、ノルウェーのスバールバル諸島や、東はフランツヨーゼフ諸島と呼ばれるロシアの群島に生息する個体が含まれる。スバールバルでは、1970年代から、移動と個体数に関する研究が行われてきた。この個体群は、空からの調査で個体数推定がなされた最初の個体群として特別な個体群である。クマのなかには、非常に行動圏が狭くスバールバルのフィヨルドにとどまるものもいれば、グリーンランドからロシアへ移動するものもいる。ロシアは1956年に自国内の個体群を保護したが、ノルウェーでは、1973年に禁猟措置が導入されるまでさかんに狩猟が行われた。個体数の回復には30年近い月日が必要だった。この個体群を救ったのは、まさにロシアでの保護である。バレンツ海の生産性は非常に高いが、これは、一部には平均約230mという浅い水深による。ワモンアザラシ、アゴヒゲアザラシおよびタテゴトアザラシが餌の大部分を占める。

高密度の巣ごもり地域が、コングカルルス諸島と、もう1つはフランツヨーゼフ諸島にある。ほかの地域では散発的に巣ごもりが見られる。ス

バールバル諸島の60%以上は保護されており、フランツヨーゼフ諸島は自然保護区である。これまでに高レベルの汚染物質が検出されており、個体群に悪影響をおよぼしている。バレンツ海は大量の炭化水素を埋蔵しているので、将来は不透明である。この海域には重要な漁場もある。個体数の動向は不明であるが、個体数は多い。海氷パターンの変化によって、巣ごもりのための生息域が一部失われた。

カラ海 バレンツ海個体群の東部と重なるこの個体群については、実質的になにもわかっていない。巣ごもり地域は、フランツヨーゼフ諸島東部とノヴァヤゼムリャにある。いくつかの汚染物質は、ほかのどの地域より高いレベルに達している。核廃棄物および産業廃棄物が、この個体群における懸念である。

ラプテフ海 この個体群は、東シベリア海西部とラプテフ海にわたり、ノヴォシビルスク諸島およびセヴェルナヤゼムリャ諸島を含む。この海域はほとんど研究が行われておらず、謎に包まれている。大陸棚がはるか沖合まで伸びており、大きな個体群の存在する可能性があるが、これまでに収集された数少ないデータはその逆を示唆している。狩猟は、偶発的な捕殺と密猟に限定される。個体群の状態は不明である。

北極海盆 この海域を個別の個体群として記述するのは、あまりに情報が少ないため疑問の余地が残る。ただし、あらゆる兆候はクマの密度が非常に低いことを示唆している。海域の大半は、深い北極海の上にできた多年氷であるが、近年急激に変化している。ほんの20年前に比べても、氷は新しく、かつ薄くなっている。海氷予測によれば、数十年以内に、夏にはこの海域の氷がなくなることが示唆されている。そのような変化が起きれば、この海域のクマは、夏を過ごす陸地を探さなければならなくなるだろう。この海域のクマは、個別の個体群というよりは、隣接する個体群が北へ延長したものなのかもしれない。ボーフォート海北東部からグリーンランド北部へは、季節的に水路が形成され、クマにとって好適な生息域となっている。追跡調査により、この海域を通過するのが確認されたクマも数頭いる。狩猟は、北極旅行者による狩猟を除き行われていない。今世紀末に向けた海氷予測によれば、グリーンランド北部およびカナダ北極諸島に沿った海域は、温暖化する気候において、ホッキョクグマの長期的な退避地となるかもしれない。

遺伝的構造

生息域によらず、ホッキョクグマは遺伝的に非常に似ている。しかし、少量のDNAがあれば、おおまかにはクマの由来を知ることができる。

このホッキョクグマは、雪のついた氷塊の上で毛づくろいをしている。ホッキョクグマは、清潔を保つことに関して非常に几帳面である。ホッキョクグマは、泳いだり、毛づくろいしたり、新雪の上を滑ったりして、自分の毛についた血や脂をすべて取り除く。

　長期間の地理的隔離にもかかわらず、ホッキョクグマが遺伝的に高度に分離しているという証拠は見出されていない。これは、さまざまな氷期イベントによってあちらこちらへ移動させられたホッキョクグマのような、歴史の浅い移動性の動物種にとっては驚くことではない。ホッキョクグマの個体群間には重なりがあるので、遺伝子流動はかなり高度である。世界のホッキョクグマは、遺伝的に大きく4つのグループに分けられる。最大のグループは、ボーフォート海北部個体群から西に向かって東グリーンランド個体群までにわたる。つぎのグループの海域は、デービス海峡、フォックス湾、およびハドソン湾である。3つめは、ノーウィージャン湾を除くカナダ北極諸島中央部である。ノーウィージャン湾は、4つめのグループを形成する。遺伝的グループの大きさは、ノーウィージャン湾の190頭から、大きいグループでは数千頭にもなる。遺伝的構造の大部分は、海氷パターン、大きな陸塊の存在、および生息地へのこだわりで説明できる。

　遺伝的パターンを、氷期のような過去のイベントに照らして考えるのはおもしろい。1万年前の最終氷期には、ホッキョクグマは、スカンジナビア南部やバルチック海に生息していたことが知られている。ホッキョクグマは、米国東海岸沖の大西洋西部まで南下したのだろうか。太平洋ではどこに生息したのだろうか。北極圏に残ったクマもいたのだろうか。あるいは、北極の氷は厚すぎたのだろうか。残念ながら、こうした疑問に答えるには、もっとたくさんの化石が出てくるのを待たなければならない。遺伝学的な試料は、観測された遺伝的変異が、最終氷期以前に起こったものか、それ以降に起こったものかを答えてくれないからだ。一部の遺伝的分化は、まちがいなく氷期以降に起こった再定着に起因しているはずである。なぜなら、1万年前、ハドソン湾にはホッキョクグマがいな

かったからだ。ハドソン湾はその時期、氷河に覆われていた。ハドソン湾の前身はティレル海と呼ばれるが、7,000年前には今よりはるかに広く、現在の標高200ｍまでの陸地を覆っていた。ハドソン湾は現在も縮小している。ハドソン湾をその重みで沈降させた氷河がなくなり、ハドソン湾は年に1ｃｍの割合で隆起しているのだ。1万年後にハドソン湾がどれだけ残っているかと考えるのは興味深い。クマがそこにいることを願おう。最新の知見によれば、過去10万年の間にホッキョクグマとグリズリーは数多くの機会に交雑しており、もっとも近い過去ではアイルランドと英国で交雑が起こっているので、問題はもっと複雑である。他地域におけるグリズリーの古代DNAの全体像がさらに明らかにならない限り、先史時代のホッキョクグマ分布の謎は解けない。しかし、今のところ、私たちが見る現在のホッキョクグマは、アイルランドなまりでうなっている可能性がありそうだ。

静かな北極の夜に月がのぼる。ホッキョクグマは、夜明けと夕暮れに活発になる傾向がある。アザラシが簡単に手に入る過食期には、1日中狩りをするクマもいる。

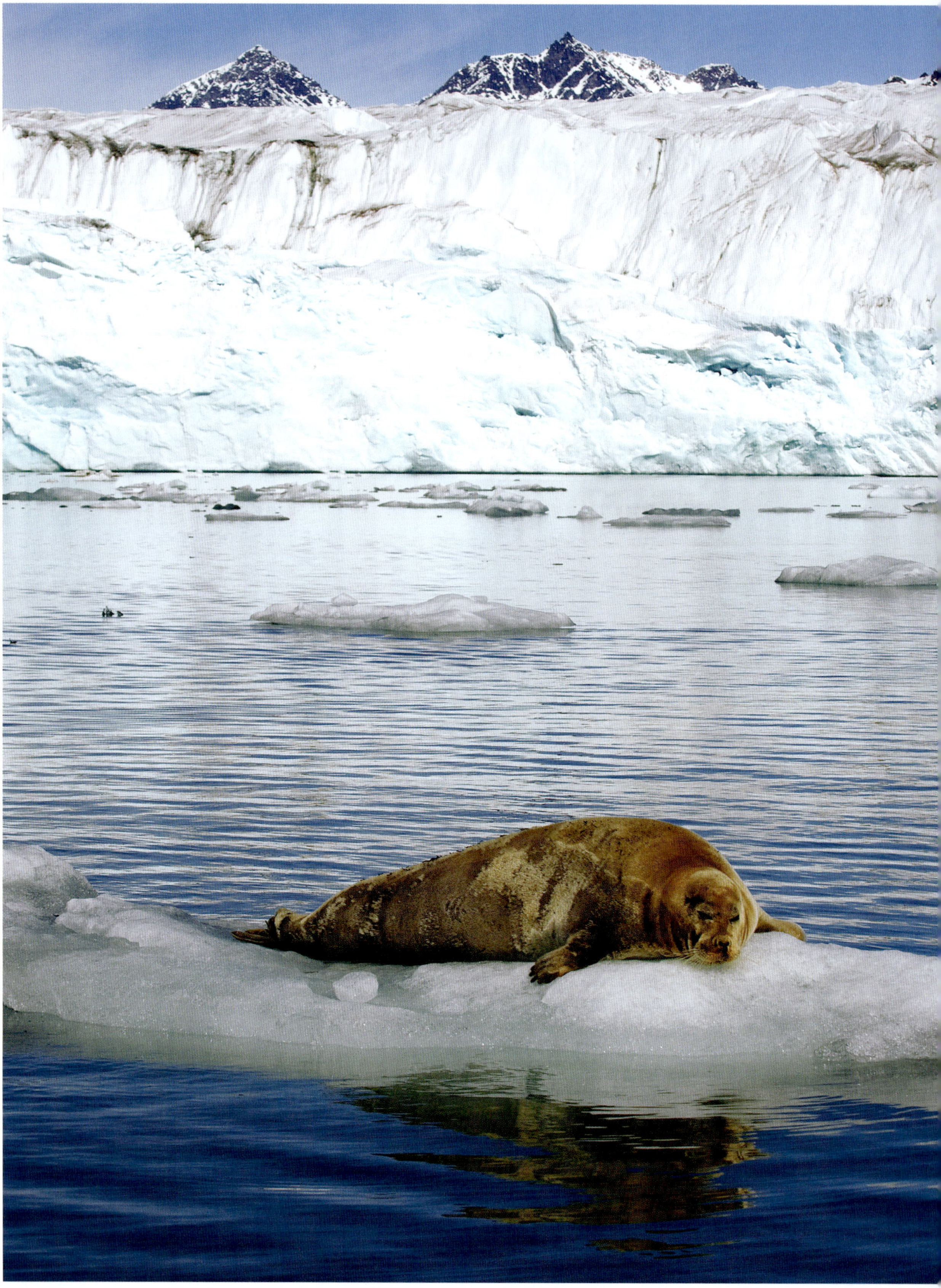

9 狩りの方法

　ホッキョクグマはいくつかの方法でアザラシを狩る。いずれも牙か爪、もしくはその両方でアザラシを仕留めるが、その方法は獲物と生息環境によって異なる。また、狩りの方法は年齢、性別、繁殖状況などによっても異なり、個体によって得意とする方法も異なる。母親に教わって覚える狩りの方法もあれば、試行錯誤によって独自にあみだす方法もある。

　アザラシを狩る方法にはいくつかのカテゴリーがあるが、いずれも待ち伏せ、あるいは忍び寄りという手段が用いられる。ホッキョクグマは長時間、呼吸穴のそばや流氷の縁で待つ、「スティル・ハント」（still hunt；待ち伏せ）ができる。水中から忍び寄る、巣穴を襲う、突進するなどの狩りの方法もある。ホッキョクグマは1カ所に長い時間とどまるなど、驚異的なまでの忍耐力を見せる。呼吸穴の選択さえ正しければ、そこからアザラシが現れてホッキョクグマのごちそうになるのは時間の問題である。一方、日光浴中のアザラシに向かって、素早く、軽快に突進するホッキョクグマの姿も印象的である。

氷上での忍び寄り

　ホッキョクグマは、獲物に見られないように巧みに移動する。もちろん、この場合、ホッキョクグマにはアザラシが見えていることが前提であるので、この方法は、水から上がっているアザラシに対して用いられる。ホッキョクグマは、アザラシを捕殺するための優れた技を進化の過程で身につけてきた。ゴルファーがショットを計算するように、クマは、狙った獲物への距離と寄せの方法を判断しなければならない。ホッキョクグマは、自分のいる場所から狙った獲物までの経路を視覚的にとらえたのち、獲物へいたる手段を考え出しているようである。氷丘脈の物陰に隠れてアザラシの位置を盗み見しながら、ホッキョクグマは獲物に30m以内にまで近づくことができる。この距離からなら、アザラシが水に逃げ込む前に突進して捕まえることができる。ホッキョクグマが海氷の上を動く様には息をのむ。見つからないように、海氷上の高低差を利用したり、ネコのように地面に這いつくばったり、獲物の警戒に注意を払いながら止まっては動く行動を繰り返す。巨体のわりには、ホッキョクグマは驚くほどにひっそりと、そして機敏に動く。

　アザラシに忍び寄る行動には嗅覚と視覚の両方が関係する。ホッキョクグマは風下から接近しなければならない。アザラシは捕食を回避する

前ページ：天気のよい日、換毛中の大人のアゴヒゲアザラシが流氷の上でのんびりしている。アザラシは、どの種も毎年換毛する。換毛するには、皮膚が十分に温まっていなければならない。このため、アザラシは海氷上に上がる必要があり、ホッキョクグマはそれを捕食に利用する。

丸いお尻と大きなお腹は、このクマが狩りの名手であることを示している。これほどに大きなクマは、それほど素早くはないが賢い。獲物に忍び寄るときには、ありとあらゆる凹凸や氷丘脈を利用する。

ようにホッキョクグマと共進化してきているからだ。アザラシは見晴らしのよい場所で水から上がり、風下がよく見えるように体を向ける。風上からのクマの接近には嗅覚を頼りに警戒している。けっして水から遠く離れないことが捕食を回避するキーポイントである。逆に、ホッキョクグマはアザラシが水から上がる習性を利用して捕獲している。では、なぜアザラシは身を危険にさらしてまで水から上がる必要があるのだろうか。それは、換毛と子育てがおもな理由である。アザラシは、皮膚に十分な熱がなければ、被毛と皮膚（上皮）の脱落である換毛を行うことができない。北極のアザラシは、水から上がらずに換毛や子育てをする方法を、進化の過程で身につけてはこなかった。

　ワモンアザラシ、アゴヒゲアザラシ、ゼニガタアザラシの目は、陸上でよく見えるように適応している。ほかのアザラシの多くは、水中でよく見えるように適応している。陸上や海氷上に大きな捕食動物が存在する状況下では、視力は重要になる。

　氷上にできた1つの穴のそばに、4〜5頭のワモンアザラシが水から上がっていることがよくある。さまざまな動物種が行うように、群れることは捕食動物から身を守る1つの術である。より多くの目で探すことによってホッキョクグマに早く気づくことができる。しかし、クマが突進してきた場合、順番に穴に入らなければならないために逃げ遅れるという欠点も

アゴヒゲアザラシは、海底で敏感なヒゲを使い、餌となる無脊椎動物を探す。餌が見つかれば、水を噴射して海底の堆積物をかきわけ、獲物を吸い取る。

ある。忍び寄ってきたクマがアザラシを捕まえることができるのは、アザラシが水に入る前である。大きなホッキョクグマが、同じ呼吸穴のそばに上がった2頭の大人のワモンアザラシへ、80 mの距離まで忍び寄ったことがある。そのクマは、1頭目のアザラシは逃がしたが、逃げ遅れた2頭目の足鰭を捕まえた。ホッキョクグマに追われているアザラシにとって、「お先にどうぞ」というのはありえない。とくに寒い日には状況はもっと深刻で、呼吸穴が凍って狭くなり、穴に逃げ込むことがさらに困難になる。ときには穴が完全に凍りつき、アザラシが氷上に取り残されてしまうこともある。寒い日にアザラシが水から上がることがほとんどないのは、1つにはこれが原因である。もう1つの理由は、外気温よりも水温のほうが高いということである。

水中からの忍び寄り

水中から獲物に忍び寄る方法は、氷上で忍び寄る場合と似ているが、泳いで接近することがおもな違いである。水中からの忍び寄りは、もっとも巧妙なホッキョクグマの狩りの方法である。その方法は、晩春の温かい時期に海氷が融けて、氷の間の水路が広がるころにもっとも有効になる。同時に、この時期はワモンアザラシとアゴヒゲアザラシがもっともよく海氷に上がる時期でもある。ホッキョクグマは海氷の間にできたクラック

春以外の季節には、ホッキョクグマはたいてい水には入らず海氷の上で過ごす。気温が上がり、氷が割れれば、ためらうことなく海に入り、海から獲物に忍び寄る方法で狩りを行う。海氷に上がっているアザラシの真下から接近して、海への逃げ道を封鎖する。

（割れ目）の迷路を泳ぎ、必要があれば氷の下に潜ったり、薄い氷なら割って自ら呼吸穴をつくったりもする。獲物の確認も重要で、それをもとに獲物へのルートは再検討される。400 m 以上の距離から獲物に忍び寄ることも多い。ホッキョクグマがアゴヒゲアザラシに 32 分もの時間をかけて忍び寄り、いくらかのケガを負わせたものの、アザラシには逃げられてしまったこともある。獲物に逃げられたときのホッキョクグマの様子は、人にたとえていうなら、ムカついているというほかない。

アゴヒゲアザラシの子どもを水中から狙うことを得意とするホッキョクグマもいる。海氷が融け始め、ほかの狩りの方法の効率が悪くなった時期に、この方法はとくに有効である。私は、ホッキョクグマが、見渡す限りの海にぽつんと浮かぶ氷盤に乗っているアゴヒゲアザラシの子どもを狩るところを目撃したことがある。クマは、不注意な子アザラシのもとへ無造作に泳ぎ寄って、簡単にそれを捕まえた。

巣穴探し

ワモンアザラシの出産期である春に、その巣穴を探しあてるのが、ホッキョクグマの狩りのうちでもっとも劇的な方法かもしれない。それは春に 4〜5 週間のみ可能な捕獲方法である。安定した定着氷や、厚く大きな氷盤の上で行われることが多く、非常に有効な捕獲方法となりうる。おもに嗅覚で狩りを行うホッキョクグマは、氷丘脈の間を歩きながら、向かい風、もしくは横風に乗ってくるにおいを頼りにアザラシを探す。ホッキョ

クグマがどれほどの距離からアザラシのにおいを感知できるかは正確にはわかっていないが、おそらくかなりの距離である。100ｍ以上の距離からでも、風上にある巣を感知できるだろう。シベリアンハスキーは、800ｍ以上の距離からアザラシの巣を感知することができた。しかし、遠くからアザラシのにおいを感知しても、巣穴の場所にある程度見当をつけることにしか役立たない。目的はあくまでもアザラシのいる場所をピンポイントで見つけることである。クマは嗅覚が優れているため、遠くからでも、巣穴に子アザラシがいるのか、もしくは大人のオスがいるのか嗅ぎ分けられる。すべての獲物はにおいを出し、それが風に乗って円錐状に広がる。その円錐に入れば、クマは注意深く嗅覚を使い、円錐のなかを右に左に行き来しながらにおいの源へとたどりつく。巣を襲うクマは、子どもがいると思われる巣穴を特定するまで、その辺りを行ったり来たりする。ワモンアザラシの子は物音を察知すると水のなかへ逃げてしまうので、ホッキョクグマは、ネコが鳥に接近するように、一歩一歩慎重に進んでいく。雪を被った氷の上を歩くのは、まるで太鼓の上を歩くようなものである。一歩でも踏み外してしまえば、アザラシに接近を知らせてしまう。巣穴は見えないためホッキョクグマは嗅覚に頼るが、同時に、雪や氷の状態を頼りに巣穴の場所のおおまかな見当をつけているはずだ。狭い範囲でいくつもの巣穴が掘り起こされた跡を見ることがあるが、これ

ホッキョクグマは、氷丘脈のそばを風を横から受けながら移動して、巣穴にいるワモンアザラシの子を狩ることが多い。子アザラシはおやつとしてはよいが、母親のほうがはるかに大きなエネルギー源となる。

第9章 狩りの方法 —— 145

何千ものアザラシが最期に見るものは、大きな黒い鼻、数本の歯、それにぼんやりとした白い輪郭である。

らはおそらく、高確率で狩りが成功する場所とそうでない場所を見極められない亜成獣個体の仕業だろう。

　アザラシが隠れているであろう場所を特定したら、ホッキョクグマは、最後の数歩を素早く移動し、後ろ足で立ち上がり、両前足を雪に叩きつける。まるでホッキョクグマの破城槌(はじょうつい)である。この動作は信じられない速さで行われ、見る者は息をのむ。必要があれば、何度も雪を叩く。巣穴での狩りの成功に影響する要因は多い。雪の固さや厚さがもっとも重要である。固く厚い雪ならば子アザラシが逃げる余裕ができる。巣穴を覆う雪は、ときに1mもの厚さがあり、薄い雪よりもアザラシにとっては安全である。小さいクマや痩せたクマは、雪を破る力が足りないことがあり、大きなクマよりも狩りの成功率が低い（ホッキョクグマが獲物を捕まえるために行う前足を叩きつける動作は、グリズリーが朽ちた丸太を割るために行う動作に似ている）。巣穴を覆う雪が割れれば、割れ目から顔を突っ込んで、逃げようとするアザラシを口で捕まえる。もしそれ

で獲物が得られなければ、クマは一度止まって、辺りを嗅ぎ回ったり、耳を澄ませてみたりしてから、別の場所を叩いたり、穴を掘り出す。毎年、数千という子アザラシが最期に見る光景は、巣穴の天井から崩れ落ちる雪、そして迫り来る黒い爪と白い牙である。

　ホッキョクグマはときとして、遠いところから走り寄って巣穴に飛び込むことがあり、彼らが離れた場所からでも正確に巣穴の位置を特定できることが示唆されている。巣穴にうまく穴をあけられたからといって、必ずしもすぐにアザラシが捕まるわけではない。アザラシの巣穴は複雑に入り組んでいて、いくつもの部屋がある。しかし、アザラシを確実に捕まえるためには、逃げ道になっている氷にあけられた穴だけをふさげば十分である。アカギツネやコヨーテのように雪に飛び込んで獲物を捕まえる動物は、音を頼りに獲物の位置を確かめている。ホッキョクグマも同じである。穏やかな天気の日には、アザラシの息、水から上がる音、穴を掘る音、子アザラシが乳を飲む音などを聞き取っているのかもしれない。

　子アザラシを捕まえたホッキョクグマは、素早く子アザラシを始末し、巣穴をさらに深く掘って、母親が戻ってくるのを待つことがある。おもしろいやり方である。一度、単独の大人のメスグマを追跡していたときに、足跡が忽然と途絶えてしまった。ヘリコプターを旋回して足跡が途絶えた場所へ戻ると、クマのお尻が氷丘脈から突き出ているのを見つけた。クマの頭は雪の下深くに埋もれていた。後から調査した結果、そのクマはしばらく身じろぎもせずそこで待ちかまえていたことがわかった。また、彼女の両前足があった場所の氷は融けていた。巣穴での捕獲がスティル・ハントに変わっていたのだ。

　カナダ北極圏では、訓練されたイヌによって発見されたワモンアザラシの巣穴のうち、3割はすでにホッキョクグマによって荒らされていた。そのうち、10～24%の巣穴でアザラシが捕獲され、その75～100%が子どもだった。ホッキョクグマは、1 km^{2}につき0.51頭のアザラシを殺すという、驚くほどの大虐殺を行っていた。

　アザラシは、雪の下ではなく、氷の下に巣穴をつくることがある。逆V字型に立てかけられた2枚のトランプを思い起こせばよい。そのなかでアザラシは呼吸穴と巣穴を維持する。ホッキョクグマは、そういった巣には関わらないことが多いが、狩りの条件がとくに悪いとか、クマが必死になっているときなら、氷を掘ることもある。しかし、厚さが1 mもある氷に穴を掘る間には、アザラシにも逃げる時間が十分あり、狩りの見返りは非常に少ない。ときには成功することもある方法だが、私はこの方法をとったクマの爪を見たことがある。彼らの爪からは、そのような作

業をそうたくさんできないのは明らかだ。

スティル・ハント（待ち伏せ）

　狩りの方法のなかでもっとも怠惰な方法は、スティル・ハントかもしれない。スティル・ハントとは、待ち伏せして捕獲する方法である。ホッキョクグマは海氷の縁などを歩いて、呼吸穴やアザラシが水から上がる場所を探す。探しあてた後は、待つ。スティル・ハントとはそれだけのことだ。じっと動かず待つのだ。ホッキョクグマは、立ったまま待つこともあれば、座っていることも、伏せて待つこともある。大人のオスの場合、伏せて待つスティル・ハントの平均時間は100分ほどだが、ときに数時間におよぶこともある。子連れのメスの場合、子がじゃまをするので、平均時間は58分ほどでしかない。立った姿勢や座った姿勢のスティル・ハントは、通常7分から12分ほどだが、もっと長いこともある。伏せた姿勢でスティル・ハントをしているクマは、まるで眠っているかのように見えるが、動きに素早く反応し、牙や爪でアザラシを捕まえる。クマは、海中に届くほど呼吸穴の深くに頭を突っ込んでアザラシを捕まえることもあ

ホッキョクグマは嗅覚を通して世界を見ている。このクマは、アザラシがここで呼吸をした痕跡がないか探している。このクマの鼻は、この場所がスティル・ハントに適した場所かどうかを教えてくれるだろう。

る。ワモンアザラシは、細心の注意を払いながら呼吸穴に近づく。ちょっとした音や、動き、影を感知すると別の呼吸穴に行ってしまう。アザラシが呼吸穴に近づくとわずかに水面が押し上げられる。この水面の動きで、待ち伏せているホッキョクグマはアザラシが近づいていることを知る。呼吸穴の水面へとつながる氷のトンネルを上がってくるとき、アザラシは自由自在に方向を変えられるわけではなく、瞬時に後退することができない。熟練のクマか、あるいは運のよいクマなら、アザラシを捕まえて引きずり出し、食事にありつくことになる。

　ホッキョクグマがアザラシの呼吸穴で行う狩りを見ると、ホッキョクグマの頭が細長いのは、スティル・ハントに関連して強い進化圧がかかったためではないかと考えたくなる。細長い頭を持ったクマは、平べったい顔をした陸上のクマ類よりも、ほんの少し素早く、深く顔を水に突っ込むことができるだろう。

　ホッキョクグマは、忍び寄る狩りの方法と比べて、スティル・ハントに３倍の時間を費やしていたという報告がある。スティル・ハントは、エネルギー的には効率がよいが、莫大な時間の投資を必要とする。私は、何度かスティル・ハント中のクマに近づいたことがあるが、クマを退かせるのはたいへんだった。こういった辛抱強いクマのじゃまをするのはいつ

ホッキョクグマは、その敏感な嗅覚から、さまざまな情報を得ることができる。このクマは、空気中のいろいろなにおいを嗅ぎ分けるために鼻を高く上げている。

第9章　狩りの方法

ホッキョクグマの個体群には、子グマの出生が多い年と少ない年がある。条件がよい年は、子グマの生存率が高い。悪い年には、調査対象個体がほぼ全滅することもある。交尾期が終わる前に子グマが死んでしまうと、多くのメスが交尾することになる。その結果、繁殖の同期が起こり、つぎの年には多くの子グマが誕生する。

も心苦しく思うのだが、アザラシにとってはけっこうなことに違いない。

開放水面での狩り

　ホッキョクグマは、氷のない開放水面でも、まれにアザラシを捕獲することがある。ホッキョクグマは、泳いでいるときにアザラシを目撃すると、体を水面下に沈め、鼻と目だけを水面から出す。アザラシが水面にやってくると、ホッキョクグマは、アザラシよりも深く潜り、下から捕まえる。アザラシがホッキョクグマを小さな海氷と見まちがえて、その上に上がろうとして近づいてくるのだと考える研究者もいる。そうだとすると、ホッキョクグマにとっては、これはいわば出前ともいえるようなものだろう。とはいえ、水のなかでは、アザラシのほうがはるかに動きは素早く、圧倒的に有利である。

スカベンジング（死肉食）

　ホッキョクグマの生態において、スカベンジングの役割はあまりよく知られていない。ホッキョクグマは、自然死した動物（あるいは自然死ではない動物も）や、自分以外のクマに殺された動物を食べる。スカベンジングの重要性を知るためには、数日経ったアザラシの死骸を見ればよい。ホッキョクギツネがいなくとも、アザラシの死骸はきれいに食べ尽くされているのが普通である。私は、8頭以上ものクマが群がるアザラシの死骸と、そこへ向かう何十もの足跡を見たことがある。それはさながらホッキョクグマの集会のようであった。アザラシの死骸は普通、タダ飯にありついたホッキョクグマによって、数日のうちに平らげられる。満腹になったら、ホッキョクグマは死骸のところにはとどまらないことが多い。狩りが得意なクマは、おそらく凍った残骸を食べたいとは思わないのだろう。凍った残骸より温かい新鮮なアザラシのほうが食べやすい。さらには、凍った残骸を食べると、それを自分の体温まで温めなければならず、エネルギーを消耗する。

　殺した獲物を放棄するというホッキョクグマの習性は、グリズリーのそれとは際立って対照的である。グリズリーは獲物のそばにとどまり、スカベンジャー（死肉食動物）やほかのクマがにおいで引き寄せられないように、獲物を埋めてしまう。ホッキョクグマは、ほとんど獲物を埋めない。大きなアゴヒゲアザラシでさえ、食べた後にはその場に残していくことが多い。大きなアゴヒゲアザラシは普通、大人のオスのホッキョクグマにしか仕留められないが、そのような大人のオスにとっては、春は交尾のほうが大事な仕事であるからだろう。私は、大人のアゴヒゲアザラシの死骸のもとに数日間とどまってそれを食べていたホッキョクグマを一度だけ見たことがある。偶然にもそのクマは、私が捕獲したことのあるホッキョクグマのなかではもっとも大きいものだった。その巨大な体躯を思い浮かべると、私は今でも畏怖の念を覚える。その個体を最後に見たのは何年も前のことだ。海洋生態系において、死骸は一般的であり、少々臭いが重要な餌資源の1つである。北アラスカでは、ホッキョクグマは人間が捕ったホッキョククジラの残骸をよくあさる。北アラスカでは毎年、海生哺乳類の6%が死に、海岸線1kmにつきおよそ0.02〜0.04個の死骸が打ち上げられるという試算がある。アラスカの北部海岸線でのある調査では、228頭のセイウチ、13頭のコククジラ、そして15頭のアザラシが打ち上げられていた。セイウチの上陸場近くや、自家利用のための猟場の近くでは、普通の10倍の密度で死骸がある。海岸にいると

きには、死骸を探すのは合理的な方法である。ホッキョクグマは日和見的な採食者であり、遠慮してタダ飯を食べないということはない。

捕食-被食者の関係

　捕食動物であるホッキョクグマと被食動物（獲物）であるアザラシとの関係は、比較的単純である。すなわち、1 捕食者-2 被食者の関係（1 種の捕食動物が 2 種の動物を餌とする）である。しかし、季節や年によって違う海氷の状態やアザラシ以外の餌動物の量は、その関係を複雑なものにしている。年によっては、海氷がホッキョクグマの狩りにとって有利な状態をつくり、またある年にはアザラシに有利な状況をつくる。

　捕食-被食者関係を理解するためには、長期間両者を追跡する必要がある。両者の個体数変化に関するデータが必要であるが、そういったデータはめったに手に入らない。ホッキョクグマの個体数を把握するのがむずかしいうえに、獲物になる動物の個体群サイズの把握はさらに困難である。そのため、ホッキョクグマとその被食者の関係についての私たちの理解は限られたものである。ボーフォート海東部のホッキョクグマ個体群とワモンアザラシ個体群に関して、1970 年代半ばと 1980 年代半ばごろのデータがある。数年にわたって海氷が多く、アザラシの出産率が低下し、ホッキョクグマの繁殖率もそれにつれて低下した。北極での「例年並み」の定義はむずかしいが、例年並みに戻ったのは約 3 年後だった。10 年くらいの単位で見ると、周期的なワモンアザラシの個体数減少があるのかもしれないが、その証拠は十分ではない。

　ホッキョクグマの個体数は、アザラシの個体数に直接関係している。ほかの被食者も重要ではあるが、ワモンアザラシの個体数が、ホッキョクグマの個体数を左右している。1 つの個体群のなかで、ホッキョクグマが最大何頭まで生存できるかについては、ほとんどわかっていない。狩猟が行われている個体群の個体数は、生態系が支えることのできる最大個体数（環境収容力）よりも少ない。したがって、そうした個体群の個体数は、被食者の数によっては制限されない。ホッキョクグマにおける環境収容力は、おそらく、社会的相互作用とアザラシの数の両方によって決められているのだろう。

　ホッキョクグマとアザラシの捕食-被食者関係において特筆すべき点は、ホッキョクグマが寿命の長い（およそ 30 年）捕食者であると同時に、被食者であるアザラシもほぼ同じ年齢まで生きることである。これは、捕食-被食者の世界ではかなりめずらしいことである。寿命の長い捕食者と被食者の個体数は、環境からの攪乱がない限り、どちらもゆっくりと

変動する。そのため、両者は比較的安定した個体数を保っている。ホッキョクグマは、アザラシの子どもを捕食することにより、アザラシの個体群サイズと増加率を制限している可能性がある。それでは、ホッキョクグマがいなくなった場合、アザラシにはどういう変化が現れるのだろうか。もっとも可能性が高いのは、今よりはるかにアザラシの数が増え、最終的にその数は餌資源の量によって制限されるという推測だ。ただし、これはシャチなどのほかの動物が、ホッキョクグマに代わって主要な捕食者にならなければの話である。

招かれざる客

ホッキョクグマはほかのいくつもの動物と関わりがある。というのも、ホッキョクグマの食べ残しがほかのスカベンジャーの餌となるからである。もっともよく知られているスカベンジャーはホッキョクギツネである。ホッキョクギツネの足跡は、獲物を追跡しているホッキョクグマの近くや、アザラシの残骸のまわりにあることが多い。ホッキョクグマに殺されたアザラシもホッキョクギツネにとって重要だが、ホッキョクギツネはときとして自らワモンアザラシの子どもを殺すこともある。ホッキョクギツネは海氷と陸をうまく使い分けている。毎年陸を離れるホッキョクギツネもいれば、食べものがあれば陸にとどまるホッキョクギツネもいる。ホッキョクギツネの被毛は泳ぐことに向かないため、割れた海氷を移動するのは得意ではない。そのため、春になると陸に戻らなければならない。陸地から 160 km 以上離れた沖合で、ホッキョクギツネを見るのはめずらしくない。ホッキョ

ホッキョクギツネはイヌ科の小型種で、体重は 4 kg に満たない。彼らは、ワモンアザラシの巣穴で子アザラシを狩る恐るべき捕食者であると同時に、ホッキョクグマの食べ残しも利用する。食物が豊富な年には、ホッキョクギツネのつがいは年に 12 匹の子ギツネを産むことができる。

クグマによって殺されたワモンアザラシの残骸をどのくらい利用できるかは、ホッキョクギツネの繁殖と個体群動態に影響をおよぼしている可能性がある。基本的には、ホッキョクグマはホッキョクギツネの存在を許容しているが、ときとしてその存在にいら立っているように見える。

　ホッキョクグマの食べ残しをあさるスカベンジャーとしては、ほかにアカギツネ、ハイイロオオカミ、グリズリー、ゾウゲカモメ、シロカモメ、ワタリガラス、ケアシノスリ、シロフクロウなどがいる。ホッキョクグマの食べ残しの重要性は計り知れない。グリズリーや、オオカミ、アカギツネは日和見的に利用するだけのようだが、シロカモメとゾウゲカモメにとっては餌のなかで大きな割合を占めている。

10 行動

　行動は動物の生存と繁殖に影響をおよぼす。さまざまな状況下でホッキョクグマがどのように振る舞うかが、つぎの世代に遺伝子を残せるかどうかを左右する。当然ながら、ホッキョクグマの行動には個体差があり、性別や年齢、繁殖状態、学習、および環境条件の影響を受ける。攻撃的なホッキョクグマもいるし、危険が迫ったときに子を守る母親もいれば、逃げる母親もいる。特定の種のアザラシを好む個体や、他個体より長い距離を移動する個体もいる。人間に興味を示すホッキョクグマもいれば、人間を恐れるホッキョクグマもいる。飢えたホッキョクグマは、たっぷり食べて丸々と太ったホッキョクグマとは違う行動をする。マニトバ州チャーチルの近郊で犬ぞり犬と戯れるホッキョクグマの写真はよく知られているが、イヌを殺して食べるホッキョクグマもいる。ホッキョクグマは賢く、個人主義的な動物である。ホッキョクグマは、自分の行動の利点と欠点を、たった一度の経験から学習することさえある。素早い学習が有益な結果を招くことがある。数年前、チャーチルで、ホッキョクグマの移動ルート上に養豚施設を建てた人がいた。ホッキョクグマがブタを見つけて、豪勢な豚肉料理にありつくまでにそう時間はかからなかった。ブタがいなくなってしばらく経った後でも、ホッキョクグマはその場所に繰り返し現れた。私が以前、チャーチルのホッキョクグマ収容所で生理学の研究をしていたとき、同じようなことがあった。ホッキョクグマにアザラシやクジラの脂肪を食べさせて血液中の成分の変化を調べたのだが、つぎの年、その研究に関わった数個体のクマが舞い戻ってきて収容所に侵入した。ホッキョクグマは絶対に忘れないのだ。

　すべての哺乳類は、程度の違いはあれ、同種の他個体と関わりを持つ。しかし、ホッキョクグマは単独で目撃されることが多いため、単独性の捕食動物であると考えられている。単独行動が一方の極端な例であるとすると、集団で狩りをするハイイロオオカミなどに見られる協調集団行動はもう一方の極端な例である。単独で生きる動物は、子育て、採食、交尾、防衛などの行動を、他個体との協力なしに行う。この定義によれば、ホッキョクグマは単独性の動物に分類されるが、生態学に関連する事柄のほとんどがそうであるように、厳密にはあてはまらない部分もある。

　ホッキョクグマの一生について少し考えてみよう。子グマは生涯の最初の2年半を母親と過ごす。メスの子グマは母親と離れてから3年以内に子を産み、それ以降、生涯にわたり子を産み続ける。けっして孤独な一

多くの人たちはホッキョクグマを単独性の動物種だと考えている。しかし、ホッキョクグマの世界に対する私たちのとらえ方と、ホッキョクグマ自身のとらえ方は異なっている。私たちは、ほかの人が見えず、声も聞こえなければ、まわりには人がいないと考える。しかし、ホッキョクグマにとっては、ほかのクマのにおいがする限り、けっしてひとりではない。

生ではない。オスはもう少し孤独であるが、1年のうちのある時期には、大人のオスはとても社交的で、おたがいに仲間を探し合う。単独行動をするというのは、社会的生活がないというわけではない。私たちが、ホッキョクグマを単独性の動物と見なしているのは、視覚中心の考え方をしているためだ。ホッキョクグマは、嗅覚に頼った世界に身を置いている。したがって、ホッキョクグマは、まわりのホッキョクグマや環境を、私たちとは非常に異なった方法で認知しているのだ。発達した嗅覚を通して、ホッキョクグマは、自分の近くを通り過ぎていくほかのクマについて、私たちが想像するよりも多くの情報を得ているのかもしれない。ホッキョクグマは、実際に顔を合わさなくても、たがいに交流し合っているのだ。実際に遭遇したときの社会的交流は、ダイナミックで複雑かつ柔軟なも

> **BOX　飼育下のホッキョクグマ**
>
> 　飼育下のホッキョクグマは、彼らが生息する本来の環境とは大きく異なった環境にいる。昔ながらの飼育施設では、無意味な行動や仕草を繰り返すようになること(常同行動)が問題だった。飼育下のホッキョクグマで常同行動があまりにも多く見られたために、新しい言葉が誕生した。Ijsberen という動詞がそれである。オランダ語で、直訳すると「ホッキョクグマる」という感じになり、落ち着きなく行ったり来たりすることをいう。
>
> 　個体ごとに常同行動の現れ方は異なるが、典型的には、歩いたり泳いだりする行動を一定のパターンで繰り返す。常同行動のパターンは高度に儀式化されていることがあり、繰り返し頭や四肢を動かしたり、あくびや、手足に吸いついたり舐めたりといった行動を含むこともある。往復する間の歩数がつねに同じであったり、一歩一歩まったく同じ場所を踏むこともある。クマは、活動している時間のうち、77% もの時間を常同行動に費やすことがある。常同行動は、一度始まってから中断するまで、数秒間のこともあれば、25 分以上続くこともある。
>
> 　常同行動は退屈によって生じるものである。野生のホッキョクグマは、多くの時間を、獲物の追跡や進むべき方向を決めることに費やしている。常同行動の発生を回避・低減し、できることなら完全になくすために重要なことは、視覚的な刺激や、音、においの刺激を与えて、クマに興味を持たせることである。近年、ホッキョクグマを飼育する動物園の多くで、施設と飼育方法が大幅に改善された。優れた動物園では常同行動が回避されている。

のである。

配偶システム

　ホッキョクグマの配偶システムは、それに関連する行動がすべて、研究者の目の届かないはるか沖合で、しかも数カ月にわたって行われるため、詳細な研究を行うことは不可能である。しかし、これまでの研究で、彼らのプライベートライフについての断片的な手がかりは集まっている。

　ホッキョクグマの配偶システムに関する最初の手がかりは、顕著な性的二型である。オスの体サイズはメスの倍ある。こういった二型は性淘汰の結果であり、オス同士の競合、またはメスがより大きなオスを選ぶことで成立する。2 つめの手がかりは、オスが子育てに関与しないことである。このため、オスは 1 頭のメスに忠実である必要はない。3 つめの手がかりは、オスは交尾可能なメスがどこにいるかを予測することができないことである。メスのくる場所がわかるのであれば、オスはその場所をなわばりとしてほかのオスから守ることができる。海岸でメスが子を産み、交尾もするキタゾウアザラシでは、オスのなわばり防衛が認められる。ホッキョクグマの交尾行動は、ほかのクマとは異なる。陸生のクマは比較的固定された行動圏を持ち、それは交尾相手の行動圏と一部重なる。そのため、オスはメスの居場所を知っている。変化に富む海氷の状態が、ホッキョクグマの交尾に不確定要素をもたらしている。交尾可能なメスの分布を予測することは不可能なのだ。

オスのホッキョクグマが別のクマの足跡を調べている。繁殖可能なメスの足跡であれば、夢中で追跡するだろう。もしそうでなければ、オスはつぎの足跡を見つけるまで雪原での探索を続ける。

　交尾の最初のステップは、オスがメスを探し出すことである。メスがオスを探していることを示す証拠は1つもない。メスは獲物のアザラシを探すのに忙しいのだ。逆に、オスは一心に、メスを求めて広大な範囲を放浪する。交尾相手を探すとき、オスは1つの方向を定め、その方向にほぼまっすぐ、何日間も歩き続ける。寄り道をするのは、途中で見つけた足跡がメスの残したものかを確かめるときだけである。性的に興奮したホッキョクグマにとってはにおいがすべてであり、オスは、においを嗅ぐことで、足跡が発情中のメスの残したものかを判断することができる。期待できそうな足跡なら、オスはそれをたどっていく。どういった手がかりをもとにオスがそれを判断できるのか定かではないが、おそらくは、メスの尿に含まれるホルモンや、足の肉球から出るにおいを手がかりにしているのだろう。期待できそうにない足跡なら、オスはもとのコースに戻り歩き続ける。オスがどのくらいの距離にわたってメスを追うことができるかは知られていないが、私が調査したオスのなかには、140 kmを優に超える追跡ののち、メスに追いついたものが複数いた。オスにとって、

割れた海氷の上でメスを追うことは、足跡が途切れるためむずかしい。気温の上昇は海氷の融解を助長するので、オスが交尾相手を探し出す能力を低下させる。これは気候変動による負の影響である。

　オスがついにメスを見つけたときのおたがいの行動は興味深い。繁殖経験のある年とったメスはオスに対して寛容であるが、そのようなメスでさえ、初めは逃げるのでオスは追わざるをえない。ホッキョクグマはメスのほうがはるかに機敏であるので、メスはオスの体力を試しているのかもしれない。メスは子育てに大きな投資をするため、子の父として健康なオスを選ぶのは当然である。オスが繁殖経験のないメスに近づくと、メスはあわてふためいたように見え、たいていの場合逃げる。しかし、進化とはたいしたもので、結果的にはメスは渋々交尾に応じるのだが、オスの側にも若干の説得力と忍耐力が必要である。メスが離乳間近い2歳の子を連れている場合、オスは、メスの興味を自分に向けさせるために、子を追い払わなければならない。交尾中のペアには観客がいることが多い。子グマが舞台の袖でうろうろしながら見ているのだ。

オスが現れてもメスはとくに興味を示さないことが多い。ペアになるまで数日かかることもある。メスは、この期間にオスが適切な相手かどうかを見極めているのかもしれない。一度交尾が始まれば、数日から数週間の間、ペアは仲睦まじく、強く結ばれている。

第10章　行動 ―― 159

右：この大人のオスは、相手のオスの狙いすました一撃を食らってしまった。大人のオスは、このようなケガや、あるいはもっとひどいケガを、生涯のうちに何十と負うことになる。

下：この若いクマは、体は完全に成長しているが、繁殖できるようになってまだ年月は浅い。オスの繁殖のピークは10代半ばである。鼻に見える小さな傷痕は、これから負っていく多くの傷の最初となるものである。このクマの後肢の間には、陰茎に生えた長い毛がはっきり見える。大人のオスは、この陰茎の毛により識別できることが多い。

ホッキョクグマの母親は子グマと長期間一緒にいるため、メスが交尾するのは平均すると3年に一度である。そしてこれは、ホッキョクグマの配偶システムに影響をおよぼす。交尾可能なオスの数とそれを許容するメスの数の比（実効性比）が、1：1から大きくずれるのだ。メスよりもオスのほうが交尾可能な個体数が多いため、複数のオスが1頭のメスのまわりをうろつくこともよくある。私は、1頭のメスに6頭のオスが群がっているところを目撃したことがある。クマが跛行していたことや、大きく開いた傷口や氷に散らばった血の痕から察するに、友好的な集まりではなかっただろう。性的二型を示す種では、交尾相手をめぐるオス同士の争いが激しいことが多い。ホッキョクグマでは、ほかのクマの場合よりもケガが多いかもしれない。ホッキョクグマには明確ななわばりがないため、1頭のメスをめぐって多くのオスが争うことになるからだ。さらに、ホッキョクグマには明確な社会的序列がないため、ホッキョクグマは自分と競合する他個体のことをほとんど知らない。

　性的衝動は、行動の動機づけとして強力である。性ホルモン値の上昇した2頭のオスがいれば、自分たちにおとずれたその年唯一の交尾機会をめぐって闘うはめになることもある。メスをめぐって争ったことは、ケガや傷痕、顎や四肢の骨折、折れた歯などを見ればわかる。ひどい傷を負ったクマは、休息をとるため目につかない場所を探し出し、何週間もそこにじっとしている。跛行しながら立ち去り、そのケガがもとで命を落とすクマもいる。私が捕獲したある大人のオスは片目がつぶれていたが、つぎの年に再捕獲したときには、片目が見えない以外は健康そのものだった。折れた犬歯は大人のオスではよく見られるが、メスにはほとんど見られない。オス同士が口と口とをぶつけ合うと、犬歯が砕ける。犬歯は歯茎に近い部分で指2本くらいの太さがあるので、その衝撃はすさまじいものに違いない。犬歯が折れるのはもっとも激しい闘いが行われたときだけだが、年齢的には14歳くらいより上のオスで見られる。犬歯は歯肉線より深いところで折れるのが普通で、歯髄が露出することが多い。顎や、あるいは歯肉を突き抜けて口吻にひどい膿瘍ができることもある。臼歯（奥歯）が折れることはまれだが、切歯（前歯）はよく折れたりなくなったりする。

　オスは7歳くらいからケガをするようになる。そして、およそ16歳までケガは増え続け、その後は徐々に減っていく。オスはだいたい16歳で体重のピークを迎え、17歳を超えると衰え始める。闘いによって体はボロボロになり、折れた歯のために摂食効率が下がり、クマの困窮の度は増すかもしれない。その生涯のうちに、オスは驚くほどたくさんの傷を負

うので、その傷痕を利用すれば、大人のオスの個体識別は簡単である。ケガや傷痕は、頭や、首、肩の周辺に多い。私がこれまでに見たケガのなかでもっとも大きなものは、幅約15 cm、長さは50 cm以上あり、背中から腹部までにわたっていた。薄い筋肉の層の下に肋骨が見えるほど深かったその傷は、闘いの最中にタイミング悪く負ってしまったものだった。出血の跡がすさまじいその傷は数カ月前のものであったが、傷を見れば、そのクマの皮膚を剥ぎ取った喧嘩相手のクマの手の幅がわかった。ひどいケガにもかかわらず、そのクマの状態はよく、傷も治りつつあった。つぎの年にもそのクマを捕獲したが、傷はほんの少ししかふさがっていなかった。ときどき考えるのだが、そのクマは風が吹き荒れる真冬の寒い夜にはどうしていたのだろうか。傷口に風があたらないように歩いていたのだろうか。彼はタフなクマだった。

性的二型

　オスとメスで、体サイズ、形、色などの身体的特徴が異なることを性的二型という。多くの哺乳類で見られる顕著な特徴である。たとえば、トナカイのオスには大きな枝角があり、イッカクのオスには牙、アフリカライオンのオスには立派なたてがみがある。性的二型の役割は、その動物種の生態、配偶システム、エネルギー論などを論じる際に重要である。ホッキョクグマのオスがメスよりも大きいのは、配偶システムの影響である。これらの形質の多くは性淘汰によるもので、その理論はダーウィンが1871年に著した本『人間の進化と性淘汰』にさかのぼる。性淘汰は、同性の他個体よりも繁殖において有利な個体がいる場合に起こる。普通、すぐに思い浮かぶのは、交尾相手のメスを求めて競い合うオスに能力差がある場合だ。交尾の成功率を高める特徴は、個体としてはたとえ負担になったとしても、つぎの世代に引き継がれる。そういった特徴は、メスを惹きつけたり、ほかのオスと闘うときに役立ったりすることがある。

　性的二型はすべてのクマ類において見られるが、熱帯地方のクマにおいてはやや不明瞭である。ホッキョクグマでは、体サイズに顕著な二型が見られる。性別による差の原因は、成長の速さと持続期間が違うことである。体重やほかの形質に見られる性的二型は、年齢とともに差が大きくなる。巣穴から出たばかりの双子の子グマは、体重や体長には差がないが、オスのほうが頭の長さが長く、幅が広い。オスは成長が速いので、1歳になるころには、体重で30％、体長で7％、メスを上回る。性的二型は、10歳代の後半にもっとも顕著になる。オスは性成熟を遅らせて成長にエネルギーを使うが、メスは繁殖にエネルギーを振り向ける

からである。ホッキョクグマの大人のオスの体重は、平均するとメスの 1.9〜2.3 倍である。繁殖ペアにおいては、オスの体重がメスの 3 倍以上であることもある。オスの体長はメスよりも 16〜20% 長い。頭長は 14〜17% 長く、頭幅は約 30% 広い。幅の広い頭は大人のオスの一番の特徴であり、そのことがオスをメスよりはるかに大きく見せている。

　ホッキョクグマのオスがメスよりも大きいのは、配偶システムによるところがある。1 頭のオスが多くのメスと交尾をする配偶システム（一夫多妻）では、大きなオスほどメスと交尾できる可能性が高い。小さなオスよりも大きなオスが優位であり、遺伝子を残していく。

　ホッキョクグマにおける性的二型は、体サイズと体重に限られたものではない。オスの臼歯は、メスのそれよりも非常に長く、頭蓋骨の性別判定に利用できるほどである。また、頭蓋骨の頭頂部にある矢状稜は、オスで長く高い。これは、オスの咬筋が大きいことの現れである。もう 1 つの興味深い違いに、後肢の保護毛がある。オスの後肢の保護毛は、14 歳ごろまで伸び続け、その後に徐々に短くなる。成熟したオスの保護毛は平均約 35 cm である。メスの保護毛の長さは、年齢や成熟に関係なくおよそ 20 cm である。オスの長い保護毛は、メスがオスの質を判断するための装飾になっているのかもしれない。こうした装飾は、その個体の持つ遺伝子と身体的な状態を反映する。たとえば、アフリカライオンでは、たてがみが個体の状態を反映する。たてがみは闘いに勝利する確率の指標であり、交尾相手を選ぶ際のメスの選択を左右している。ホッ

性的二型は、程度の差はあるものの、すべてのクマ類で見られる。たとえば、交尾中のこのグリズリーのペアにも、ホッキョクグマと同じ性的二型が認められ、オスの体重はメスの約 2 倍である。

この若いクマは繁殖可能な年齢に達しているが、体脂肪が少ないことから、おそらくメスよりも食べものに興味があるだろうと思われる。ホッキョクグマは、気になるものをよく見ようと、2本足で立つことがよくある。このクマのように、多くのホッキョクグマの喉には長い毛があり、横から見るとヒゲのように見える。

キョクグマにおいて、長い保護毛は、オスの体をいっそう大きく見せ、ほかのオスに対して"俺に喧嘩を売るな"という警告になっているのかもしれない。ホッキョクグマの長い保護毛が、ほんとうに交尾の機会を増やす結果となっているかは定かではないが、おもしろい考え方ではある。

　性淘汰の議論には、すっきりしない点が1つある。因果関係をはっきりさせることができないのだ。ホッキョクグマのオスは、メスよりも大きな獲物を食べるので、より大きな獲物を捕ることができる大きなオスへと淘汰された可能性も考えられる。これが二次的に繁殖の成功に結びついたのかもしれない。ニワトリが先か、卵が先か、といった問題である。オスが大きくなった理由に交尾の成功が大きく関わったのか、もしくは、大きなオスの狩りの成功率が高いためにオスは大きくなり、その結果、メスとの交尾が増えたのかはわからない。また、多くの動物種でメスは「生態的性（ecological sex）」であるという議論がある。この場合、メスは、繁殖の過程でオスが受けることのない選択圧を受ける。オスは精子以外

なにも子に投資しない。一方、メスは数年間子育てに専念しなければならない。このことはメスにとって制約になる。もしメスがオス並に大きくなったとしたら、冬眠期間を通して子グマと自分自身を維持できるほどの栄養を蓄えることができるだろうか。そのために必要なエネルギーは計り知れないものだ。体サイズが大きくなるとともに、必要な食料の絶対量が増えるのは確かだが、体重比で考えれば、大きな個体が必要とする単位体重あたりのエネルギーは少ない。体重がメスの2倍あるオスは、メスの2倍の食料を必要とはしない。しかし、より多く必要なのは確かである。メスには体を小さく保つような強い選択圧がかかるが、オスは子育てに参加しない分、制約なしに大きく成長できるのだろう。速く成長し、大きくなることにはコストがかかる。成長にエネルギーを振り向けている若いオスは、若いメスよりも食料不足に弱い。メスは、小さいおかげで体の維持に必要なエネルギーが少なく、より多くのエネルギーを体脂肪の蓄積に回すことができる。

性的二型と性淘汰にはたくさんの要因が関与し、複雑である。配偶システムと食性は、明らかにオスがメスより大きい理由に関係している。また、おそらくはオスとメスで異なる子育てへの投資も関与しているだろう。クマの化石から性的二型の出現についての知見が得られれば、この問題に対する理解が進むかもしれない。

ホッキョクグマの繁殖ペア

それほどたくさんの観察がなされているわけではないが、ホッキョクグマの繁殖ペアは、ほかのオスのじゃまさえ入らなければ、最大で22日間一緒にいることが確認されている。しかし、通常は2週間程度といったところだろう。ホッキョクグマでは、交尾相手を守る行動がよく見られる。オスがメスを、遠く離れた入江、あるいは島や孤立した海氷へ誘導する行動がよく見られる。似たような誘導の行動はグリズリーでも見られる。ポイントは、メスを遠く離れた場所に隔離して、ほかのオスがそのメスの足跡に出くわすことのないようにすることにある。求愛中にメスを誘導する際、ホッキョクグマのオスは、小さな咳のような音を出す。メスが逃げようとすれば、オスはうなって突進し、メスを追いかける。交尾行動においては、メスがオスを選択しているはずなのに、メスが服従しているようにしか見えないときがある。別のオスが迫ってきた場合には、ペアの絆が強ければ一緒に逃げる。絆が弱ければ、オス同士が決着をつける間、メスは興味なさげに傍観している。オス同士の体格差が大きければ、小さいほうのオスが、ほとんど抵抗することもなく逃げるのが普通である。

カナダの高緯度北極圏にあるコーンワリス島は、ホッキョクグマが交尾を行うには最適の環境である。たとえば、オスは交尾相手を島へと誘導し、競合するオスから隔離することが多い。また、この島の丘陵は、メスが巣穴をつくる場所としても最適である。

体格が同等なら、2頭はディスプレイをしたり、並んで歩いたりするが、最後には闘いになり勝者が決まる。メスのほうは、複数のオスと交尾することができれば、子の遺伝的多様性の増加という利益を得られるかもしれない。ホッキョクグマの双子のなかには、父親が違う双子のいることが知られている。

ホッキョクグマの繁殖ペアがいた場所は一目瞭然である。そこかしこに足跡が残されている。メスは最初、オスとペアになることに抵抗を感じるようだが、一緒になってからのホッキョクグマのペアは熱々である。オスとメスは強い絆を結び、見る人によっては、彼らはとても愛情深いと感じられるかもしれない。ペアは一緒に穴（ピット）を掘り、隣り合わせで寝る。山岳地帯の繁殖ペアは、雪の斜面に滑った跡をつけることがよくある。斜面を滑ることの意味はよくわかっていないが、単純に楽しいだけなのかもしれない。ホッキョクグマのペアは、おたがい一緒にいることを楽しんでいるようだ。メスがオスを許容するようになるには、長期にわたってペアになっていることが必要なのかもしれない。また、ホッキョクグマ

は交尾排卵動物であるため、排卵するためには頻繁に交尾することが必要である。交尾を繰り返し行うといった行動は食肉目ではよく見られ、オスが自分の子孫を確実に残すための方法である。交尾中はオスがメスの首を咬んで押さえることもある。1回の交尾は数分から45分以上続くこともある。私は、交尾中のメスが、オスの重さに耐え切れず、地面に倒れ込んだのを目撃したことがある。彼女はもうたくさんといわんばかりに、消極的に抵抗してオスから逃れたように見えた。

　ホッキョクグマのオスは、メスが交尾を拒絶するようになるまで、メスのもとにとどまる。拒絶された時点で、オスは別のメスを探し始める。メスは脂肪をつけるために食べることに没頭する。オスの交尾成功度は、ある年における交尾相手の数、生まれた子どもの数、そして、交尾相手を獲得できる年が生涯のうちに何年あるかによって決まる。場合によっては、オスは、自分の全盛期にほんの数回交尾に成功するだけということもあるかもしれない。メスの繁殖成功度は、多くの子を育て、その子が生き残ることで決まる。この異なる成功度の考え方は、雌雄で子への投資のしかたが違うことによるものである。人間にたとえていえば、ホッキョクグマのオスは、子どもの養育費を払わない父親である。ホッキョクグマの配偶システムを専門的な用語で表すとすれば、メス防衛的一夫多妻性（オスがメスをほかのオスから守り、交尾の機会を得る）、もしくは連続的一夫一妻（オスは1頭のメスとペアになり、つぎの相手を探し始めるまでそのメスと一緒にいる）がもっともよくあてはまる。同じペアが複数年にわたって交尾することはまれであるが、小規模の個体群ではその傾向が強くなる。メスがたくさんのオスと交尾する場合には、一妻多夫という言葉が用いられるが、ホッキョクグマのメスが交尾するオスは、1頭だけであることが多いので、ホッキョクグマにはあてはまらない。

巣穴での行動

　子グマにとって、生まれた巣穴で母親と過ごす時間は、海氷の上で生きるために必要な筋力や持久力、運動神経を養うための重要な時間である。温かい日には母子で巣穴から出ることもあるが、メスが子を置いて巣穴から遠く離れることはない。巣穴を出てから約2週間の間、子グマの動きは活発になり、遊びも激しくなる。ホッキョクグマの母子は、ほかの母子が近くにいても寛容だが、単独のクマに対しては非常に警戒する。母親は子グマに対して寛容で、子グマがしつこく叩いたり咬みついたりしてきてもがまんしているが、最後には、もうやめなさいとやさしく諭す。

　子グマは、人間の遊びでいえばおしくらまんじゅうや鬼ごっこのような

母グマは新鮮なワモンアザラシを夢見ているかもしれないが、子グマはいつもそんなことおかまいなしに、母親に飛び乗って遊んでいる。

遊びをする。子グマが成長するにつれ、遊びは兄弟間の序列を確立するものに変わっていく。巣穴の外での観察から、1回の授乳時間は10分程度であることがわかっているが、巣穴のなかでも授乳するため回数は不明である。母親はこまめに子グマの毛づくろいをして、子グマを清潔に保つ。

社会性のある単独性のクマ

　ガチョウの群れは英語で gaggle、カラスの群れは murder、そしてクマの群れは sloth と呼ばれる。ハドソン湾の海岸では、毎年非常に奇妙な現象が起きる。海氷のない時期に、14頭を超える大人のオスのホッキョクグマの群れができるのだ。もっとも大きいクマの群れ（sloth）は、晩秋、マニトバ州チャーチル岬の付近に現れる。集まってきた大人のオスたちは、突端や小島の上の浅い穴のなかに寝転がる。おたがいの距離はほんの数 m である。毎年同じ場所に同じクマが現れること、クマたちは4カ月間も陸地で過ごすこと、そしてクマが長生きする動物であることなどから、この群れをつくる習性は、緩やかな順位制を形成するのに役立っているのかもしれない。社会構造のなかで体サイズは一定の役割を持っており、大きいオスのみが群れる傾向にある。ほかの大型哺乳類にも、非繁殖期に群れる行動が見られる。セイウチ、ラッコ、チーター、アフリカライオン、オオツノヒツジやヘラジカなどがそうである。しかし、

取っ組み合いの遊び（play-fighting）は、基本的に非繁殖期に見られる。大人のオスのみがこういった取っ組み合いを行い、2頭の体格は互角であるのが普通である。体格や力の差でどちらが引くかが決まるようだ。ときとして怒り出す個体もいるが、大きなケガをすることはほとんどない。

　食肉目に属する種のうち、オスが非繁殖期に群れるのは、ほんの10〜15％の種でしかないため、ホッキョクグマのこの行動はややまれなものであるといえる。

　クマの群れの形成には、さまざまな要因が関わっている可能性がある。たとえば、夏、ホッキョクグマの体温調節には風が重要である。クマが群れをなす海岸沿いの突端や小島は、涼しい風がよく吹く場所である。クマが陸地に上がっている時期は、食べものはなく、交尾期も終わっている。そのような時期に群れることによってライバルと仲よくなり、再び交尾期がやってきたときや、争って手に入れるべきものがあるときに起こる熾烈な闘いを減らそうとしているのかもしれない。クジラなどの死骸には年齢、性別を問わずクマは集まるが、こういったときには食べものは豊富にあるわけで、独り占めしようと争って負傷する危険を冒すのは適応的な行動ではない。

　ドラマチックなホッキョクグマの社会行動に、大人のオス同士の取っ組み合いの遊び（play-fighting）がある。一般に10代半ばまでのオスがそのような行動を見せる。未成熟なオスは、摂取エネルギーの不足に悩まされていることが多く、もっと年上になるまで取っ組み合いをすることはあまりない。取っ組み合いの遊びが始まるかどうかには体サイズが関係していて、相手は体格がほぼ互角のクマであるのが普通である。取っ組み合いの遊びは、高度に儀式化しており、さかんに押したり、叩いたり、

第10章　行動 —— 169

子グマを連れたこのメスはオスに引き下がるように忠告をしている。頭を降ろした体勢は威嚇である。子グマはオスに殺されることがあるが、母親は最後まで勇敢に守ろうとする。

甘嚙みしたり、組みついたりする。些細な傷や抜け毛以上のダメージを負うことはほとんどないが、ときおり、行き過ぎがもとでたがいに本気になることもある。体格の小さいクマが負けを認めなければ、遊びは激烈さを増すが、いずれどちらかのクマが逃げて終わる。この遊びにより緩やかな順位制ができ、交尾期に重宝する情報をクマは得ているのかもしれない。クマが相手を覚えているとすれば、取っ組み合いの遊びは、競争相手の力を見極めることを容易にし、クマ同士の社会的交流を洗練されたものにする効果があるのかもしれない。遊びを通してどのくらいの体格の相手なら勝てるかを知っておくことは、本気で闘うべきときに有力な情報となる。闘う者がみなそうであるように、オスは、シーズンオフに訓練し、体調を整えることで力をつけるのである。取っ組み合いの遊びは大きなエネルギーを消耗し、メスはこのような娯楽を楽しむことがないことから、オスにのみ利益があるのだろう。メスは育子のためのエネルギー要求が高いため、子とじゃれ合う以上の遊びをする余裕はない。

　子連れのメスは、基本的にほかのクマとの接触を避けるが、別の母子と交流することはある。もっとも詳細に記録されたケースでは、10カ月齢の双子の姉妹を連れた10歳の母親と、22カ月齢の双子の姉妹を連

れた18歳のメスが、海氷の形成を待つ間、6週間にわたり、おたがいの子が仲よく交わるのを許容した例がある。ホッキョクグマの社会行動が成立するためには、餌資源をめぐる競合のないことが必要条件のようである。

　ホッキョクグマには、取っ組み合い以外の遊びや、ものを巧みに取り扱う行動もよく見られる。ホッキョクグマは、獲物を巧みに扱い、たいへん器用に爪を使う。さらに、ホッキョクグマは新奇なものに興味を示し、さかんに探索する。1860年代初め、チャールズ・フランシス・ホール船長が残した報告がある。ホール船長は、不幸な結末を見たフランクリン探検隊の生存者を探していた（ジョン・フランクリン卿と128名の乗組員は、カナダ北極圏で英国軍艦エレバスとテラーが海氷に閉じ込められた事故で消息を絶った）。彼は、イヌイットから聞いたこんな話を記録している。

　　8月の天気のよい日には、セイウチが海岸にやってきて、巨体をひきずり岩の上にあがって日向ぼっこをする。セイウチが崖の下で日向ぼっこをしようものなら、油断なく見張っていたホッキョクグマ

子グマを連れたメスはほかのクマを避ける。この母グマは、1歳の誕生日を過ぎたばかりの2頭の子グマを連れているが、迫りくる危険に対しつねに注意を払っている。闘うよりも逃げることがいつも優先である。

第10章　行動 —— 171

は、その有利な状況を逃すことなく、手ごわい獲物であるセイウチをつぎのように仕留めるのだ。クマは崖の上に登り、驚くほどの正確さで距離と軌道を計算し、セイウチの頭上めがけて大きな岩を落とす。そして、厚く、弾丸をもはじくセイウチの頭蓋骨をかち割るのだ。セイウチが即死せずに気絶しただけであれば、クマは駆け下りて投げた岩を拾い、頭蓋骨が割れるまでセイウチの頭に叩きつける。その後は脂肪のごちそうだ。飢えたクマでなければ、セイウチやアザラシ、クジラを捕まえても、食べるのは脂肪の部分だけだ。

そういうこともあったかもしれないが、先住民が船長にホラを吹き込んだのかもしれない。しかし、ある生物学者の報告によると、メスのホッキョクグマが、氷の塊を使ってワモンアザラシの巣に穴をあけたことがあるという。こういった道具を使う行動（といえるかは議論の余地があるが）は、ホッキョクグマではめずらしい。とはいえ、動物園の飼育員からは、クマが意図的にものを操作するという話をよく聞く。ものを投げるという行動は、飼育下のホッキョクグマではめずらしくない。ものを操作する行動は、メスよりもオスに多く見られ、目的を持ってやっているものもあるようだ。したがって、ホッキョクグマが岩を投げてセイウチを殺すことなどありえない、とまではいえないが、まずそんなことはなさそうだ。

　ものを操作する行動のなかには、退屈から生まれるものもあるだろう。海氷は見慣れた景色でしかないため、目新しいものはなんであっても探究心をそそる。私は、どこかのキャンプから風で飛ばされたブルーシートで遊んでいる大きなオスを見たことがある。ブルーシートが風をはらむと、クマはそれに飛びかかって両前足ではさみつけていたのだ。彼は楽しんでいるように見えた。同じように、ホッキョクグマのいる地域で放置された除雪機や全地形対応車は、壊してくださいといっているようなものだ。柔らかいスポンジでできた座席の部分に、なにかクマに訴えるものがあるようだ。私も、過去に2回、好奇心旺盛なクマにヘリコプターを壊されたことがある。どちらの被害も夜中に起きたものだ。クマは、窓なら割れそうなのに気づき、そのいくつかを打ち抜いた。座席とヘッドセットも壊された。このクマたちが、私たちの研究に興味を持っていたかどうかは謎である。

競争

　競争は、不公平な面を持つ社会行動である。小さなクマは、大きなクマに、自分が捕ったアザラシのもとを力ずくで追い払われることがよくあ

る。若いクマがアザラシを殺したときはいつも、別のクマにごちそうを奪われる前に、大急ぎで脂肪の部分を食べてしまおうと必死である。もっと繊細な競争もある。もっともわかりやすいものは、陸上や海氷上におけるクマの分布に見られる。

ホッキョクグマでは、生息場所のすみわけがあるのが普通である。海氷上では、小さな子を連れたメスは安定した定着氷の上を生活圏にしているが、大人のオスと大きな子グマを連れたメスは、はるか沖合の割れた海氷の上で生活をする。小さな子を連れたメスが定着氷にとどまるのは、1つには子殺しを免れるためであるが、子グマが開放水面の多い不安定な海氷域へ出られるようになるまでは、安定した定着氷の上のほうが都合がよいのかもしれない。捕まえたアザラシをめぐって競合するクマが少ないのも、母グマにとっては体脂肪を回復するのに大きな助けとなるのだろう。

陸上でも、似たような生息場所のすみわけが見られる。大人のオスは海岸沿いでのんびり過ごすが、子連れのメスや妊娠しているメスは、内陸深く移動する。なぜメスが内陸深くまで移動するのか、その理由はまだ定かではない。ハドソン湾では、母子のクマは、こともなげに80 kmを超える内陸まで移動する。メスは子に、巣穴をつくる場所を刷り込み学習させているのかもしれない。内陸で目撃されるホッキョクグマに、ベリーを食べている個体がいるが、得られる栄養はエネルギーの消費に見合わない。ホッキョクグマの共食いはほとんどないが、ほかのクマとの接

このふわふわの子グマは、母親の背に乗って移動することを選んだ。短くとがった子グマの爪は、母親の被毛にマジックテープのようにくっつく。深い雪のなかでも、母親が泳いでいるときでも、しがみついていられるのである。

第10章 行動 —— 173

触は避けるのが得策である。

乗車券

　子グマが自分で動き回るほどに大きくなると、母グマが子グマを口にくわえて運ぶことはほとんどない。しかし、子グマが登れない分厚い氷を通過するのに子グマをくわえ上げたり、子グマをくわえて巣穴まで戻るところを、私は数回見たことがある。母グマにくわえられた子グマはだらんとしている。デンマーク人探検家ピーター・フロイヘンの1935年の報告によると、脅威を感じた場合、ホッキョクグマのメスは、2頭同時に子グマをくわえることができたという。

　私は、過去に数回、雪深い場所を通る際に母グマが立ち止まり、子グマが背中によじ登るのを待っていたのを見たことがある。子グマの鋭い爪は、母親の被毛にしっかりつかまるのにうまく適応しているようだ。開放水面を泳ぐ場合も、子グマが母親の背中に乗ることが多い。こうすれば小さな子グマが冷たい水に濡れずにすむのだろうが、子グマが2頭いる場合には、母グマの背中の上はちょっと狭い。おもしろいことに、ナマケグマも、通常の行動として背中に子を乗せて移動する。ホッキョクグマの行動には、クマ科という系統群に深く根ざしたものもある。

11 巣穴での生態

　アメリカクロクマとグリズリーは、すべての個体が長期にわたって巣穴で冬眠する。しかし、ホッキョクグマでは、妊娠したメスのみが長期にわたって巣穴に入る。ほかのホッキョクグマは、とくに天候が荒れているときや獲物が少ないときに、数日間から数週間だけ、一時的に巣穴に入ることがある。妊娠したメスが出産し、子育てをする間、巣穴は寒さと捕食動物からその身を守ってくれる。巣穴のなかの温度は、0℃を少しだけ下回る程度であることが多く、外気温よりもずっと安定している。巣穴のなかは、外気温よりも最大で21℃も温かいことがある。巣穴のなかの温かさはエネルギーの消耗を抑え、小さな子グマや食料にありつけないメスには欠かせない。

　巣穴の分布は、昔から人々の興味をそそってきた。1795年には、探検家サミュエル・ハーンが、ハドソン湾西部におけるホッキョクグマの巣穴での生態を記録し、つぎのように書いている。"妊娠しているメスは、林縁で風雪をしのげる場所を探し、目についたなかでもっとも大きな雪の吹きだまりに自分で穴を掘る。そのなかで、12月末もしくは1月から3月末まで、なにも食べずにじっとしている。3月末には巣穴を後にし、子グマを連れて海へと向かう。子グマの数は通常2頭である"。200年以上経った今でも、その生態はほとんど変わっていない。ただし、メスは昔よりもずっと早い時期に巣穴に入る。また近年では、ハドソン湾西部の海氷の状態が変化した結果、母子は1カ月早く巣穴を後にするようになっている。

　ホッキョクグマの出産用の巣穴は、北極圏全域にわたって見られる。個体群によっては、巣穴のつくられる地域が、小面積の独立した区域がいくつも集まったような構造をしている場合もあれば、広範囲にわたって巣穴が分散している場合もある。ほとんどの地域において、出産用の巣穴に適した生息地はふんだんにあり、妊娠したメスは巣穴をつくる場所を探し出すことに長けている。巣穴に適した地域の多くは、毎年使われている。ホッキョクグマの巣穴の分布を地球にかぶせられた王冠にたとえるなら、その宝石ともいえる地域が3つあり、多数の巣穴が見られる。それは、スバールバルのコングカルルス諸島、ロシアのウランゲリ島、そしてカナダのチャーチルの3カ所である。巣穴のつくられる地域で小規模なものは、ほかにもさまざまなところに見られるが、巣穴の密度が低いため、おおまかにしか地域を特定することができない。

ホッキョクグマの巣穴の分布を地球にかぶせられた王冠にたとえるなら、ウランゲリ島、コングカルルス諸島、そしてチャーチルは、王冠を飾る3つの宝石である。これらの地域には巣穴が高密度に分布し、それぞれが属する個体群のなかで、子グマの一大産地となっている。ほかの地域では、巣穴はもっと広く分散して存在している。

　巣穴の密度が場所によって異なることには、学習行動や狩猟、海氷の状態、餌場への利便性、地形、アクセスの良否、風の強さや向きなどといった要因が関係している。これまでに確認されたなかでもっとも巣穴の密度が高い場所は、スバールバルのコングカルルス諸島にあるボーゲンというU字谷である。そこでは、巣穴の数が1 km^{2}あたり12.1にも達する。1999年4月、2時間以上もヘリコプターを飛ばし、私は初めてボーゲンにやってきた。そこはホッキョクグマ研究者にとっては聖地であり、通常は立入禁止の自然保護区である。私は、そこでメスグマと子グマを捕獲する許可を得ていた。その目的は、スバールバルのほかの地域にはいない高齢のメスが、その地域にいるかを調査することだった。ボーゲン谷に入るとすぐに、小さな子グマを連れたメスが複数いることが確認できた。その母子たちは、ヘリコプターに少なからず驚いたようで、斜面を駆け上がり、巣穴に逃げ込んだ。すぐに巣穴の数も明らかになった。場所によっては、石を投げればあたるほどの距離に、いくつもの巣穴が上下に重なるようにつくられていた。まるでホッキョクグマのマンションだった。私が探していた高齢のメスは見つからなかった。この個体群に高齢のメスがとくに少ない理由はいまだに謎であるが、もしかしたら、この個体群に属する個体の汚染物質レベルが高いことに関係しているの

かもしれない。

　巣穴の密度が高くなる原因として、秋、クマがコングカルルス諸島にやってくるとき、巣穴づくりに適した積雪のある区域が限られているということが考えられる。凍った岩場に巣穴を掘ることはできないからだ。コングカルルス諸島では狩猟が行われていない（1939年以来保護区になっている）ので、バレンツ海個体群の西側地域に生息する繁殖メスの避難場所になっている可能性が高い。スバールバルのほかの地域では、さかんに狩猟が行われてきた。流氷が冬の早い時期に接岸し、ほかの地域より安定したアクセスが可能であるという特徴も、コングカルルス諸島に巣穴が多いことに寄与しているだろう。

　安定してアクセスできることは、巣穴をつくるのに適した地域として不可欠な特徴である。巣穴に適した生息環境であっても、妊娠したメスがたどり着けなければ元も子もない。ハドソン湾のメスは、海氷が融ける7月に陸地へ移動するため、必要以上に早く巣穴をつくる地域に到達してしまう。スバールバルの南東部にあるホーペン島では、12月中旬になっても海氷が到達しなければ、巣穴は、あったとしてもごく少数しか見られない。10月か11月に海氷が到達すれば、30を優に超える巣穴がつくられることがある。メスは適応力が高く、ある地域にアクセスできなけれ

ホッキョクグマの子グマは母親の行動を見て学ぶ。見よう見まねだ。こんな小さな子グマであれば、母グマは水のなかへ連れていこうとしないだろう。

第11章　巣穴での生態 —— 177

ハドソン湾西部のある巣穴に母子が入っていく。母グマは巣穴の入口を広げたようだ。巣穴から離れた右のほうに雪の上を滑った跡があり、ホッキョクグマの遊び好きな面が垣間見える。

ば、別の地域に巣穴を掘る。春の海氷の状態も、巣穴がどの地域につくられるかに影響する。春、子グマを連れて陸から離れる際、子グマを泳がせなくてもよいように、海氷は十分に固く、開放水面はまったくないか、あったとしてもわずかであることが重要である。

社会的相互作用の観点からは、高密度に巣穴が集中することに利益はなく、クマの母子たちはおたがいを避け合う。しかし、同じ年に1つの巣穴が二度使われることはある。私は、1組の母子が巣穴を後にして海氷上での生活を始めてまもなく、別の母子が空いた巣穴に入ったのを観察したことがある。もしかしたら、こういった引越しは、クマの好奇心によるものかもしれない。一冬を1つの巣穴で過ごすのは退屈なことで、すくすくと成長する子グマの母親は、自分たちの生活環境を広げたいと思うのかもしれない。英語のことわざにあるように、変化は休日に値するのだ。母グマは、子グマが大きくなって自分について歩けるようになると、あちこち歩き回るようになる。エネルギー論的な観点から見ると、新しい巣穴を掘るよりも、すでに掘ってある巣穴を利用するほうが理にかなっている。

巣穴は海岸に近いところにあるのが普通である。私が知るなかでもっ

とも海岸に近かった巣穴は、海岸線からたったの 10 m しか離れていなかった。私は、ほかにも海岸から同じくらいの距離にある巣穴を見つけたことがあるが、それらは標高 350 m ほどの崖の上に掘られたものだった。巣穴は、ほかのクマから離れた崖や山につくられることがあるが、アクセスは容易であることが前提である。スバールバルでは、斜度 70 度のほぼ垂直な崖の上につくられた巣穴も発見されている。母グマは、子グマをどこに連れていって遊ばせたのかはわからないが、最終的にはもっと安全な場所に別の巣穴をつくったのではないかと私は思う。報告されているもののなかでもっとも高いところにあった巣穴は、標高 550 m で見つかっている。

　ハドソン湾のメスは、氷のない時期、海岸線に高密度に集まるほかのクマを避けるため、20〜80 km 内陸に入って巣穴をつくる。妊娠しているメスはじゃまされるのが嫌いなのである。春になって海氷へと帰っていく際に、川に沿い、森を抜け、深い雪をかき分けながら進む母グマと小さな子グマを見ていると、内陸深くに巣穴をつくることの利点がなにか、不思議に感じざるをえない。内陸の巣穴から海氷までは数日かかることが多いので、きっとそれだけのエネルギー消費に見合ったなんらかの利

海氷上で巣穴をつくるメスは、子育ての面では困ることはないようだが、一冬の間に本来の行動圏から遠く流されてしまう危険にさらされている。

益があるのだろう。内陸深くに巣穴をつくる習性は、最終氷期後のある時期、ハドソン湾の前身であるティレル海がもっと内陸まで続いていたときの名残なのかもしれない。再び陸地が広がった今も、クマたちは同じ場所に束縛されているのである。

メスは巣穴をつくる地域への執着が強く、できる限り同じ地域で巣穴をつくる。しかし、まったく同じ場所や巣穴を使うわけではない。ハドソン湾西部の妊娠メスたちは、ある年に使った巣穴から 27 km 離れた場所に、別の年に巣穴を掘った。ボーフォート海では、同じメスによって掘られた巣穴の間の平均距離は 307 km だった。巣穴をつくる地域は文化として受け継がれており、大部分の子グマは生まれた巣穴のある地域に帰る。無邪気に跳ね回る毛玉のような子グマが、どのようにして生まれた場所を記憶し、4〜5 年後に戻ってくるのかよくわからないが、実際に子グマは戻ってくるのだ。母グマは、前に使った巣穴のある地域に子グマを連れて戻ることもあり、そのことが、巣穴の位置の刷り込みやおさらいに役立っているのかもしれない。

巣穴にいるメスを保護する法規制が行われるようになるまでは、妊娠しているメスはいとも簡単に狩猟されていた。繁殖可能なホッキョクグマの個体数は、世界的に激減していた。禁猟になった後も、巣穴地域の多くは、その回復に何十年という年月を要した。1800 年代初期から始まったボーフォート海に面した北米大陸海岸線での狩猟は、巣穴に入るメスの数を激減させた。アラスカで唯一生き延びたのは海氷の上に巣穴をつくっていた個体である。1985 年から 1994 年にかけての調査によると、ボーフォート海のアラスカ領海域における巣穴の 62% が流氷の上に掘られ、残りは陸上にあった。メスは、一度巣穴づくりが成功すれば、そのつぎも同じ下地の上に巣穴をつくる傾向にあった。しかし、海氷上に巣穴を掘るのは危険な戦略である。巣穴にこもっている間に、1,000 km もの距離を流されることもある。流されるということは、春に巣穴から出たときにどこにいるのか予測できず、よい餌場までの距離もわからないということである。さらに、海氷上の巣穴は、ほかのクマからの妨害を受けやすいし、壊される可能性もある。こういった問題があるにもかかわらず、海氷上に巣穴をつくるメスの繁殖率は、陸上に巣穴をつくるメスと遜色がない。しかし、温暖化が進むにつれ、ボーフォート海の氷の安定性が低下したために、海氷上で巣穴をつくる個体は 37% にまで減少し、陸上で巣穴をつくる個体が増えた。ハドソン湾西部では、陸上の巣穴地域にも変化が認められている。巣穴のつくられる地域が、1970〜1980 年代に見られた場所より北に移っているのだ。

巣穴のつくられる地域は、なかには長い歴史を持つ地域もあるとはいえ、時とともに変化している。たとえば、最終氷期にはチャーチルは厚い氷の下にあったはずだ。ベーリング海のセントマシュー島とセントローレンス島も、今よりも寒冷であった時期には、妊娠したメスが確実に島へ渡ることができたため、巣穴地域として利用されていたが、現在では利用されていない。3,500〜4,500年前の化石によれば、ベーリング海のホッキョクグマは、さらに南にあるプリビロフ諸島にもいた。もしかしたら、気候の寒冷化にともなってホッキョクグマがプリビロフ諸島にたどり着き、マンモスが姿を消したのかもしれない。

巣穴の構造

　雪は驚くほどに断熱性に優れている。ホッキョクグマの出産用の巣穴のほとんどは雪の吹きだまりにつくられる。雪の吹きだまりは、小さな子グマにとって好適な環境を提供する。巣穴は、十分な積雪のある場所なら、谷、稜線、河畔、湖畔など、あらゆるところに見られる。アラスカ北部の平らな北斜面では、1.3m以上の起伏があれば、巣穴を掘れる

氷丘脈の風下側につくられた典型的なホッキョクグマの巣穴に、大量の雪が積もっている。雪は断熱という重要な役割を果たす。左側に見える授乳用の浅い穴（ピット）は、子グマが外に出るようになるとよく見られるようになる。

第11章　巣穴での生態 —— 181

場所になる。深さ2～3mくらいの吹きだまりが好まれるようだが、雪の密度も重要である。「三匹のくま」のお話に出てくるベッドのように、雪は、柔らかすぎず、固すぎず、ちょうどよくなければならない。新雪は崩れやすく強度が足りない。1年以上経過した古い雪は、圧雪され、十分に空気を通さない可能性がある。一方、積雪の下の地質が、巣穴の大きさや形に影響することもある。私は、底の泥によって制約を受けている巣穴をいくつか見たことがある。メスたちはそれでもなんとかするしかなかったようだ。

　雪の吹きだまりは卓越風の風下側にできるため、北極圏ではたいていの巣穴が南もしくは南西に向いている。また、秋や春には、陰になる場所に座っているよりも、日あたりのよいところで寝ているほうが心地よい。出産用の巣穴には、入口になるトンネルがある。その長さは4～15mで、ほとんどが短いほうに偏る。直径は0.4～1mである。トンネルの長さは堆積する雪の量によって決まり、巣穴の上に堆積する雪の量が多くなれば、メスはそれだけ長いトンネルを掘る。トンネルはほぼ水平につくられるが、トンネルの途中が少し低くなっているか、あるいは入口が巣穴のなかより少し低くなっていることが多い。これは、冷たい空気が巣穴のなかへ流れ込んでこないための工夫である。まっすぐトンネルを掘ると、巣穴のなかに冷たい空気と雪が入ってきてしまう。トンネル内の空間は狭いので、母グマは出入りに苦労することが多い。トンネルを狭くしておくのには2つの目的がある。温度管理と防御である。巣穴の開口を小さくしておけば、巣穴のなかを外気より温かく保つことができる。また、ほかのホッキョクグマやオオカミ、あるいは人間に襲われた場合に防御しやすい。私でさえ、巣穴に入って調査するときや子グマを回収するときには、防寒着を脱がなければ入れない。母グマがいないとわかっていても、ホッキョクグマの巣穴に頭から這い入っていくのは妙な感覚だ。子グマは危険ではないが、入口がふさがれてしまうと巣穴のなかは暗い。入口があいていれば、巣穴のなかを見回せるだけの光が入ってくる。2歳と0歳の子グマが同時に同じ巣穴で育てられていたという報告が複数ある。異なる年齢の子を連れてメスが巣穴に入るケースは非常にまれであるが、おそらくは、大きいほうの子グマが、交尾めあてのオスによって母親のもとから追い払われた結果であろう。オスがいなくなれば追い払われた子グマは帰ってくるが、その時点でメスは小さいほうの子グマを宿している。

　巣穴のなかは、部屋が1つのものもあれば、4つの部屋がつながっているものまである。部屋の大きさは、幅は1.0～2.2m、高さは0.7～1.3mの範囲にある。部屋はけっして大きいものではなく、4～6カ月

もの間そのなかで過ごすかと思うだけで、私はくじけてしまいそうになる。とはいえ、ホッキョクグマにしてみれば、私の行きつけのカフェなど好みでないだろうから、要は慣れの問題だろう。

　巣穴から50m以内の場所に、深さ0.5m、直径1m程度の浅い穴（ピット）が掘られていることがよくある。これらの穴は、母グマが子グマに授乳するための場所で、子グマがしがみついてきても母グマは穴に座って楽に授乳することができる。クマの母子が巣穴を出てからしばらく時間が経っていれば、巣穴の周辺はまるでウマの群れが通ったかのように雪が荒らされている。当然のことだが、何カ月もの絶食の後で母グマは空腹であり、食べられる植物を求めて雪を掘ることが多い。枯れた草や根が含有するエネルギーは微々たるものだが、腸内細菌を回復し、採食の再開に備えて胃や腸管を整えるために役立っているのかもしれない。

　母グマは巣穴の近くに予備の巣穴を掘ることが多く、まるで雪の土手に掘られた巣穴のアパートのような景観になる。3月のある日、マニトバ州チャーチル近郊に降り立った私は、大きな巣穴のアパートを撮影しよ

巣穴の内壁に見える深い爪跡は、母グマが冬の間に行った改修工事の跡である。巣穴は狭すぎず広すぎず、母グマが少し動けるほどには大きく、かつ、子グマの体温を保つことができる程度に小さくなければならない。

第11章　巣穴での生態　── 183

春に巣穴から出たメスは、目にした植物はなんでも食べる。栄養は非常に乏しいが、繊維が消化機能の回復にとって重要なのかもしれない。

うとしていた。巣穴にクマはいないと思っていた。スノーシューを履き、巣穴のすぐそばまで近寄った時点で、ようやく私は、複数のメスが巣ごもりしているという、かの伝説的な状況である可能性に気づいた。母グマが、おたがいの巣穴がつながってしまうほど接近して巣ごもりすることがあることは、以前から知られていた。私は急いでヘリコプターへと撤退した。ホッキョクグマの研究には慎重な行動が重要である。

　巣穴を覆う雪は、ほんの5〜6 cmから2 m以上にもおよぶ。巣穴によっては、研究者が換気孔と呼ぶ穴がある。しかし、ほんとうに換気用なのか、ふさがってしまった古い入口の名残なのかはまだわかっていない。入口が暴風雪でふさがれてしまい、別の方向に出口がつくられるといった状況を、私は数回確認している。いずれにせよ、巣穴のなかに酸素が供給されなければならないのは確かである。通常、冬の間は巣穴の入口はふさがっているため、入口を通した酸素の流れは最小限である。大部分の巣穴には、天井への着氷がほとんど見られない。外気から十分な酸素を取り込めるように、母グマが天井の氷をかき落とすからだ。そうしなければ、巣穴はいずれ二酸化炭素の充満した氷の部屋となってしまうだろう。激しい吹雪のときには、大量の雪が巣穴の上に積もるため、母グマは雪面へと向かって巣穴のなかを掘らなければならない。巣穴のなかに新しい部屋が掘られていくにつれ、古い部屋は掘られた雪で埋められる。こうしたメンテナンスに加え、私が入ったことのある巣穴はとても清潔で、毛が数本落ちているだけであった。おそらく、ほかの哺乳類で見られるように、母グマは子グマの排泄物を食べているのだろう。

ハドソン湾に特徴的なホッキョクグマの生態として、泥炭や土に巣穴をつくることがある。ハドソン湾西部の巣穴は、川や湖の水際の厚い泥炭層につくられ、妊娠したメスがもっともよく使う。さらに南のオンタリオ州では、永久凍土によってつくられた小丘や、エスカーと呼ばれる氷河が残した礫岩の堆積帯に巣穴がつくられる。

　泥炭の巣穴は、水際に沿って立つ樹高1〜3ｍのクロトウヒの小木の下につくられるのが普通である。初冬になると、クロトウヒの木立の風下側に雪が吹きだまる。雪が十分に積もると、メスは泥炭の巣穴を捨て、近くに雪の巣穴をつくる。私は、たった一度だけだが、春になっても泥炭の巣穴を使っている個体を目撃したことがある。ただし、巣穴の入口は普通の雪のトンネルになっていた。その巣穴に這い入って、漆黒の闇のなかに隠れる2頭の子グマを回収したときに感じた不安は、今でもとてもよく覚えている。

　普通、泥炭の巣穴は永久凍土まで達していて、地表からおよそ1〜2ｍの深さまで掘られている。入口の幅は0.5〜1ｍである。大部分の巣穴は雪の巣穴と同じようにつくられているが、入口のトンネルは短く、深いところにある部屋につながっている。部屋はクマが見えなくなってしまうくらい広い。雪の巣穴では植物を利用できないので、ホッキョクグマは寝床をつくらないのが普通である。しかし、泥炭の巣穴では、グリズリーと同じように、草やコケなどの植物を持ち込む個体も少数ながらいる。泥炭や礫岩層の巣穴はクマの避難場所であり、いやな目に遭うとクマは巣穴に逃げ込む。吸血昆虫が"血に飢えた雲"のように襲ってくる時期でも、涼しい泥炭の巣穴のなかは虫がきわめて少ない。大人のオスのなかにも、少数ではあるが、氷のない時期に、風や日差し、雨、虫などを避けるために泥炭の巣穴を使う個体もいる。そうした個体は毎年同じ泥炭の巣穴を使うのが普通である。オスは普通、妊娠したメスほど内陸へ移動することはない。

　泥炭の巣穴のなかには、長年にわたって繰り返し使われるものがある。巣穴の上に生えているクロトウヒの根には、ホッキョクグマが巣穴を掘ることで引き起こされた成長異常が見られる。この成長異常から、少なくとも200年前から使われている巣穴もあることがわかっている。巣穴のおよそ半分は、掘られてから2年以内に再利用されるという調査結果もある。新しく巣穴をつくるよりも、すでにある巣穴をきれいにして使うほうが楽であるうえ、巣穴は何百とあり、よりどりみどりである。

　森林火災がホッキョクグマの生態に影響をおよぼす、というと不思議に思われるかもしれないが、ハドソン湾西部では、泥炭の堆積帯を安定

ハドソン湾西部にあったこの巣穴は、典型的な入口をしているが、巣穴の奥のほうは、めずらしいことに泥炭のなかにある。積雪量が足りず、完全に雪の巣穴にすることができなかったのかもしれない。

させている植生が火災によって破壊され、巣穴が崩れる原因となっている。最近では、落雷による森林火災の頻度が増加しているかもしれない。それにともなって巣穴に適した場所が減少している可能性があるが、今のところ不足は見られない。

巣穴に入る時期

　巣穴を出入りする時期は個体群によって異なり、北に比べて南に生息する個体群ほど早く入り、早く出てくる。"巣穴に入る"というのは少々曖昧な用語である。なぜなら、妊娠したメスは、数週間もの間、巣穴を出

巣穴を離れる時期、オスの子グマ（右）はすでにメスの子グマよりも大きい。この時期、まだ体重に大きな差はないが、オスのほうが頭が大きいのである。巣穴を離れてからも、長旅に必要な体力と身のこなしを子グマが身につけるまでには数週間かかる。母親は、非常に忍耐強く頻繁に立ち止まっては、子グマに授乳したり、休息をとらせたりする。

たり入ったりするからである。晴れた日には、丸々と太った妊娠メスが巣穴の外でくつろいでいるのをよく目にする。悪天候時や虫の多いときには、彼女たちは巣穴に引きこもる。

　衛星追跡用の首輪に温度センサーと活動量センサーを取り付けて、いつ巣穴を出入りするかを記録している研究もある。また、直接観察による研究もある。巣穴に入るという行動は、天候、海氷の状態、食料の豊富さ、体脂肪の蓄積、そして季節によって制御されている。体脂肪を十分に蓄積した個体は、巣穴に入ることを"決心"できるが、痩せた個体は、巣穴に入る前にもっと脂肪をつけようとするかもしれない。妊娠したホッキョクグマのメスは究極の絶食者であるため、十分な体脂肪を蓄えることができるかどうかは重要な問題である。

　巣穴に入る時期は積雪量にも左右される。ハドソン湾西部のメスならば、雪が積もるまで泥炭の巣穴を利用できるが、ほかの地域では、十分な大きさの雪の吹きだまりができるまでは巣穴に入れない。泥炭の巣穴は7月から利用可能である。地域によっては、前年の積雪を巣穴に使

初めて外へ出るホッキョクグマの子グマは、母親からさほど離れない。しかし、子グマはたいへん好奇心旺盛な生きものであり、2.5歳ごろに親離れするまで、毎日少しずつ母親との距離を広げていく。

うことも可能である。雪が降り始めると、メスは巣穴に入る準備を始めるのか、移動が少なくなるようだ。妊娠したメスは、実際に長期間巣穴にとどまるようになるずっと前から、低代謝状態になっていることもある。

　アラスカでの調査によると、陸上に巣穴をつくった妊娠メスは10月8日から11月24日までの間に巣穴に入ったのに対し、海氷上に巣穴をつくったメスでは、それより2週間ほど遅れて巣穴に入った。巣穴にこもっていた期間の長さは同じだった。カナダ北極諸島では、9月17日ごろに巣穴にいたメスがいた一方で、12月まで周辺をウロウロしている個体もいた。スバールバルのメスは、10〜12月に巣穴に入る。

巣穴を出るメスは、まず雪面につながる小さな穴を掘る。最初の1週間は、頭を外に出す程度かもしれない。こういった方法で巣穴に穴をあけることで、なかの温度を下げ、子グマを順応させているのかもしれない。クマが巣穴から出る時期を確認するのはむずかしい作業である。雪と強風で巣穴がふさがれ、巣穴の出口が、もとの出入口があった場所から大きく離れていることがあるからだ。ハドソン湾の西部と南部では、ほとんどのメスが2月下旬～3月下旬に巣穴から出てくる。しかし、1月に子グマを連れて巣穴を後にする個体もいれば、4月下旬まで出てこない個体もいる。ボーフォート海では、3～4月に巣穴から出てくる。カナダ北極諸島とスバールバルでは、3月中旬を中心に、前後数週間の間に巣穴から出てくる。

　どのくらいの期間巣穴にこもるかは、海氷の状態、天候、体脂肪の量、母グマの年齢、そして子グマの発育程度などに影響される。母グマは、子グマが海氷の上を移動できるほどまでに成長するのを待たなければならない。子グマが過酷な移動と狩りに同行できなければ、巣穴を離れる意義はないのだ。一方、海氷へと旅立つ時期は、母グマの体に残された体脂肪の量ともバランスしていなければならない。体脂肪が減るに従い、母グマは、海氷上へと移動して狩りを再開することを余儀なくされるのである。たいていの場合、海氷へと旅立つ時期までに子グマは十分な成長を見せているが、私は、栄養状態の悪い母グマが、小さな子グマを連れて海氷上にいるのを何度か見たことがある。子グマは、小さいものだと3.5kg程度しかなく、普通の3分の1程度の大きさだった。年寄りや若いメスよりも中年のメスが、巣穴に入っている期間が短いという研究結果がある。おそらく、中年のメスの子グマは発育が早いのだろう。子グマが十分な体サイズに達すれば、母子は海氷へと向かうことができる。もっとも重要な要因は母グマの栄養状態である。母グマの栄養状態は、繁殖に関するさまざまな側面に支配的な影響を持つ。巣穴で絶食する期間は平均で180～186日である。しかし、ハドソン湾西部のメスは240日以上巣穴にこもることがあり、知られている限りでは哺乳類最長の絶食期間である。子グマの誕生をともなう巣ごもりの記録でもっとも短かったものは、81日である。

　メスが巣穴から出てくるときの体感温度は、-5～-55℃の範囲である。快晴の日か、少し雲のある晴れの日で風の弱い日が好まれるようだ。寒い日には、子グマは巣穴にこもりがちである。メスが外気温に敏感なのは、寒さを感じている子グマが、母親の注意と保護をいっそう強く要求するようになるためではないかという印象を私は持っている。子グマが

成長して大きくなるにつれて、寒さは問題でなくなる。巣穴から出た母子は、5〜27日、平均で14日、巣穴のまわりで過ごしてから海氷へと向かう。

海氷への道のりは、子グマの状態次第で早くも遅くもなる。授乳のために頻繁に立ち止まるのは普通である。母グマはしばしば丸くなって居眠りをし、子グマに体力を回復する時間を与える。悪天候に出くわしたときや、子グマがなんらかの理由でついてこられなくなったときには、仮の巣穴を掘ってこもる。こういった仮の巣穴は、出産用の巣穴に比べ単純なつくりで、トンネルは短く、部屋も1つしかない。巣穴の場所によっては、海氷まで丘の斜面を一滑りというところもあれば、長い道のりになるところもある。海氷までもっとも長い道のりを移動するのは、マニトバ州とオンタリオ州に巣穴をつくるハドソン湾個体群の母子である。

避難用巣穴とピット

季節の変化が極端な環境では、動物は、生理的および行動的に適応し、好ましくない状況に対処している。ほかのクマ類に見られる巣穴での冬眠は、そういった適応の仕組みの1つである。しかし、ホッキョクグマは、妊娠メスを除いて、冬をものともせず、もっとも過酷な季節でも活動する。唯一の例外は、避難用あるいは一時的に巣穴を使うことである。こうした避難用巣穴は、餌資源が不足しているとき、極端な悪天候時、海氷の状態が悪いときなどに利用される。

避難用巣穴は、陸上、氷上のどちらにもつくられる。出産用の巣穴よりも小さく、単純なつくりで、使用される間隔は不規則である。個体群によって避難用巣穴を使用する時期は異なり、その時期は主として海氷の有無によって決まる。ある個体群のクマは、夏から秋にかけて、海氷が戻ってくるのを待つ間、避難用巣穴を使用する。冬は、北に生息する個体ほど長い期間にわたって避難用巣穴を使うが、使用期間には変動があり、たったの1日から4カ月におよぶ場合もある。避難用巣穴の使用について研究する際にはむずかしい点が1つある。それは、妊娠が失敗した場合、避難用巣穴を使用したように見えることである。子グマのいない大人のメスは、12月か1月に巣穴の地域を後にすることが多く、子グマを連れたメスよりもおよそ1カ月から3カ月早く巣穴から出てくるのである。こういった個体は、実際には子グマが死んだために出産用巣穴を出たのであっても、見かけ上は避難用巣穴を使用したように見える。

吹雪のなかでは、ホッキョクグマはただ丸くなり、上から雪が降り積もるのを待っていることもある。数時間も経てば、吹きだまった雪の下にク

マがいることもほとんどわからなくなってしまう。こうした場所から、大きなクマが突然立ち上がり、雪を振り払う光景には圧倒される。氷丘脈の風下側で雪に埋もれてじっとしているほうが、風にさらされているよりずっと快適なのである。チャーチル岬の観察塔に住んでいたころ、私は、塔の周辺で、こういった吹きだまりを20以上見つけた。どの吹きだまりでもクマはみごとに隠されていた。それを見ながら、水の補給に湖まで氷を採りに行くのは楽しい仕事だった。

　ピットは、休息用の穴として、すべてのクマ類で季節を問わず用いられる。ホッキョクグマが使うピットは、直径1.5 m、深さ0.5 mにもおよび、雪、砂、砂利、泥炭などに掘られる。要するに、ホッキョクグマの肘かけ椅子であり、心地よく座ったり寝転がったりするところとして使われる。ホッキョクグマにとっては、平らなところで寝転がるよりも、穴に入って寝転がったほうが心地よいようである。泥炭地では、ピットの深さは多くの場合、永久凍土にまで達しており、涼むのにもよい。地域によっては、オスが浜堤や湖畔にピットを掘り、そこで寝たり、だらだらと過ごす。ピットには、地面を少し削った程度のものから、しっかり掘ったものまでさまざまなものがある。ピットがよく利用される場所では、空から見ると地面がまるでゴルフボールの表面のように見える。

寝るときは心地よくなければいけない。ホッキョクグマは、雪、砂、砂利などに浅い穴（ピット）を掘り、休息する。

第11章　巣穴での生態 —— 191

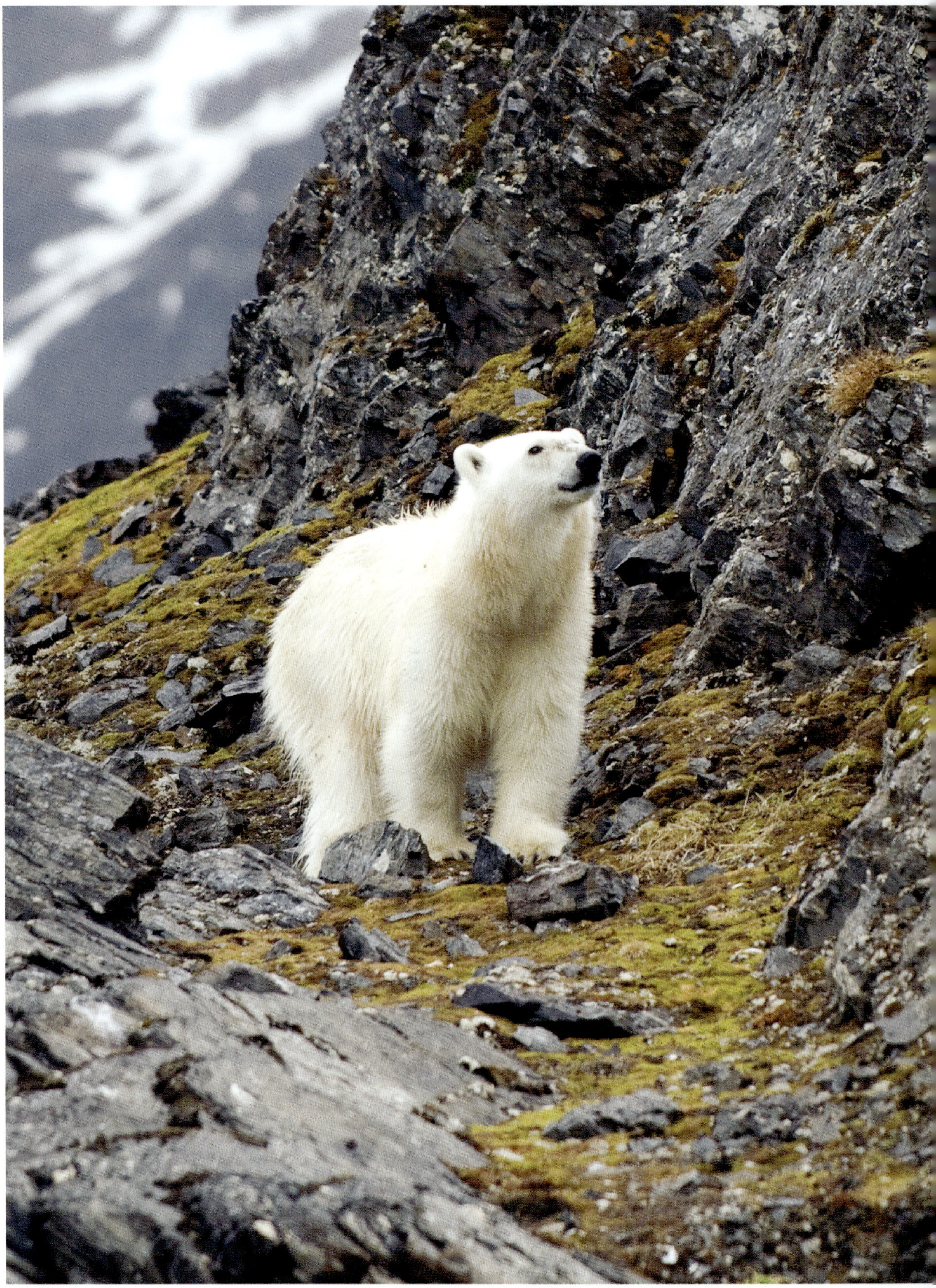

12 生活史

　ホッキョクグマの繁殖は、成熟したメスが、発情期、すなわち交尾相手を許容する期間に入ることで始まる。オスはメスの発情をにおいで感知し、研究者はメスの陰唇の肥大で見分ける。メスがどのくらいの期間発情するかはよくわかっていないが、交尾期の長さを考えると数週間は続くようだ。発情は日長（光周期）でコントロールされている。子育て中のメスは、オスに子グマを追い払われたり殺されたりしない限り、発情しないと考えられている。

　哺乳類の排卵は自然排卵か交尾排卵のいずれかである。ヒトなどに見られる自然排卵は一定の周期で排卵が起こるが、交尾排卵は交尾刺激によって排卵が起こる。交尾排卵はトガリネズミやイタチ、ネコ、アザラシ、クジラ、一部の齧歯類など、哺乳類の多くで一般的に見られる。アメリカクロクマやグリズリー、ホッキョクグマもまた交尾排卵だと考えられている。進化的な観点から見れば、交尾排卵はメスが交尾する機会に排卵を合わせることができるので都合がよい。交尾排卵するメスは、オスに出会うまで長期間にわたって交尾前の排卵可能な状態を維持することができる。いつオスに出会うかは予測不可能なので、それまで排卵せずに待つことは進化的にも理にかなっている。どれくらい交尾すれば排卵が誘発されるのかはわかっていないが、ホッキョクグマはいったん交尾を始めると何度も交尾する。

　ホッキョクグマの妊娠期間を確定するのはむずかしい。見かけ上は、春に交尾して初冬に出産するので、7～9カ月というのが妥当だろう。しかし、交尾により受精すると、胚は胚盤胞と呼ばれる多細胞の状態までしか発達せず、胚の成長はそのまま停止した状態になる（胚の発育停止または着床遅延）。胚盤胞が子宮壁に着床するのは秋になってからで、そこでようやく胚は発育を再開する。したがって、実際の胎子発育期間はわずか60日間ほどである。生まれたてのホッキョクグマが未熟な状態であるのはこのためである。胚の着床の制御因子についてはほとんどわかっていないが、日照時間が効いているようである。妊娠したホッキョクグマが秋または初冬に巣穴へ入ることを考えると、先に着床が起こらなければ巣穴にこもることはないのかもしれない。したがって、秋の巣穴へ入るタイミングは日照時間がきっかけになっているのかもしれない。

　着床遅延は、妊娠期間が一定である原始的な状態からの進化的分化である。着床遅延は肉食動物に一般的に見られ、食肉目に属する12

前ページ：夏の間、海岸に上がった亜成獣のメス。海鳥のコロニーの下で食べものを探している。

北極の夏、だんだん短くなる日長が、妊娠したメスのホルモンの変化を引き起こし、巣穴へと向かわせる。グリーンランドの近くにあったこの氷山は、ホッキョクグマにとって重要な生息場所ではないが、ときおり、海から上がって休息する場所として使われることがある。

科のうち、イタチやアザラシを含む7科で起こる。すべてのクマ類でも起こることから、ホッキョクグマが進化的分化を遂げたわけではなく、先祖伝来のものである。着床遅延があることで、春に交尾を行い、食物がたくさんある時期に合わせて巣穴から出てくることが可能になる。冬に出産して春に巣穴から出てくるというタイミングは、アゴヒゲアザラシやワモンアザラシの出産に同期している。アザラシの出産の時期は、母グマにとって食物が豊富な時期であり、授乳のために必要な膨大なエネルギーをまかなうことができる。もしホッキョクグマが着床遅延をしなければ、交尾期は出産の60日前にあたる秋になってしまう。しかし、秋は環境変化が非常に大きな季節である。海氷は前進、あるいは後退し、個体群のなかには、クマが陸地や氷上に分散してしまうところもある。繁殖相手を探して、体にたっぷり蓄えたエネルギーを消費する時期としてはありえない時期なのだ。ホッキョクグマは別のパターンでも繁殖することができたかもしれないが、彼らがとったパターンはグリズリーのそれによく似ている。けっきょくのところ、彼らが遺伝的に受け継いだパターンはうまく機能しているので、そのパターンを変化させるような選択圧はほとんどか

かっていない。

　着床遅延の利点の1つは、このメカニズムにより、母体の資源を大量に投資する前に繁殖の結果を調節できることである。ほかのクマ類と同様に、ホッキョクグマも、長期間の絶食に備えて、体を維持するための資源（栄養）を獲得し、蓄える必要がある。さらに、母グマは絶食中に出産し、子育てする。子育てに使われるエネルギーは、母グマ自身の生存に必要なエネルギーとは別に確保される必要がある。交尾、そしてその結果としての受精卵の数が体脂肪を獲得する前に決まってしまうことを考えれば、メスグマは、着床前に産子数を調節してエネルギー投資を小さくしているのかもしれない。妊娠するための体脂肪の蓄積が少なければ、おそらく1頭だけ着床するだろうし、母体がたっぷり体脂肪を蓄積していれば、3頭着床することができるだろう。

　秋の着床のタイミングは、血液中の黄体ホルモンレベルの急上昇と一致する。親子のクマが巣穴から出てくる時期は個体群間で2カ月も違うのに、出てくる子グマのサイズがどこでもだいたい同じであることを考えると、着床する日は個体群によって異なっているに違いない。低緯度の個

何カ月もの絶食の後、子グマを連れたメスは、体脂肪を回復しようと懸命である。子グマは2歳あるいはそれ以上にならないとじょうずに狩りができないが、母グマの狩りの合図に従うことをすぐに覚え、狩りが終わって母のもとに戻ってきてよいといわれるまでじっとしている。

第12章　生活史 ── 195

体群では高緯度よりも早く巣穴から出てくることから、南の地域のほうが着床する時期が早いようである。

　妊娠したホッキョクグマは、ほかのどの哺乳類よりも長期にわたる絶食をしながら出産と子育てを行うというはなれわざをやってのける。ハドソン湾西部のメスたちは絶食の最長記録を持っている。彼女らは、6月下旬か7月、海氷の融解とともに海岸へやってくるころに絶食に入り、8カ月後の2月か3月、海氷へと戻っていくころまで絶食を続ける。妊娠メスについての知見の大部分は、ハドソン湾西部での研究によるものである。ほかの個体群のメスの絶食期間はこれより短いとはいえ、それでもなお驚くほど長い。妊娠したメスが一切食べずに繁殖できるのは生理学上驚くべきことだ。

　妊娠メスは自身の太り具合を簡単に認識できる。妊娠すると体重は通常の2～3倍にもなる。体重増加分はおもに脂肪であるが、太った体で動き回るために必要な筋肉も増加する。ベストコンディションの妊娠メスは個体群のなかでもっとも太っている。ハドソン湾西部で11月に捕獲されたある単独のメスの体重は99 kgであった。そのメスは翌年7月には妊娠しており、体重は4倍以上の409 kgにもなっていた。彼女はけっきょく3頭の子を出産した。

　妊娠メスがひとたび海氷を後にすると、ほとんど、あるいはまったく食べなくなる。栄養のある食物がほとんどないということも理由の1つであるが、彼女らの生理状態がエネルギーを温存するように変化し、その過程で消化器系の機能が停止することもその原因である。ハドソン湾西部の妊娠メスが繁殖に成功するには、体重190 kgいう閾値を超えなければならない。絶食期間が短いほかの個体群では、もう少しその閾値が低いかもしれない。体重が閾値以下のメスは、生存可能な子グマを出産するのに十分な絶食期間を持てない。秋に十分な体重を獲得すると、ある生理的なシグナルがきっかけになり、受精卵が着床する。痩せた妊娠メスは繁殖を見送る。その境界にいるメスは巣穴に入ろうとするが、たいていは失敗し、真冬にひとりで海氷へ戻っていく。

　ハドソン湾西部の妊娠メスは、秋から春までに劇的な体重変化を経験する。妊娠メスの秋の平均体重は288 kgだが、冬の間に平均127 kg、1日あたり0.7 kgも減少する。通常、秋の体重の23～55％が失われる。体重減少の最高記録は225 kgである。ほかの個体群では、妊娠による変化はほとんどわかっていないが、おそらく同様だろう。体重減少の大部分は脂肪だが、タンパク質やカルシウム、ミネラルもいくらかは子グマへと渡される。秋に体重の重いメスは、軽いメスより多くの体

重を失うけれども、春に巣穴を出るときにもまだ体重は重い。巣穴での子育てに必要な量以上の体脂肪が蓄えられていれば、アザラシを捕獲しにくくなっても母グマがすぐに困ることはなく、食べものを探す時間の余裕ができる。

産子数

子グマは11月から1月の間に生まれる（南の個体群は北の個体群より1～2カ月早い）。一度に生まれるのは通常2頭だが、1頭だけのこともあれば、3頭のこともある。4頭が生まれたケースはこれまでに一度だけ記録されている。平均産子数は1.7頭だが、個体群によって1.5～2.1頭と幅がある。過去には、ハドソン湾西部で春に観察される子グマの兄弟の12%は三つ子だった。一方、ほかの個体群では三つ子の割合は4%以下である。ハドソン湾西部の産子数は、氷のない期間が長くなるに従って少なくなり、今や三つ子はめずらしい。地域間での産子数の比較はむずかしい。子グマの死亡率が、安全な巣穴から出ると

ホッキョクグマの双子は普通だが、一卵性双生子はまれだ。双子の半分はオスメス1頭ずつの双子で、双子が同性である可能性はオスメスほぼ同じだ。

ひとりっ子の子グマを産むのは、たいてい若齢か高齢のメスだ。一般的に、ひとりっ子は平均的な双子や三つ子よりも大きい。ひとりっ子は母親の資源をひとり占めできるのだ。

増加するからだ。産子数を巣穴の近くで調べている研究もあれば、クマたちが海氷上に出た時点で調べている研究もあるのだ。

　メスが巣穴から出るときに連れている子グマの数は、母グマの年齢や栄養状態、遺伝、そして子グマの生存率で決まる。14～15歳の全盛期のメスに比べると、若いメスや年をとったメスは子グマの数が少ない。うんと太ったメスは三つ子を産む傾向にあり、げっそり痩せたメスは1頭しか産まないようだ。産子数には遺伝も作用していると考えられるが、その情報は乏しい。ボーフォート海では、カナダ側で過去2回だけ、三つ子が捕獲されている。ほかに何十頭ものメスグマが捕獲されているにもかかわらず、この2組の三つ子の母親は同じクマで、何年かぶりに捕獲されたものであった。この母グマは狩りがじょうずで、三つ子を育てるのに必要な栄養状態に達することができたのかもしれない。あるいは遺伝的に三つ子を産む体質だったのかもしれない。

　理論的には、メスは自分の遺伝子を伝えるのに有利になるように、"余分な"子を産んでいるのかもしれない。もし栄養状態がよければ、すべ

ての子グマが生き残るだろうし、悪ければ何頭かは死んでしまう。兄弟間の競争が激しくなって弱いほうの子グマが死ぬのであれば、母グマが子グマの死亡率をコントロールする余地はほとんどない。子グマが死ぬことによって、子の数が利用可能な資源に応じた数に調節される。母グマの子グマに対する投資は、子グマを長期間育てなければ小さいので、幼い子グマを失うことは大きなエネルギーの損失にはならない。もちろん、母グマは子グマの死を望むわけではない。それは生理的なコントロールを介して行われる自然の結末である。余分に生まれた子グマは、ほかの子グマが死亡したり、発育異常だった場合の"補塡"になる。

個体群のなかで最年長のメスはたいてい 1 頭の子グマしか育てない。個体群という観点で見ると、生殖老化は大きな問題ではない。高齢のメスは非常に少なく、個体群への貢献度も小さいからだ。しかし、進化的な観点や個体の繁殖成功度にとっては、晩年の繁殖は適応的である。メスは 27 歳まで出産できるので、もし 5 歳で最初の出産をした場合、繁殖寿命は 22 年にもなる。20 歳を超えるメスはたいてい栄養状態がよくないが、大きめの子グマを 1 頭産むことによって、生涯にさらに何頭かの子グマを育てることができるかもしれない。体脂肪の不足は、経験で身につけた狩りや母グマとしての能力がそれを補うだろう。繁殖成功度の点でいえば、メスは一生のうち最後の 7 年間で、生涯産子数の 22 〜33% を産むことが可能である。

ホッキョクグマは小さく生まれる

クマは掟破りである。普通、十分に発達した胎盤（有袋目や単孔目は除く）を持つ哺乳類は、母親の体重に相関した体重で生まれてくる。重い動物種であれば、重い子どもが生まれる。この関係には幅があるが、一番小さい哺乳類である 1.4 g のコビトジャコウネズミから、180 トンもあるシロナガスクジラまで、おおむね成立している。想定より重い子どもが生まれる種もあるが、ホッキョクグマやほかのクマ類の子は、想定されるよりはるかに軽い体重で生まれる。もし、ホッキョクグマの子が、哺乳類の出生体重のルールどおりに生まれてくるなら、体重 300 kg の典型的なメスグマは、約 27 kg の子グマを産むはずであり、実際の出生体重の 40 倍にもなる。哺乳類の世界では、あらゆる面で変動幅が存在し、出生体重もその 1 つである。たとえば、シロナガスクジラの出生体重は母親のおよそ 2%、ヒトは 6%、コウモリは 30% 前後であり、齧歯類のなかには 50% を超える種もある。ホッキョクグマの 1 頭の赤ちゃんは母親の体重のたったの 0.2〜0.3% しかない。

ホッキョクグマの新生子は母グマのサイズに比べると驚くほど小さい。母グマが200〜300 kgもあるのに、新生子は約0.7 kgである。生まれたての子グマは両眼を閉じたままで、短く密集した体毛（およそ5 mmの長さで、密度は650本/cm^2）に覆われている。非常に小さいので、体の体積に対する表面積の割合が高く、体温を保つのがむずかしい。基本的に、その小さな体では十分な熱を産生できないので、皮膚を通して多くの熱を失ってしまう。新生子は皮下脂肪がほとんどない。体腔内の脂肪の蓄積は少量で、おもに腎臓の周囲に褐色脂肪として局在し、もっぱら熱産生を行っている。新生子の骨格筋は大量のミトコンドリア（細胞の動力源）を含んでいる。高エネルギー分子のグリコーゲンは新生子にエネルギーを供給し、体温を保つ助けとなる。新生子はほかの陸生哺乳類と比べて代謝率が非常に高く、体温を保つのにたくさんのエネルギーと母親の世話を必要とする。

　ホッキョクグマの繁殖生態を理解すれば、なぜ新生子をそれほど小さく産むのかという問いへの答えが垣間見える。メスは早春に妊娠する。それは多くの場合、2歳になる子グマと子別れした後で、それまでは子グマへ授乳していることもある。したがって、交尾期に入ったメスは、それほどよいコンディションとはいえず、妊娠に必要な栄養を体内に蓄積する前に交尾することになる。秋になると、妊娠したメスは十分に体脂肪を蓄えて巣穴に向かい、長い絶食に入る。摂取できるのは雪から得る水だけである。メスは体脂肪だけを頼りに、着床し、胎子を育て、出産、授乳する。大型のヒゲクジラを除いて、胎子の発育期間中ずっと絶食する哺乳類はほとんどいない。クマは絶食をみごとにこなすものの、大きな生理的変化は絶食と妊娠を困難なものにする。新生子が小さく生まれてくるのは、母親の体脂肪が分解されてできる脂肪酸が、発育中の胎子にはエネルギー源としてうまく利用できないからかもしれない。エネルギーとしての脂肪酸の利用のむずかしさは、胎子がその脂肪酸を燃焼させるのに大量の酸素を必要とすることに起因する。母親は自分の体に蓄えたタンパク質を胎子が利用できるグルコースに転換することもできるが、タンパク質を使いすぎると、母体自体の筋肉が弱くなって海氷に戻れなくなってしまうおそれがある。タンパク質の保持は巣ごもりするホッキョクグマの特質であり、そこに選択肢はない。絶食と妊娠に関係する問題の解決策は、巣穴というシェルターで小さな子を産み、脂肪の豊富な母乳で育てることである。生まれた子グマなら、母乳中の脂肪酸を使うのに十分な酸素を獲得することができ、自らのエネルギー要求を満たし、成長を加速させることができる。出産から巣穴を出るまでの間に、子グマの

体重は15倍にも成長する。クマの母乳が子グマを大きく太らせるのに大きな役割を果たしている証拠である。

この説明にまつわる大きな疑問は、鶏が先か卵が先かという問題である。巣穴での冬眠と小さな新生子、どちらが先だったのだろうか。小さな新生子が先で、冬眠が後だと示唆する証拠がいくつかある。その主張を裏づけるように、ジャイアントパンダや熱帯域のクマは穴に長くこもらない。一方、クマの祖先は1,000万年以上昔から穴ごもりをしていたという、反対の証拠もある。いずれにせよ、今日のクマは小さな子を産み、そのための生理機能は一定の役割を果たしている。化石記録にギャップがあることと、初期の繁殖生態の記録がほとんどないことが、クマの進化を解き明かすことを困難にしている。

着床と胎子の発育に関して、妊娠したメスがとりうる戦略は、ほかにどんなものがあるだろうか。着床遅延するとしても、メスは夏のもっと早い時期に着床して、もっと大きな子を産むこともできる。しかし、この戦略は、エネルギー的な問題と時期的な問題に直面する。もしメスグマが10 kg以上の子グマを2頭産むと、そのメスグマは大きな2頭の子グマが成長するためのエネルギー要求にこたえなければならない。子グマたちは、春になって海氷へ旅立つころには40〜50 kgになっているだろう。冬は餌がたくさんある時期ではないので、早めに巣穴を出ても、より多くの食物にありつけるとは限らない。また、大きな子グマを産み、冬を通して育てるのに十分な、脂肪やタンパク質、ミネラルを、メスグマが体に蓄えることもできないだろう。したがって、着床を早めることは、選択肢としてありそうにない。

新生子が小さいことはほかにも利点がある。巣穴にいることは、繁殖においてたいした投資ではない。メスはいつでも海氷へ戻り、その年の繁殖を見送ることができる。小さく子を産むということは、エネルギー投資が小さいことを意味する。大きなエネルギーコストは授乳により発生する。母グマが授乳要求にこたえられない場合、流産することや、出産直後に新生子を遺棄することは、進化的に理にかなっている。そのため、小さな子を産むのは有利であり、単に生理的な制限によるものではないのかもしれない。

最後に、大きな子を産むことは、現在のホッキョクグマの繁殖パターンに比べほんとうに有利だろうか。おそらくそうではない。子グマが巣穴から出るころには、体重は10〜12 kgになる。平均的な産子数を2頭とすると、このときの同腹子の合計体重は、ホッキョクグマくらいの大きさの哺乳類に期待される出生時体重に近くなる。要するに、クマにとっ

小さく生まれるのがクマ類の特徴だ。このアメリカクロクマの子グマたちは、生まれたときはホッキョクグマの子よりももっと小さかっただろう。

ての巣穴は、母体内での発育の延長のようなものなのだ。概して、ホッキョクグマやほかのクマ類は進化の重荷を背負っている。"もし～だったら"というシナリオでは、長い時間をかけて進化してきた過程を説明できそうにはないが、考えてみることはおもしろい。簡単にいうと、小さく産むことは、ホッキョクグマにとって都合がよいのだ。妊娠メスの穴ごもりの生理を完全に理解するまでは、小さな新生子についての完璧な説明はできそうにない。

出産間隔

　出産間隔、すなわちある出産からつぎの出産までの期間はさまざまな要因で決まる。もっとも重要なのが子グマの存在である。子グマが巣穴から出てまもなく死亡した場合、交尾期が終わる前であれば、メスは2年連続で妊娠できる。当歳子が交尾期後に死亡した場合や1歳子が死亡した場合、出産間隔は2年になるだろう。子育てが成功した場合は2.5年で子グマが離乳するので、出産間隔は3年以上となる。

大きな子と小さな子

　自然淘汰は、繁殖成功度を最大限にするためのさまざまな戦略をあみだした。子の性によって親が子への投資量を変えることや、子の性比を変化させることは、状況によっては適応的かもしれない。理論上は、母

親は、息子と娘の数およびその子たちに分配する資源量を、もっとも多くの遺伝子を残せるように変化させるべきである。一夫多妻の性的二型が大きい種の場合、母親がオスの子により大きな投資をすることは有益である。というのは、オスは大きなオスほど多く子を残すはずだし、メスはどんな大きさでもじょうずに子育てするはずだからである。

そして理論的には、母親の投資量の違いは、オスのホッキョクグマの子のほうが大きくなるという結果をもたらすはずだ。しかし、この説は残念ながら正しくない。哺育期間中の成長は、オスのホッキョクグマが大人になったときの大きさにほとんど影響しないからである。オスグマは離乳した後にぐんぐん成長する。したがって、母親の投資量の違いは、大人のオスのサイズを大きく変えることはないのである。にもかかわらず、はっきりした性的二型もあって、3〜4カ月の子グマは、オスとメスで体重は同じでも、頭はオスのほうが大きい。1歳になると、オスは同腹のメスよりもずっと大きくなる。2歳になると、オスは母グマとほとんど同じ大きさ

この子のような小さな子グマが生き残る確率は高くない。狩りの得意な母親の子であれば、その確率は著しく高くなる。10歳代半ばのメスがもっとも狩りがうまいようだが、その年代でも、狩りの能力には個体差がある。

第12章 生活史 —— 203

BOX　ホッキョクグマの乳

　母乳は哺乳類を特徴づける特性である。しかし、基本的な成分である水分、脂肪、タンパク質、糖質、ビタミン、ミネラルの割合は、動物種によって異なる。母乳の成分はまた、時間の経過とともに変化する。ホッキョクグマの子グマが最初に飲む乳は、母グマから最後にもらう乳とはまったく異なるものである。

　新生子を持つ野生の母グマから試料を採取することはできないが、飼育個体の試料から、初乳（出産後の最初の数時間ないし数日の間につくられる母乳）は固形物が多く、子グマを守るために重要な抗体を含むことがわかっている。ホッキョクグマの初乳は、脂肪よりタンパク質が多いが、その割合はまもなく逆転する。

　ホッキョクグマの乳は、粘り気があって、黄色がかった白色をしている。ほかの肉食動物に比べて、クマ類の乳は脂肪分が多く、なかでもホッキョクグマのものはもっとも乳脂肪分が豊富である。母乳の脂肪分は、とても小さい（そして胃袋も小さい）新生子を急速に成長させる燃料となる。ホッキョクグマの乳は、アメリカクロクマやグリズリーの乳よりもアザラシやクジラの乳に近く、脂肪分は46%にもなる。脂肪分は子グマが成長するにつれて減少する。母グマが母乳をつくらなくなるころには5%まで低下する。タンパク質含量は5%から19%まで変動し、糖質は6%である。ミネラルが占める割合は2%未満で、ビタミンA、B、D、Eといった多様なビタミンも含む。

　ほかのクマ類と同様に、ホッキョクグマの乳は、ラクトース（糖の一種）が少なく、オリゴ糖と呼ばれる特別な糖が豊富に含まれている。クマ類の乳は、ほかの肉食動物に比べオリゴ糖を多く含む。オリゴ糖は抗菌的な役割を果たす。クマ類と同じくらい豊富なオリゴ糖を乳に含む哺乳類は、ほかには卵を産む単孔類と有袋類しかいない。これらの動物もまた未熟な新生子を産む。

　ホッキョクグマの乳を採取するにはどうしたらよいだろうか。それには細心の注意が必要だ。子グマは生物学者よりもはるかにじょうずに母グマから乳を得る。私たちはメスグマに、乳汁排出を促進するホルモンであるオキシトシンを注射する。2〜3分後、乳房を下へやさしくマッサージすると、乳が出てきて試料が採れる。ホッキョクグマが気前よく乳を出してくれることはないが、分析にはほんの少量あればよい。科学者とはそもそも好奇心の強い人種であるが、ホッキョクグマの研究者もその例外ではない。私はホッキョクグマの乳を、たまたま少しだけ味見してみたことがある。それは、濃厚で、海と土の香りがして、粉っぽく、ほのかに魚のような後味があった。

ホッキョクグマの母親は、脂肪分に富む乳を出して、子グマが必要とする大量のエネルギーをまかなう。母乳を介して子グマに渡されるエネルギーは、子グマが成長し、母グマの殺したアザラシに依存するようになるにつれ、減少する。授乳は母子の絆を維持し、子グマは2.5歳になるまで乳を飲む。

になるが、同腹のメスは明らかに小さい。この差がなにによるものかはわからないが、オスの子のほうが獲物をたくさん食べるのかもしれないし、母グマの授乳も多いのかもしれない。けっきょくのところ、オスのサイズは離乳後の環境条件によって決まるため、母グマはメスの子よりもオスの子に多く投資するべきではないのだ。母グマは子グマたちの成長を十分にコントロールできるわけではなさそうだ。

　性比は、メスグマが調節しうるもう1つの要素である。オスを育てるほ

うがエネルギー的に高くつくとしたら、母グマが、自分のコンディションによって投資量を変化させるのは、進化的に理にかなっているかもしれない。春、母親と一緒にいる子グマは、オスのほうがほんの少しだけ多く、その割合は約53%である。しかし、子が1頭だけの場合は約67%と、オスのほうが多くなる。子が3頭の場合は、57%がメスグマになる。おそらくは、子が1頭だけの場合は1頭の大きな息子を育て、三つ子の場合は娘を多く育てることが、進化的に有利なのかもしれないが、さらなる研究が必要である。けっきょく、ホッキョクグマの性比が劇的に変化することはない。

巣穴から出るときの子グマの体重はさまざまである。捕獲した子グマのうち、一番小さい個体はわずか3.0 kgしかなかったが、一番大きい個体は24.5 kgの巨体だった。どちらもひとりっ子で、大きい個体は生き残ったが、小さい個体は生き残らなかった。平均的には、ひとりっ子は双子より大きく、三つ子が一番小さい。三つ子は"2頭と半分"になることが多く、たいてい大きな子、中くらいの子、小さい子がいる。大きな子の体重は小さな子の3倍にもなることがある。3頭すべてが生き残ることもあるが、一番小さな子は、穴から出てまもなく、あるいは出る前にすら、いなくなってしまうことが多い。小さい個体は、兄弟たちとの取っ組み合いで耳が切れてしまったり、毛がぼろぼろであったりして、たいていつらい経験をしているように見える。こうした個体が小さいのは、大きい同腹子が授乳を独占してしまうことによる。

別れのとき

おそらく、子への投資をするうえで母グマがしなければならない最大の決断は、子といつまで一緒に過ごすかということに関わっている。子グマは通常2.5歳で離乳するが、1年早い場合もあるし、まれに1年遅い場合もある。母親が交尾相手と出会わなければ、子グマは母親のそばに残るだろう。1歳子の離乳を説明するのはむずかしい。母グマは、今育てている子の生存率と、つぎの子を産む場合の進化的な有利さとを比較し、そのバランスがとれたときに子を離乳させるはずである。

なにが母グマに作用して子グマを離乳させるのだろうか。その答えは複雑だが、食べものの手に入れやすさ、子グマのサイズ、母グマのコンディション、それに交尾を迫るオスの存在が関係していそうである。オスは、母グマが発情していると子グマを追い払う。子グマは、自分がお呼びでないことを知り、独り立ちを始める。

子別れは1つのプロセスである。幼い子グマは、たいていいつも母親

上：理論的には、大きいオスのほうが小さいオスよりも遺伝子をより多く伝えることができるため、母親はオスの子グマによりたくさんのエネルギーを投資すべきである。兄弟同士の競争は、資源の配分に確実に影響をおよぼしている。しかし、母親が意図的に娘より息子により多くの栄養を与えているという主張を支持する科学的証拠はほとんどない。

右：このようによく似た双子は同性であることが多い。子グマ同士の競争は熾烈だ。

BOX　ホッキョクグマの養子縁組

　ごくまれに、メスグマはほかのメスの子を育てることがある。通常、6カ月未満の幼い子グマのみがほかのメスに受け入れられる。養子縁組が起こったことは、標識した子グマが別の母グマと現れたり、DNAを分析することによってわかる。理論的には、血縁関係にあるメスの子どもを育てることには利益があるが、ほとんどの養子縁組は取り違えによるもので、適応的ではない。養子縁組がどのように起きるのかは定かではないが、考えられるシナリオはいくつかある。ある子連れのメスが猟場に現れ、そこには別の母子もいたとする。子グマは、迫りくる脅威に母グマが対応する間、母グマから離れるだろう。グリズリーやアメリカクロクマの母グマは、危険が迫ると子グマたちを木に登らせる。ホッキョクグマの子グマは、自らの判断で母親から離れて隠れるようだ。危険が去った後、幼い子グマであれば、母グマが見つけてくれるのを待つだろう。少し年長の子グマなら、母親を追いかけて見つけ出すだろう。親と離れ離れになってしまった子グマは、やがて鳴き叫び始め、鳴いている子グマを放ってはおけないという強い母性本能を刺激する。もしその場所にメスが複数いた場合、もっとも優位なメスなら、たとえ自分の子でなくても、鳴いている子グマを自分のものにできるかもしれない。あるいは、子グマが、危険を避けようと逃げていく別の母子を追いかけるのかもしれない。母グマは、新たに子グマが加わったことに気づかないかもしれない。そして危険な状態が過ぎ去れば、母グマは、すべての子グマを自分の子グマとして世話するのだろう。メスのホッキョクグマが数を数えることができるか、私には確信がない。子が1頭のメスは、2頭の世話をすることで満足を得られるかもしれない。母子はずっとおたがいの近くにいて、普通はほかのクマと交わることがないので、母子認識に対する自然選択は弱いのかもしれない。

の足元にいる。1歳子になると、より遠くへ離れて歩き回り、いくらか自立する。2歳子は、定期的に母親の目を離れ単独で狩りをして、また母親のもとに戻ってくる。2歳子の狩りを追跡すると、飛行機酔いになってしまう。彼らは食べものを求めてあらゆる氷丘脈を調べ、膨大な数の穴を掘る。狩りに成功するためには努力するしかないのだが、彼らは単独で獲物を殺すことができる。これは離乳プロセスの重要な部分である。

　母グマと子グマの結びつきは2歳くらいで弱まる。母グマは母子の結びつきを断つとき、ときとして、子グマを残してただ立ち去っていく。別れのあいさつもなく、ただ消え去る。子グマは、母グマを追いかけようとすることもあるが、やがて空腹に負けて、狩りに向かう。母グマの意図がわからない子グマは、母グマから激しく追い払われる。そして突然、自分がもう受け入れられないことを知る。兄弟同士は数週間から数カ月後までともに行動することがあるが、いずれはその結びつきも解け、それぞれ自分の道を行く。

　ハドソン湾西部では、離乳は1.5歳が一般的で、1980年代までは約55%の1歳子が母グマから自立していた。こうした早い時期の離乳はほかの個体群ではまれである。その理由はいまだ解明されていないが、熟考するに値する説がいくつかある。母グマの年齢やコンディション、子グマの性別も関わっているだろう。しかし、1歳子の離乳は年によって変

2歳になった子グマはしばしば先頭を歩き、そして母親が後ろからついてくる。この年ごろまでに、子グマは母親に頼らずアザラシを殺すことができるようになるが、獲物は親子で分け合う。

わるので、環境条件も重要だと考えられる。アザラシが豊富だった年には食物が増え、1歳子も早く成長したのだろう。もしくは、ハドソン湾の3つの個体群が混ざり合うことで、オスがたくさん集まり、子別れを早めるのかもしれない。あるいは、メスは秋に食物不足に陥って授乳をやめ、翌年の春に発情するのかもしれない。もう1つの可能性として、早く離乳すれば、メスが一生の間に産む子の数が50%増えることがあげられる。

スカンジナビアでは、グリズリーの母グマは子グマが小さければもう1年育てる傾向があり、それにより子グマの生存率が向上するのだと考えられている。1歳子のホッキョクグマは単独でもちゃんと生き残れるようだ。まだ狩りはうまくないが、死骸を食べて生きていくことができる。現在では、1歳で親離れしている子グマはかなり少ない。ハドソン湾では氷の状態の悪化にともない、子育て期間が長くなり、一般的な長さの2.5年になってきている。過去のハドソン湾で見られた早い離乳の理由は解明されていないが、食物と関係しているようである。

成長パターン

　ほかの多くの哺乳類と同様に、ホッキョクグマもある特徴的な成長曲線をたどる。初期の成長は遅く、亜成獣の時期に急激に成長した後、一定になり停止する。メスは4～5歳で骨格の成長が止まるが、オスはさらに4～5年は成長を続ける。体重はオスもメスも10歳代半ばまで増加する。頭の長さの成長は、頭の幅の成長の前に止まる。クマの頭の長さと幅の比率は年齢の指標として使える。老齢個体はかなりがっちりして見えるし、若齢個体はほっそりとした流線型に見える。非常に若いクマは頭の長さがまだ短いので丸っこく見える。

　幼い時期の成長が成獣の体サイズにおよぼす影響は、オスよりもメスで大きい。メスの体サイズは、成長する期間の大半が母親に依存する時期にあたるため、母親の保護下にある期間に強く依存する。オスは成長期間が長いので、母グマの保護下にある時期を過ぎてさらに成長する。オスはメスよりも体サイズの変動が大きい。その変動は遺伝によるものもあれば、環境によるものもある。環境条件によって食物が手に入りにくくなった場合、摂取エネルギーより消費エネルギーが増えるため、成長が妨げられる。個体群になんらかのストレスがかかったときに最初に現れる兆候の1つは、ボディコンディションの低下である。2～3年条件の悪い年が続くと、成長率の低下は明白になる。良好な環境条件の下で成長したクマは、厳しい環境で育ったクマよりも明らかに体長が大きい。長年にわたって食物が不足している個体群では、体長が10%以上も減少することがある。成長の変化は、成長期間の違いを反映して、オスよりもメスではっきり現れる。メスはオスよりもずっと若いときからエネルギーを繁殖に向け始めるので、たった数年の悪条件であっても、メスの成長を妨げるには十分である。

　ホッキョクグマの体サイズの地理的変異はかなり小さい。このことは、個体群間で、正味のエネルギー利用可能量にほとんど差がないことを示唆している。まったく対照的に、グリズリーは、北極圏のツンドラでかろうじて生きている小さなクマから、タイヘイヨウサケをたらふく食べられる沿岸地域の巨大なクマまでさまざまである。

若いホッキョクグマの生と死

　受胎から離乳までの間に起こりうる子グマの死亡の確率は、母親の体重や年齢、子の性別、出生体重、出生日に影響を受ける。メスのホッキョクグマは、受精、着床、出産、それに出産後といったいくつかの異なる

この亜成獣は、成長中のホッキョクグマに典型的な姿をしている。傷跡がないのは若いということだ。体のわりに頭が小さいのは若いクマの特徴だ。

段階で、繁殖に対する投資の大きさを変えることができる。メスグマは自身の生存を危うくすることはしない。状況が悪くなった場合、ホッキョクグマのように寿命の長い哺乳類のとるべき戦略は、母親が生き残って再び子を産むことである。にもかかわらず、ホッキョクグマの母親は強い母性愛を持ち、不利な状況であっても、子を育てようと努力をする。子連れの母親は、子に必要な資源を確実に獲得できるように行動する。子が死ぬと、母親は子グマなしではどうしてよいかわからないように見え、あちこちをさまよう。母グマは驚くほど子グマに気を配っているが、それでも事故は起きる。狭い巣穴のなかで、子が窒息したり、母親に押しつぶされたりすることもある。母グマのなかには、まるでその死を悼むかのように死んだ子と数日一緒に過ごすものもいる。また、ある母グマは、子グマが死ぬといったん巣穴を出るが、子の死を受け入れられないかのように、数日後に戻ってきたりする。母性本能がきわめて強いのだ。

　ホッキョクグマの繁殖においては、太っていることがもっとも大事である。太った母親は大きな子を持ち、大きな子は生存率が高い。研究者が死んだ子グマを見つけるのはまれだが、見つけた場合、子グマにはたいてい飢餓の兆候がある。衰弱して死ぬ子グマもいる。子グマが死ぬのは、母グマが十分な食べものを与えることができないためであることが多い。子グマは体温の維持や成長のためにエネルギーを使うため、脂肪の蓄積がほとんどない。母グマが授乳をやめるとすぐに子グマは飢えてしまう。子グマの死亡の大半は、母グマの体脂肪が、冬の間の長い絶食によって枯渇する春に起こる。母グマは、巣穴から出てすぐに食べることができなければ、母乳を出さなくなる。条件がよければ、メスグマは2.5年間子育てする。子グマは1年目に大量の母乳を飲む。それ以降は母乳への依存度が減っていく。しかし、授乳により母子の絆は維持され、

BOX　体のサイズと形態の多様性

　ホッキョクグマの形態や体サイズはさまざまだ。たいていオスのほうが多様である。極端な例では、長くて痩せているクマもいれば、反対に短くてずんぐりしているクマもいて、それぞれ"イタチ・ベア"と"アナグマ・ベア"と呼ばれることもある。これまで、クマの形態や体サイズについて、きちんとした研究はなされていない。統計的な証拠が不足しているので、これら2つの形態が、ほんとうの体の形態なのか、ただ異なるライフステージを通過しているクマを観察しているだけなのか、知ることはむずかしい。数千におよぶ私の個人的な観察では、太い首と太い足、大きな手を持つ巨大なオスグマがいた一方で、四肢のすらっとした、長身で細身なオスもいた。

　私は、スバールバル諸島で、とくに記憶に残る1頭のクマを捕まえたことがある。そのとき私は、ノルウェーの環境大臣と一緒だった。大臣は、北極地方保全の強力な擁護者であり、私は喜んで自分の研究を紹介した。過去にはとても名高いクマのハンティング場所であった Halvmanoya（英名：Half Moon Island）なら、簡単にクマが捕まることがわかった。捕獲は教科書どおり完璧で、クマはすぐに眠ってしまった。10歳代半ばのずんぐりした大人のオスであったが、妙なことにまったく体に傷がなく、どこを探しても傷跡や傷口は見当たらなかった。体長は2mちょっとしかなく、大人のメスと同じくらいのサイズだった。これまで私が見たクマのなかで、もっとも体長の短い大人のオスだった。傷口や傷跡がないのは、繁殖のためにメスをめぐって大きなオスたちと闘うことを避けていたからだろう。このクマは小型の"アナグマ・ベア"といえると思う。

母グマは発情しない。2歳のオスの子グマは母グマより大きくなるので、乳を飲んでいる姿はちょっと奇妙に見える。

　海氷の状態も子グマの生存率に影響する。子グマが冷たい水のなかで泳がざるをえないとき、体から失われる熱を補うことができずに低体温症で死ぬことがある。子グマはほんの10分ほどしか氷水に耐えられない。その後は、ふるえることで体温を回復するしかない。子グマは泳ぐ母親の背中に乗ることもできるが、幼い子を連れた母親は極度に水に入るのをいやがる。泳ぐのは最後の手段である。子グマが溺れた事例が一度だけ観察されているが、それは子グマが大きな氷盤の下に飛び込んでしまって起きた。溺死がもっと頻繁に起こっているのはほぼまちがいないが、観察されることはめったにない。

　ハイイロオオカミに殺される子グマもいる。北極圏の多くの地域でオオカミはたくさん生息しており、ホッキョクグマと生息域が重なる地域ではオオカミによる子グマの捕食が起こる。オオカミの群れにとって、母グマにちょっかいを出し、その間に群れの1頭が子グマを捕まえるのはむずかしいことではない。大人のホッキョクグマは狙うには強敵すぎるが、亜成獣なら子グマ同様、オオカミの獲物である。ニシオンデンザメの胃から子グマの一部が見つかったことがあり、ニシオンデンザメがホッキョクグマを捕食する可能性のあることが示唆された。ニシオンデンザメは確かにアザラシを食べるし、体長は6.4m、体重は1,000kgにも達する。彼らはホッキョクグマと同じ海域に生息するので、子グマの捕食はありう

母親はめんどうから遠ざかろうとしている。この1歳子が口をすぼめているのは、後ろにあるものをいやがっているしるしだ。

るが、死体を食べている可能性もある。シャチが幼いホッキョクグマをさらうことがあるのではないかと考える人もいるが、この2種は生息域が重ならないので、あったとしてもまれだろう。

　子グマの生存確率が最大になる条件は、体が大きく、ひとりっ子で、メスであること、母親が10歳代半ばで太っていて狩りがじょうずなこと、そして氷の条件がよいことである。1年目の子グマの生存率は、ほぼ100%になる年もあれば、40%を大きく下回る年もあり、平均するとおよそ70%である。ひとりっ子のほうが、兄弟のいる子グマよりも1年目を生き抜く可能性が高い。双子では、30%以上で1年以内にどちらか1頭が死亡し、2頭とも死亡する場合が30%ある。三つ子の1年目死亡率はもっとも高い。三つ子のうち、春から秋まで、3頭すべてが生き残る割合は20%にも満たない。メスの子グマはオスよりも生存率が高く、この差は生涯を通して続く。条件が悪い場合、ホッキョクグマ母子の大半が打撃を受け、追跡調査している対象が全滅してしまうこともある。

　最初の4年間の生存率は毎年平均して75%から90%である。1歳子は当歳子よりも体脂肪量が多いので、母グマが授乳をやめてしまっても痛手を受けにくい。離乳後に起こる死亡原因を特定するのはむずかしいが、亜成獣は狩りがへたであるため、餌不足が死につながるおもな要因となっていることはまちがいない。亜成獣の多くは、狩りの技術が向上するまで、ほかの動物の食べ残しや死骸などをあさって生き延びる。飢えたクマは捨て身の手段に訴えることがある。ある2歳の亜成獣は、ロシアのウランゲリ島で、セイウチに負わされた刺し傷が原因で死んだ。

亜成獣のクマは、ほかのどの年齢層のクマよりもヒトに殺されることが多い。ほかのクマにケガを負わされて死亡することも、死亡原因の1つである。私が捕獲したある亜成獣の後肢は、その後ろ側で缶ジュース大ほどの筋肉が欠損していた。傷は完全に治っていたが、そのクマは明らかに後肢を引きずって歩いていた。このようなケガの重大さを正しく評価するのはむずかしいが、そのような若いクマが大人になった姿はめったに見られないので、通常死にいたるものなのだろう。

　子グマの生存率は、個体群の成長（個体数増加）を決定する要因としては重要なものではないが、高密度個体群では劇的に低下することがある。高密度条件下では子殺しが増加するのかもしれないが、私たちには確かなことはわからない。それほど個体数の多いホッキョクグマの個体群はほとんどないに等しいからだ。1頭のメスが一生に2頭の子どもを残せば、個体群は安定する。メスは3年ごとに出産し、22年にわたって繁殖することが可能であるため、1頭のメスは毎回2頭ずつ6〜7回出産し、合わせて12〜14頭の子グマを産むことができる。これは個体群の安定に必要な数をはるかに上回っている。もしすべての子グマが生

母親が大丈夫といっているにもかかわらず、子グマは水に入るのをしぶっている。子グマが水のなかに入ったら、母親は急いで氷盤にたどりつき、子グマを温めてやらなければならない。氷の状態が悪いとき、子グマを連れてとなりの氷盤まで行くには、泳いで行くくらいしか方法がない。

第12章　生活史 —— 213

母親がアゴヒゲアザラシの厚い皮を剝いでいる。この2頭は、ほとんどの脂身をたいらげた後に立ち去り、居眠りしながら食べたものを消化する場所を求めてさまようのだろう。

き残れば、私たちはあっというまにホッキョクグマで身動きがとれなくなってしまうだろう。そのため、子グマの大半は、普通は成熟する前に死んでしまうのだ。

成獣の生存率

　生物学者は、生活史パターンの違いによって動物種を分類する。たとえば、昆虫や魚類、小型哺乳類の多くは、"r 選択者"に分類される。これらの種は寿命が短いため、可能な限り繁殖を早めることに重点を置いている。大量に子を産む傾向にあるが、生存率は低く、個体数は大きく変動する。ホッキョクグマはほかの大型哺乳類と同様で、その対極にある"K 選択者"である。K 選択者の個体群では、個体数が、生息環境が養いうる最大数（環境収容力 K）に近いのが普通である。K 選択者の種では、メスは少数の大きな子を産み、その生存率はかなり高い（r 選択者と比較して高い）。母親から子への投資が大きく、死亡率は生まれてから成獣になる間に減少し、結果として寿命が長くなる。少なくとも

最初の数年間を乗り切った個体はそうである。

　野生下において、メスの最高齢記録は32歳、オスの最高齢記録は28歳である。飼育下のクマの場合は、もう8年、あるいはそれ以上長く生きる。25歳以上生きるクマはごく少数で、そうしたクマの状態は悪い。北極は、ベストな健康状態にある者以外にとっては厳しい場所である。

　ホッキョクグマの個体数がどのようにして調節されているのかを理解するには、成獣の生存率について知ることが重要である。成獣メスの生存率は、ホッキョクグマの個体群動態を左右する。成獣メスの生存率が落ちれば、個体群サイズはたちまち減少するだろう。生存率を正確に評価することはむずかしく、標識再捕獲法や衛星テレメトリーによるモニタリングが必要となる。成獣メスの生存率は96%を超えることがあり、成獣オスの生存率はそれを約3%下回る。寿命の終わるころには、老化による死亡が起こる期間があり、生存率は60〜80%まで下がる。そして、個体群から高齢のクマが徐々にいなくなっていく。

　ホッキョクグマの死亡原因はさまざまだ。北米やグリーンランドでは、成獣の死亡のもっとも一般的な原因はヒトによる捕殺である。ほかのクマに殺されるクマもいる。氷の状態が悪い年には、狩りがむずかしくなって飢えで死ぬクマもいる。自然死した成獣が見つかることはほとんどないが、見つかったとしても死因は特定できない場合が多い。私はかつて、20歳代半ばの痩せたオスの成獣が、ヤナギの木の茂みのなかで丸まっているのを見つけたことがある。そのクマの姿勢から、おそらく飢えて眠っているうちに死んだものと思われた。しかしながら、それでも死因の特定はむずかしい。痩せているということは単なる症状であって、最終的に飢餓を引き起こした問題は別にあるのかもしれない。どんな動物種でもそうだが、小さなケガが積み重なって資源獲得の能力が低下することで、命の危険に見舞われることもある。病気や寄生虫も個体に有害な影響を与え、体調悪化の原因となり、最終的には死をもたらす可能性がある。成獣のオス同士では、交尾相手をめぐる争いでケガを負うこともある。犬歯が折れると狩りの効率が落ちる。老齢のクマは関節炎を患うことがあり、狩りができなくなる。陸上で死体が見つからないのは、ほとんどのクマは海氷上で死亡し、すぐに雪に埋まってしまって見つけるのがきわめてむずかしいからだろう。日常的に起こる消耗であっても、長い時間の間には、クマを衰弱させることがある。

　哺乳類で通常起こる退行性変化は、ヒトで起こるのと同じものがホッキョクグマでも起こる。脊髄における神経変性や、ヒトのアルツハイマー病と同様な脳内沈着物が、飼育個体で観察されている。老齢のクマに

巨大な四肢、幅の広い頭、鼻の傷跡。これらすべてが、この成獣オスがまさに脂の乗り切った、一目置かれるクマであるということを物語っている。オスたちは、そのような外見から、食べものや交尾の競争相手の力を推し量る。

見られる衰えの兆候は、頭頂部の筋肉のくぼみ、突き出した寛骨、折れた歯、毛並みの悪さ、ぎこちなく遅い歩様などである。老齢の飼育個体では、動脈硬化が記録されているが、野生の老齢個体では同様の研究はまだ行われていない。大量の脂肪を食べる動物なのに、心臓発作で倒れるクマがいないというのは驚くべきことであるが、実際私たちはそんなクマを見たことがない。アザラシの脂肪に含まれるオメガ3脂肪酸が、ホッキョクグマの心臓によいのかもしれない。ホッキョクグマの食性研究は、ヒトの健康にも役立つ新たな知見をもたらすかもしれない。アザラシ油で揚げたフライなどはどうだろうか。

　クマに生死の境を越えさせるものがなにであるかを知るのはむずかしい。どの個体群においても食物の利用可能量は変動し、もっとも多くのクマが死亡するのは食物が不足する時期である。ときには、まったくの不運によって死ぬこともある。2頭の幼い子を連れたあるメスは、巣穴のなかで死亡した。冬に起きた季節外れの暴風雨で雪が重くなり、巣穴が崩れ、3頭もろとも窒息死したのだ。地球温暖化によって春に雨が降ることが多くなっているため、この種の出来事が巣ごもりするメスの死亡リスクを高める懸念が強まっている。それほど死亡率が増加しなくても、

BOX　寄生虫

　ほかの多くの哺乳類とは異なり、ホッキョクグマには際立って寄生虫が少ない。クマのすべてがそう幸運なわけではなく、ほかのクマ類では80種以上の寄生虫が報告されている。グリズリーは、さまざまな原虫、消化管内寄生蠕虫、線虫、血液や肝臓・心臓・肺に寄生する吸虫の宿主である。陸生のクマ類は、シラミやノミ、ダニの宿主でもある。ホッキョクグマは、海氷へとその生息場所を移したときに、これらの寄生虫を陸に置き去りにした。多くの寄生虫は、生活史を完結するために宿主を換える必要がある。そうした宿主は陸生であったため、寄生虫は新たに氷をすみかとしたクマについていかなかったのだ。海生哺乳類には寄生虫がいないというわけではない。ワモンアザラシとアゴヒゲアザラシには、腸や心臓、肺に寄生虫がぎっしりいることもある。しかし、ホッキョクグマは、進化的に新しい種であるため、ホッキョクグマと海生の中間宿主の間を行き来するような進化を遂げた寄生虫が、まだほとんどいないのだ。

　野生のホッキョクグマでよく見られる寄生虫が1種だけいる。それは旋毛虫属 *Trichinella* の寄生虫（トリヒナ）で、おそらくは *Trichinella nativa* である。トリヒナは、北極圏でよく見られる小さな線虫で、セイウチやワモンアザラシ、アゴヒゲアザラシ、ホッキョクギツネ、オオカミ、犬ぞりのイヌ、シロイルカ、ヒトにも寄生している。ヒトは、旋毛虫症という病気でこの寄生虫にもっともなじみが深く、生焼けの豚肉を食べると感染することがある。ホッキョクグマがどのようにトリヒナに感染するのかはよくわかっていない。ワモンアザラシのトリヒナ感染率は1%未満である。アゴヒゲアザラシについては感染率はわかっていない。セイウチの感染率は高いが、ホッキョクグマがセイウチと接触する場所はほとんどないし、セイウチを食べものと考える可能性があるのは、十分に成長したオスのホッキョクグマだけである。

　トリヒナは、タフな寄生虫の1つである。数年間凍結されてもなお生き返ることができる。ホッキョクグマは共食いによってトリヒナに感染するのではないかという疑いもある。しかしながら、生態学に関連する事柄のすべてがそうであるように、話は複雑である。端脚類や魚類はトリヒナを媒介することができるので、トリヒナが食物連鎖の上位へ上がっていく可能性もある。トリヒナに感染したアザラシの胃内容物を食べることで、ホッキョクグマが感染する可能性もある。

　ホッキョクグマには、トリヒナの寄生がほかの海生哺乳類よりも多く見られ、20〜60%のクマに寄生が認められる。トリヒナは、シスト（嚢胞）として摂取されると、消化管内で溶けて虫体が放出され、その虫体が卵を産む。幼虫は体内を動き回り、最後に筋肉中にシストをつくる。もっとも高密度にシストが存在する部位は、舌と横隔膜である。トリヒナがホッキョクグマにどういう影響を与えるのかはくわしくはわかっていない。ヒトの場合、発熱や吐き気、関節痛、目の腫れ、筋肉痛などの症状がある。ホッキョクグマでは、重度のトリヒナ感染は死にいたることもある。感染は年齢とともに増加するので、トリヒナは老齢のクマの衰えの原因となっている可能性がある。

　最近、原虫のトキソプラズマ *Toxoplasma gondii* が、ホッキョクグマに寄生していることが確認された。この寄生虫は、ほとんどすべての温血動物に見られ、妊婦や免疫不全症患者が感染すると深刻な事態を招くことがある。ヒトはネコの糞からこの寄生虫に感染することがある。ヒトの場合、トキソプラズマ症は、インフルエンザ様の症状、目の障害、皮膚や鼻の病変、重度の先天異常や精神疾患を引き起こすことがある。ホッキョクグマへの影響はわかっていない。トキソプラズマはワモンアザラシやアゴヒゲアラザシでよく見られ、それがホッキョクグマの感染源となっているようだ。この10年間、北極圏の各所において、ホッキョクグマのトキソプラズマ出現頻度はほぼ倍になった。その理由はわかっていない。

ホッキョクグマには、際立って寄生虫や病気が少ないが、このアゴヒゲアザラシの成獣のような餌動物はその感染源になる。アゴヒゲアザラシの頭が茶色いのは、海底での採餌に由来する酸化鉄が原因である。アゴヒゲアザラシの着色した被毛からは、その他40種類の元素が微量ながら検出されている。そのうち、いくつかの元素は非常にまれなものだ。

ホッキョクグマは泳ぐ能力が高く、前肢で水をかく。子グマを連れていない大人のクマが長距離を泳ぐのはめずらしくない。どんなクマも嵐には弱い。海氷の減少が続けば、さらに開水域が広がることで嵐のときの波が大きくなり、溺れるクマが増えるかもしれない。

個体群は安定状態から衰退へと簡単に移行する。

　ホッキョクグマは泳ぎの達人で長い距離を移動できるが、ずっと水のなかにいられるわけではない。グリーンランドやバレンツ海、ボーフォート海、チュクチ海といった海域では、陸地や流氷から遠く離れてしまったために溺れるクマもいる。クマの泳げる最大距離はだれも知らない。それは年齢や体調、繁殖状態、天候に左右される。浮力となる脂肪がたっぷりある大人のオスは、長い距離を泳ぐことができるだろう。春まだ幼い子グマを連れたメスだと、ほんの1kmほどしか泳げないだろう。長く泳ぐと、子グマが体温を奪われて具合が悪くなるからだ。最長遠泳記録は、衛星テレメトリーによってアラスカ沖で追跡された大人のメスによるものだ。そのメスは、陸地から海氷まで、9日以上かけて687kmを連続して泳いだ。こうした遠泳は、いろいろな意味でコストが高い。そのメスの移動には、1,800kmにおよぶ海氷上の歩行も含まれていたが、移動中のどこかで、彼女は1歳になる子を亡くしてしまった。移動中の64日間で、彼女自身の体重も22%減少した。穏やかな水面を泳ぐのはよいとして、ひとたび嵐が吹き荒れるとお手上げだ。荒れた海を泳ぐのは至

BOX　病気

　ホッキョクグマは、ブルセラ病、モルビリウイルス、犬ジステンパー、カリシウイルス、狂犬病などの病気にかかる。ブルセラ病は、多くの哺乳類で流産を引き起こす。モルビリウイルスは、クジラやアザラシに見られる病原性の強い病原体で、はしかに似ている。こうした病気がホッキョクグマにおよぼす影響はわかっていない。ホッキョクグマの病気の感染経路は、ほとんどが捕食を介するもののようである。狂犬病はホッキョクギツネでよく見られるが、ホッキョクグマでは、野生下で1頭の感染が確認されているだけである。それはおそらく、狂犬病の末期症状の1つが後軀麻痺であるからだろう。そのような動物を捕獲しようとする生物学者はほとんどいないだろう。私もかつて、そのようなホッキョクグマを見つけたが、捕獲しないことにしたことがある。狂犬病のクマは、研究者が見つける前に死亡するということもあるだろう。最近、飼育下のホッキョクグマがウエストナイルウイルスで死亡し、蚊が病気を北へ運んでいることが懸念されている。地球温暖化によって、寄生虫や病気は、確実に北へと分布を広げるだろう。汚染によって、ホッキョクグマの免疫系がすでに弱くなっていることを考えると、寄生虫や病気を撃退するホッキョクグマの能力というのは、ややこしい問題である。

難の業である。ボーフォート海では、2004年9月の大嵐で、27頭のホッキョクグマが溺れ死んだと考えられている。ボーフォート海では温暖化が進み、夏の海氷はさらに北へと後退している。かつて氷はもっと海岸に近く、容易に近づくことができた。開水域が増えると、嵐のつくる波はさらに大きくなる。最近では、北へと泳ぐことは、いくつかの海域においては危険な試みとなる。

　異常な死亡事例がイヌイットの猟師によって目撃されている。あるハンターによると、そのクマは、アザラシの狭い巣穴に頭を突っ込んで、首が抜けなくなって死んだという。ホッキョクグマにとって幸運なことに、獲物にケガを負わされることはほとんどない。セイウチだけは例外で、ときおりクマの死亡原因になることがある。ズキンアザラシの報告が1例だけあり、ホッキョクグマの喉を咬み、脊柱を貫通して死にいたらしめたという。さらにめずらしい事例では、1944年の春、沖合で動物の死体をあさっているクズリが1頭のホッキョクグマに出くわしたという記録がある。それによると、そのクマはクズリを攻撃したが、クズリは応戦してクマの喉に組みついて窒息死させた。この出来事を観察していたハンターがそのクズリを撃ってしまったため、クズリがそのクマを食べたかどうかはわからないが、私は食べないわけはないと思う。北方の詩人、ロバート・サービスはこう書いている。"白夜の太陽の下では奇妙なことが起こっている"。サービスは、ホッキョクグマのことをいったわけではないけれど、この一節はホッキョクグマにもあてはまる。

　個体数の変動において、偶発的な死亡がどれほど重要かはわからないが、限定的なものである可能性が高い。ヒトとホッキョクグマの関係は、

このクマは海氷から離れてしまったため、陸上で食べものをあさりながらこの夏を越さなければならないだろう。氷が戻ってくるまで、このクマの体重は減少するだろう。多くの海域で、クマは厚い多年氷の上で夏を過ごすために北へ向かう。そして、秋に再び海氷域が南へ伸びるのを追って、南へと下りてくる。

クマの生存が脅かされるという形であることが多い。残念なことに、ホッキョクグマは、その抑えがたい好奇心のために致命的な状況に陥ることがある。1996年に閉鎖されたチャーチルのゴミ捨て場では、クマたちが、車の鉛酸電池やイワシの缶詰をはじめ、なんでもかんでも食べてしまったために死亡した。なぜそんなものを食べるのかはわからないが、クマは舌の肥えた美食家ではないようだ。あるクマは、トラックから流出した約4ℓもの油圧オイルを飲んでしまった。クマのその後の運命はわからないが、死んでいないとしても、ひどい下痢になったかもしれない。アラスカでは、雪の上に通路を印すために使われる不凍液と染料の混合液を飲んで死亡したクマがいる。アラスカのプルドー湾の近くでは、海氷の上で、胃が膨張してねじれた状態（胃拡張・胃捻転症候群）で死んでいる大きな大人のオスが見つかった。ホッキョクグマは大量に食べるので、激しい運動が重なると、胃が捻転する可能性がある。こうした出来事が起こる頻度はわかっていない。

　飼育下では、ホッキョクグマはさまざまな原因で死に、退行性疾患もめずらしくない。あるクマは飼育期間22年間のうち19年もの間、毎日6,000個ほどのマシュマロを餌として与えられ、過剰な炭水化物が原因

でがんになって死亡したと推測された。糖死である。

個体群動態

　クマの個体群は、K選択者に典型的なものであり、非常にゆっくり成長し、その個体数は環境が収容できる最大数に近いのが普通である。個体数は、一般的には、数十年かけてゆっくり変化する。定義によると、個体群はいったん環境収容力に達すると成長しない。しかし、大半の個体群では狩猟が行われているので、環境収容力を下回っている。環境収容力を下回っている個体群の通常の成長速度は、年に2～3%にすぎないと思われるが、もっとも繁殖力がある地域においては、短期的には5%以上に達することもある。自治体が地元のクマの狩猟を望んだ場合でも、狩猟数を制限すれば個体群が維持されるケースもある。狩猟がなければ、クマの数は自然の要因によって調節される。

　個体群の成長率が低い結果として、大きな擾乱からの回復は遅い。擾乱の原因としてもっとも一般的なのは、過剰な狩猟である。多くの個体群はかつて過剰な狩猟を経験し、もとの水準にまで戻るのに何十年もかかった。狩猟を管理する役人が、過大な狩猟数を設定してしまうと、しっかりとモニタリングされている個体群はほとんどないので、設定の誤りに気づくのに何年もかかる。こうした状況がカナダのマクリントック海峡で起きてしまい、900頭いた個体群が狩猟により300頭強に減ってしまった。マクリントックの個体群が回復するには、狩猟を禁止したとしても数十年はかかるだろう。個体群が小さくなりすぎると近親交配のリスクも上がる。

　いくつかの個体群では、気候変動の影響が顕在化しているのではないかと懸念されている。クマの多くは、エネルギーの摂取量と要求量の微妙なバランスの上に生きている。絶食が長期化することや、長い距離を泳がねばならないこと、あるいはオスが過剰に捕殺されることなどの変化は、個体群の崩壊を引き起こす危険性があるかもしれない。私たちは、クマがある地域から別の地域へと移入したり移出したりするのをほとんど見たことがないので、回復する場合、大部分はその個体群内で新顔のクマがゆっくりと増えていくことから始まるのだろう。私たちはホッキョクグマの個体群崩壊を見たことがないが、研究者たちはいくつかの地域はそのすぐ入口まできていると考えている。そうした崩壊が起きてしまえば、もう回復できない個体群もあるだろう。回復可能な個体群でも、非常にゆっくりとした回復になるだろう。

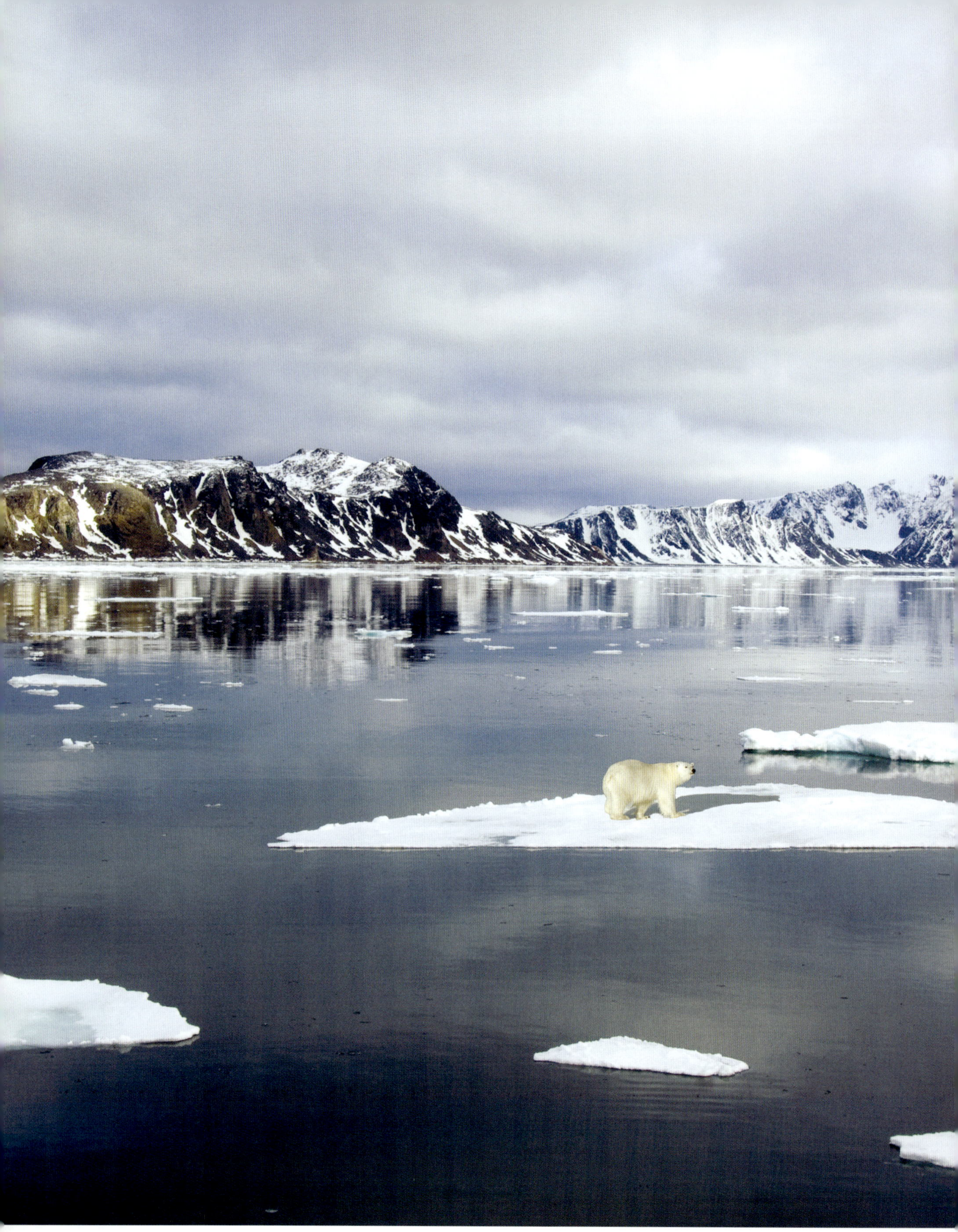

13 脅威

　ホッキョクグマは、昔からの生息域のほとんどを現在も生息域としている。北極圏は人口密度が低いこと、農業が行われていないこと、生息地の改変がないこと、そして産業活動が活発でないことから、ホッキョクグマは、ほかの大型肉食動物がたどったような運命を免れてきた。残念なことに、その"ホッキョクグマの幸運"は失われつつあるのかもしれない。昨今、地球温暖化によるホッキョクグマへの脅威が明らかになってきたことによって、絶滅危惧種に関する法制度にもとづいてホッキョクグマを保護する動きが強くなっている。国際自然保護連合（IUCN）のレッドリストは、ホッキョクグマを危急種（vulnerable species）としている。危急種とは"絶滅危惧種（threatened species）"と同義であり、米国の絶滅危惧種法ではホッキョクグマは絶滅危惧種とされている。

　ホッキョクグマの生息地は遠隔地にあるにもかかわらず、人間活動の影響が増加している。ただし、クマに対する脅威の性質は変化してきた。1950～60年代の主たる脅威であった狩猟は、容易に管理下に置くことができた。1970～90年代には、環境汚染が一部のホッキョクグマの個体群に深刻な影響を与えた。悪影響の大きい汚染物質を管理するための条約が締結され、ホッキョクグマ体内の毒性化学物質レベルは安定ないし減少した。新たな汚染物質はつぎつぎに出現しているが、一度特定されれば、それらの化学物質はなくすことができる。残念ながら、ホッキョクグマにとってもっとも深刻な脅威は、私たちがまだコントロールできていないもの、すなわち地球温暖化である。ホッキョクグマは、高度に特殊化した捕食動物であり、現在消えてなくなりつつある生息地を利用するように進化してきた。北極圏は今、ホッキョクグマという種の進化の歴史においてかつてないほどのペースで変化している。

狩猟

　ホッキョクグマの狩猟には、長く多様な歴史がある。北方の先住民はみな、1万年以上もの間ホッキョクグマを狩猟してきた。シベリア北東部に位置するデロンゴ諸島では、7,900年前、ホッキョクグマ猟とトナカイ猟が狩猟文化の中心だった。捕殺されたクマのほとんどは大人のメスであった。メスは狩猟するのが簡単で、おそらくは巣穴にいるところを捕まえていたのだろう。

　今日でさえ、北方では、ホッキョクグマは社会的、文化的、栄養的、

前ページ：ホッキョクグマは海氷での生活に特化した動物である。地球温暖化により、夏に海氷が融ける時期は早くなり、秋に再形成する時期は遅くなっている。海氷の融解は、生息地が失われる1つの形である。生息地なしには、どんな生物種も生き残ることはできない。

BOX　国際協定

世界的にホッキョクグマの個体数が減少しているという認識のもと、1965年、自国領内にホッキョクグマの生息する5カ国（カナダ、デンマーク（グリーンランド）、ノルウェー、米国、ソ連）が、アラスカ州フェアバンクスに集まり、第1回ホッキョクグマ国際科学会議（International Scientific Meeting on the Polar Bear）が開催された。当時、狩猟数は明らかに過剰であった。また、1960～70年代にかけて環境意識が高まったことによって、ホッキョクグマ保全対策の実行が可能となった。

保全のための国際協力を確実なものにするべく一連の交渉が行われ、それは、「ホッキョクグマの保全に関する1973年協定（The 1973 Agreement on Conservation of Polar Bears）」という形で結実した。この協定は現在でも有効であり、生態系保護に生態学の原理が適用された最初の国際合意の1つであった。協定には、巣ごもり、採餌および移動のための場を保護する方策が含まれており、適切な保全目標と入手可能な最良の科学的データを基礎とした保護管理手法が適用されている。

1973年協定は国際的なホッキョクグマ保全の枠組みとなるものであるが、当時すでに実行されていたいくつかの対策もうまく取り込まれた。ノルウェーでは、子連れのメスはすでに保護されていた。1939年には、巣穴が高密度に存在する地域であるスバールバル諸島のコングカルルス島に、ホッキョクグマ保護区が設置されていた。また、1949年には、カナダの北西準州政府が、一般狩猟免許保有者のホッキョクグマ猟を、原則として先住民のみに限定していた。ソビエト連邦は、ホッキョクグマの個体数減少に対応して、1956年に狩猟を禁止している。1972年制定の米国海洋哺乳類保護法では、先住民のホッキョクグマ猟を除き、ホッキョクグマは保護の対象となっていた。

ある分野では、協定は成果をあげてきた。多くの巣穴地域が保護され、ホッキョクグマ研究は協定締約国の義務として行われた。一方、採餌や移動の場の保護などの分野では、協定は無視されてきた。海洋生息環境の保護はいまだに最小限である。なぜなら、人々の多くは、海氷が生息地であること、ましてやホッキョクグマにとってきわめて重要な生息地だということに気づいていないからだ。

ホッキョクグマを狩猟したり、殺したり、捕獲することは原則禁止されており、許されるのは、科学的な目的のもの、保全上の理由によるもの、ほかの生物資源を保護するためのもの、地元住民が伝統的権利の行使として行う伝統的手法による狩猟、ホッキョクグマを狩猟する伝統のある地域での狩猟、の場合に限られる。1973年協定の締約国は、そのいずれもが、状況によってはホッキョクグマ猟が推奨される場合もあると認識していたが、保護が最優先であるという点は全会一致であった。"伝統的手法を用いる地元住民"の意味は、国によって異なる解釈がなされてきた。たとえば、ノルウェーは、スバールバルに地元住民はいないとし、ホッキョクグマ猟を1973年に禁猟とした。

この協定は、各国が"入手可能な最良の科学的データ"にもとづいてホッキョクグマの保護管理を行うことを義務づけているが、この"入手可能な最良の科学的データ"が多少の混乱をもたらした。その混乱というのは、"入手可能な最良の"データの解釈をめぐって起きた。多くのホッキョクグマ個体群では科学的データが不足しているうえに、狩猟が引き続き行われている。個体数推定がなされている個体群でさえ、推定の間隔は最適なものには程遠い。協定では、国が主導する調査研究プログラムの実施を求めているが、締約国のなかには、悲しいことにそうした調査研究への後押しがない国もある。

この協定の効果で、保全の考え方が発展し、資源の利用者が調査研究や保護管理に協力してくれるようになった。また、締約国の間には文化的相違を尊重する気風が醸成され、対話は促進された。この協定が調印されて以来、ホッキョクグマの保全は失敗例よりも成功例のほうが多い。この協定の理念は、地球温暖化によって厳しい試練を迎えることになるだろう。

ホッキョクグマが気候変動のシンボル種として舞台の中央に立っているように、この協定もまた保全の最前線に立っている。ホッキョクグマへの注目が高まるにつれ、政治的にも敏感な問題となってきている。2009年には締約国が再び会合し、ホッキョクグマについての新たな話し合いを開始した。地球温暖化はホッキョクグマにとってゲームチェンジャーである。そして今、一般の人々のホッキョクグマへの関心が、このとても特別な動物の運命に取り組むよう政治家を動かしている。

ベーリング海に浮かぶアラスカ州リトルダイオミード島で見かけたホッキョクグマの頭蓋骨とセイウチの牙。北方に暮らす人々と海洋資源の結びつきの1つの証拠である。

BOX　イヌイット文化

　Inuit Qaujimajatuqangit（"イヌイット・カオイーマヤトゥカンギート"と読む）、もしくはIQは、"イヌイットによって古くから知られているもの"と訳すことができる。すなわち、自然や人間、動物に対する文化的な洞察を内包する伝統的な知恵のことである。ホッキョクグマの研究には関係なさそうに思えるかもしれないが、個体群管理においてIQが公式に認められている個体群もある。

　野生動物管理の9割は人間の管理であり、その多くが地元住民である。IQのような一見型破りなツールを取り入れることで、研究者は、自己の知識量を大幅に増やすことができる。しかし、IQにも限界がある。口述伝承ははるか昔のものまで存在するが、観察の記録が限定的であり、どういう状況での出来事だったのかを評価するのが困難である。そのうえ、IQの内容は、人々が狩りをしながら旅をするような地域の事柄に限定されているため、野生動物の管理に関係するような内容の多くは、広域的な問題に関するものである。加えて、IQは、過去の出来事に関するものであって、未来の出来事に関するものではないため、地球温暖化といったような問題への対応には困難がともなう。とはいえ、地元の人の目撃情報は、研究者や野生動物管理に携わる者にとって非常に重要である。というのは、研究者がいないときでも、ハンターは現場にいることが多いからである。ハンターは、どこに巣穴があるのか、クマは夏どこにいるのか、クマはどこで狩りをするのか、そしてクマはなにを食べるのかを知っている。こうした情報は、科学的な研究を行う際の基礎情報になる。ホッキョクグマの保護管理にIQを活用する取り組みには進展が見られる。しかし、そうした試みがみなそうであるように、正しく実践できるようになるには時間もかかる。

BOX　自殺鉄砲

　1900年代、ホッキョクグマ猟は1つの産業であった。1924〜1968年の間に、グリーンランドとスバールバルだけで、13,500頭を超えるホッキョクグマが殺された。ノルウェー人はホッキョクグマ猟の名人だった。彼らは、独創的ではあるが陰惨なワナを使っていた。そのワナは、20世紀にホッキョクグマ個体群が危機的な状況に陥った原因の1つであった。

　現在では全面的に禁止されているそのワナは、いわば自殺鉄砲（ノルウェー語でselvskudd、意味は"自分で撃つ"）であった。簡単に説明すると、のこぎり台のような頑丈な台の上に木箱が置いてあり、そのなかに装塡されたライフルが、ホッキョクグマの頭の高さになるようにセットされている。ライフルの狙いは、誘因餌が入っている小箱に定められている。誘因餌には紐が結びつけられており、クマが誘因餌を引っ張ると引き金が引かれるようになっている。こうした誘惑に知らぬふりをできるクマはほとんどいないので、何千頭ものクマが自分の頭を撃つことになった。このようなワナのほとんどは陸上に仕掛けられたため、子連れの母グマが犠牲になることが多かった。母グマを失った子グマは死亡するか、捕まえられて動物園に売り飛ばされた。殺傷率は不明だが、かなりのものだった。スバールバルでは、2人のワナ猟師が、1シーズンに145頭以上のクマを殺した例がある。ホッキョクグマが大きな危機に瀕していた理由は、今にして思えば明らかだ。

そして経済的に重要な役割を果たしている。ホッキョクグマの肉をヒトが食べる地域もあれば、イヌに与える地域もある。グリーンランドの男性や子どもたちは今でも、冬にはホッキョクグマの毛皮のズボンを履く。アラスカでは、毛皮は手工芸品に使われている。ホッキョクグマを専門に狩猟するハンターは、社会的地位が高いことが多い。文化的に、ホッキョクグマ猟は厳粛なものとして受けとめられていて、ホッキョクグマの冗談を飛ばせば、今後の狩猟でよくないことが起こるとされている。ホッキョクグマ猟による経済的利益は大きくない。しかし、失業率がきわめて高い地域においては、個人への金銭的見返りとしてはかなりのものになることがある。ホッキョクグマの毛皮の価格は変動が激しい。もっとも狩猟数の多いカナダでは、狩猟されたホッキョクグマの大半は敷物になる。大きな毛皮ほど価値があるが、毛の密生具合や長さ、色、傷、そして毛皮の前処理、これらすべてが価格に影響する。ホッキョクグマの国際取引は、絶滅のおそれのある野生動植物種の国際取引に関する条約（CITES；ワシントン条約）によって管理されている。2010年のCITES会議において、ホッキョクグマの国際取引禁止提案は僅差で否決された。これに反応するように、入手困難になるかもしれないという懸念から、毛皮の価格は急騰した。

　狩猟されるホッキョクグマの3分の2はオスで、ほとんどが亜成獣である。子連れのメスは保護されている。大部分のホッキョクグマは、持続可能性を考慮した狩猟割り当てに従って狩猟されている。持続可能な狩猟数は個体群の3〜5％とされているが、個体数や繁殖率、生存率、メスの捕獲割合によって変わる。メスのみを狩猟するとした場合、1年

19個体群の年間ホッキョクグマ駆除数

2004〜2009年の平均。狩猟および問題行動を起こしたクマを含む。
IUCN/SSCホッキョクグマ専門家グループによる。

個体群*	年間の平均駆除頭数
チュクチ海	37〜200以上
ボーフォート海南部	44
ボーフォート海北部	29
バイカウントメルビル海峡	5
マクリントック海峡	2
ランカスター海峡	83
ノーウィージャン湾	4
ブーシア湾	60
フォックス湾	101
ハドソン湾西部	44
ハドソン湾南部	35
デービス海峡	60
バフィン湾	212
ケイン湾	11
東グリーンランド	58
バレンツ海	1
カラ海	0
ラプテフ海	0
北極海盆	0

＊IUCN/SSCホッキョクグマ専門家グループが認定した19のホッキョクグマ個体群

　間に狩猟できる個体数は個体群サイズの1.5％にすぎない。個体群が縮小している場合、持続可能な狩猟は不可能であり、撃てば撃つだけ個体数は減少してしまう。オスに偏った狩猟の結果、個体群においてメスが圧倒的多数になることがある。個体群の約70％がメスという地域もある。個体群のなかでオスが少なくなりすぎ、メスが交尾できなくなれば繁殖率は落ちることになる。

　狩猟数は個体群によってさまざまである。狩猟のない個体群もあれば、持続可能な狩猟数を超えている個体群もある。毎年、合法的な狩猟、密猟、あるいは問題を起こした動物として、およそ1,000頭ものホッキョクグマが捕殺されている。これは、毎年、世界中のホッキョクグマの4〜5％が捕殺されていることを意味している。この数が持続可能なのか、そうではないのかはわからない。しかし、捕殺数は過小評価の可能性が高い。撃ったが見失ってしまったクマは記録されないし、そのうえロシアでは、捕殺はまったく報告されないからだ。ロシア以外では、密猟の懸念は少ない。

乾燥と漂白のために天日干しにされたホッキョクグマの毛皮。こうした毛皮は、観光客や毛皮商人に売られたり、手工芸品に加工されたり、あるいは地元住民の衣服に仕立てられたりする。肉は地域全体に分配されることが多い。

多くの個体群において、狩猟をモニターするため、狩猟場所やクマの性別の記録がとられ、年齢調査のために歯が収集されている。科学的な保護管理手法を用いて最善が尽くされてきたにもかかわらず、この10年、19ある個体群のうち6つで、過度な狩猟により個体数が減少した。ホッキョクグマの狩猟は過剰になりやすく、過剰な捕殺はそのまま個体数の減少につながる。狩猟が行われている個体群の多くは、10〜20年の間隔でモニターされている。たとえ1年ごとの狩猟数の超過が小さくとも、10〜20年という期間には、積み重なって大きな個体数減少になることがある。個体群の回復が必要な場合、各地域は協力して狩猟割り当てを減らすのが普通である。しかし、ホッキョクグマ猟の意義を考えると、割り当てというのはつねに微妙な問題をはらんでいる。気候変動はホッキョクグマの個体群を変質させているので、持続可能な狩猟は減っていき、しまいにはすっかりなくなってしまうとも予想できる。総じて、狩猟は、長期的なホッキョクグマの存続に対する主要な脅威ではない。狩猟は管理できるし、管理するための手段は整っている。

ヒトとクマの関わり

ヒトとクマは、本質的に、2つの理由で完全に競合するようになっている。第1の理由は、北方の居住区はホッキョクグマの生息適地の近くに

カナダのチャーチルという町は、世界のホッキョクグマの首都だと自ら宣言しているが、それももっともだ。およそ900頭のクマが夏を過ごす地域とハドソン湾の間にあって、チャーチルは、さながらホッキョクグマのハイウェイのように見えることがある。ホッキョクグマ警報プログラムは、ヒトとクマの軋轢を軽減するうえで大きな効果を発揮している。

位置することが多いこと、第2は、ホッキョクグマと北方に住む人々は同じ食物資源を利用していることが多いことである。ヒトとクマの軋轢の記録は1321年のアイスランドにまでさかのぼり、あるホッキョクグマは自身が殺されるまでに7人あるいは8人を殺したという。過去、北方に住む人々がどれだけホッキョクグマの犠牲になったのかは、推測することしかできない。

とはいえ、ホッキョクグマの生息地にヒトはほとんどいないので、クマがヒトを殺したり襲ったりすることはめったにない。そのうえ、北極圏にいるヒトは武器を携帯していることが多い。アラスカでは、ホッキョクグマによる負傷は、アメリカクロクマとグリズリーによる負傷の1%ほどである。カナダでは、15年間で死者4名、負傷者15名であり、80%のケースがホッキョクグマの捕食行動に関係していた。ホッキョクグマの生息地はかなり開けていて視界がよいので、銃器の使用はホッキョクグマに対して有効である。森林地帯では、アメリカクロクマやグリズリーに、防御のいとまもなく至近距離から襲われることがよくある。ホッキョクグマはときと

第13章 脅威 —— 229

BOX　スポーツハンティング

　スポーツハンティングは、多種多様な意見があるデリケートな問題である。ある人々にとっては、スポーツとしてホッキョクグマ猟を行うことは非難されるべきことだが、またある人々にとっては、一生の夢をかなえるすばらしい冒険なのである。

　ホッキョクグマのスポーツハンティングには長い歴史がある。1773年、当時はまだ英国海軍の士官候補生だったホレーショ・ネルソン提督は、スバールバル近くの海氷上にホッキョクグマがいるのを見つけ、マスケット銃を手にそのクマに忍び寄った。マスケット銃は不発に終わり、ホッキョクグマが襲ってきた。ネルソンは、銃床でクマを叩くはめになってしまった。ネルソンの船の艦長は、窮地に追い込まれたネルソンを見て大砲を放ち、クマを追い払った。このエピソードは、1809年に描かれたリチャード・ウェストールの絵によって、永遠に伝えられることになった。スポーツハンティングはその当時、ずいぶんとスポーツらしいものであったのだ。

　1900年代半ばのアラスカでは、ホッキョクグマのスポーツハンティングは、主として、スキーを取り付けた固定翼航空機を使って行われるようになった。クマが発見されると、ハンターは氷上に降ろされた。一方、クマはハンターのそばを通過するように追われ、撃たれた。ノルウェーでは、スポーツハンティングはアザラシ猟の船を使って行われた。アザラシ猟の船は、流氷のなかを進み、射程距離までクマに近づくことができた。死んだクマは船に揚げられ、皮を剥がれた。これらの狩猟方法は、ハンターの立場からすると効率的なものだったが、あまりスポーツらしくはなかった。

　狩猟にもっとスポーツ性を持たせるべきだということが主張され始めたころには、弓矢の使用が求められた。その筋書きは、最初は矢でクマを射て、クマが襲ってきたところを間近で銃で仕留めるというものだった。ホッキョクグマは、今でも弓矢でスポーツハンティングされることがある。トロフィーハンティングはやめて、麻酔を使っての生け捕りにしようという提案もあった。また、学術研究を支援するための手段として、キャッチ＆リリースハンティングが提案されたが、けっして日の目を見ることはなかった。

　ホッキョクグマのスポーツハンティングは、1973年のホッキョクグマ保全協定により転機を迎えた。協定の一部修正を要求したカナダを除き、ホッキョクグマのスポーツハンティングは全面禁止になった。修正の内容は、地元住民は、自分たちの狩猟割り当て分から、イヌイットやインディアンでないハンターにホッキョクグマの狩猟権を売ることができるが、狩猟にあたっては、先住民のハンターが犬ぞりを使ってガイドしなければならないというものだった。これが現代のホッキョクグマ猟の始まりであった。1970～1979年には、カナダでスポーツハンティングされたクマは捕殺頭数の1％にも満たなかった。しかし2005年には、110頭がスポーツハンティングされ、捕殺頭数に占める割合は25％にまで増加した。スポーツハンティングで狩猟できるホッキョクグマの頭数は地域によって違う。地域社会のなかには、スポーツハンティングに賛成していないところもあれば、割のよい経済活動だと考えているところもある。

　保護管理の観点から見ると、スポーツハンティングにほかのハンティングとの違いがあるわけではない。持続可能な割り当て頭数にもとづいた狩猟である限り、だれが引き金を引くかは生物学的には問題にならない。スポーツハンティングされるクマの80％以上はオスである。撃たれるメスが少ないというのは、個体群の繁殖力を維持するのに都合がよい。スポーツハンティングの

してヒトを襲うが、そうした事例はヒトの側の愚かさや過失が一因であることがある。あるケースでは、キャンプ場に近づいたホッキョクグマが、鳥類用の散弾銃で何度も撃たれ、ヤナギの木立まで後退した。少しして、クマが死んでいると思って近づいたところ、クマはぴんぴんしていて、再び追い払われるまでの間に、ヒトの頭皮の一部を剥がしてしまった。別のケースでは、ホテルの火事の後、地元住民がホッキョクグマに殺された。両者はともに焼け跡で食べものをあさっていたのだった。また別の死亡事故では、ハドソン湾の海岸の岩場を登っていた若者が、寝ているクマ

ハンターは、トロフィーにするのに向いた大きな頭を持つクマを狙う。多くのスポーツハンティングのハンターは、たとえそれが違法でなくとも、メスや小さいクマは撃たない。スポーツハンティングの成功率は高く、90%前後の確率でクマが仕留められる。

北極圏におけるスポーツハンティングの恩恵は明らかだ。狩猟のたびにガイドへはかなりの収入が入り、北方地域社会に雇用が生まれる。広域的な経済にとってみればたいした収入ではないが、個人レベルでは、その利益はガイドの年収の大部分を占めることもある。好むと好まざるとにかかわらず、スポーツハンティングは、資源の持続的な利用として行うことが可能である。1頭のホッキョクグマをスポーツハンティングするのには、3万ドル以上の費用がかかる。地元ガイドには、彼ら自身が狩猟したクマの毛皮を売るよりも、はるかに多額の収入が入る。

スポーツハンティングのハンターは、かつてはそのほとんどが米国人であった。米国の海洋哺乳類保護法は、ハンターが自身で狩猟したトロフィーを持ち帰ることを許可していたが、2008年にホッキョクグマが絶滅のおそれのある種に指定されると、この除外規定はなくなった。その結果、スポーツハンティングは減少した。

最近では、ホッキョクグマの保護管理のなかに、"コンサベーションハンティング（conservation hunting；保全のための狩猟）"というような用語が入り込んできて混乱が生じている。コンサベーションハンティングとは、スポーツハンティングをエコツーリズムの一種ととらえる考え方である。いくら名前を飾っても、スポーツハンティングに変わりはない。狩猟には、持続可能なものと、持続可能でないものの2つしかないのである。

カナダ北極圏で狩猟されたこのクマは、年間割り当ての一部として合法的に捕獲されたものである。生物学的試料が耳標とともに政府に提出され、その試料をもとに、生物学者が狩猟の影響評価を行い、狩猟が持続可能性を維持しているかが確認される。ホッキョクグマ猟は、多くの北方文化において、いまだに重要な位置を占めている。

を驚かせてしまった。ときとして、ヒトはちょうどまずいときにちょうどまずい場所に居合わせてしまうものだ。

もっとも頻繁に問題を起こすのは若いオスのホッキョクグマだが、痩せこけたクマは性別にかかわらず問題を起こす。問題グマの発生率は、地域によって高くなることがある。最近、ある地域で、一秋に20頭以上のクマが捕殺された。問題グマへの対応には、地域社会の考え方、誘引物の管理、被害防止プログラムの高度化、管理体制、寛容さなどの要素が影響する。マニトバ州チャーチルには、ホッキョクグマ警報プログ

ホッキョクグマから検出された何百もの汚染化学物質のほとんどすべてが、遠く離れた南方の工場や農業地帯に由来するものだ。大気中に排出されたり、河川へ流出した廃棄物は北へ移動し、ホッキョクグマの体内で危険なほどの高濃度に達することがある。

ラムがあり、大きな効果をあげている。撃たれるクマもほとんどなく、攻撃されたりケガを負わされるヒトもほとんどいない。

　問題グマへの対応プログラムは進歩しているが、先にはやっかいなことが待ちかまえている。地球温暖化によって餌不足にさらされるクマが増え、もっと多くの問題グマが発生するおそれがあるからだ。地域社会に問題グマに対する準備がない場合、最初の対応方法は銃弾となることが多い。気候変動によって環境収容力が低下しているため、ほかの選択肢はあまりないのかもしれない。より安全な地域へのクマの移動は1つの可能性である。しかし、北方の小さな地域社会では、そうした活動を行うためにはきわめて制約が大きい。ホッキョクグマの生息地に住む人々が、自らがつくりだしたものではない問題に独力で取り組まなければならないというのは、ひどく不公平である。しかしそれでも、北方の地域社会の多くは、ヒトとクマの軋轢を軽減するための解決策を見出そうと努力している。

汚染

　工業地帯とホッキョクグマの生息地は遠く離れているにもかかわらず、汚染は北極の生態系にとって深刻な脅威であり、ホッキョクグマも高度に汚染されている。北極に存在する毒性化学物質は、さまざまな発生源からやってくる。たとえば、南方の工業や農業を発生源に、大気や海流によって長距離を運ばれてくるもの、北極海盆に注ぐ大河川から流入するもの、さらには渡りをする動物種によるものなどである。おもな汚染物質は、残留性有機汚染物質、重金属、および放射性物質の3つの

グループに分けられる。ホッキョクグマまでもが人類の不注意と無関心によって汚染されていることを知ると、心穏やかではいられない。

　もっとも懸念の大きい化学物質は残留性有機汚染物質である。残留性とは分解されにくいことを意味し、有機物とは炭素を含む化合物である。汚染物質とは生物に有害な作用をおよぼすことを意味している。もっとも危険な汚染物質は、塩素やフッ素、あるいは臭素を含んでいるものが多い。ホッキョクグマの体内からは多くの農薬が検出される。環境汚染の危険を世間に知らしめたレイチェル・カーソンの1962年の著書『沈黙の春』のなかで中心的に扱われたDDT残留物も、ホッキョクグマから検出される。ポリ塩化ビフェニル（PCB）や臭素系難燃剤などの工業用化合物は、代謝活性があるため非常に懸念される。PCBは、絶縁体や油圧作動油、潤滑油、液体シーラント、切削油に使われていた。PCBが広範囲に広がっていることに対する懸念が高まり、多くの国々が生産を禁止した。かつてのソビエト連邦での生産量は不明であるが、それを除くと、約140万トンのPCBが製造された。しかし、適切に分解されたのはほんの一部である。臭素系難燃剤は北極の新顔であるが、

汚染されていないホッキョクグマなどいない。このクマは、つぎの食事で空腹を和らげるだろうが、その体は、その先何年も、人間が不注意に廃棄した汚染物質を解毒するという重荷を背負うことになる。

BOX　偽雌雄同体のホッキョクグマ

　初めてスバールバルの海氷にホッキョクグマを捕獲しに行ったとき、私は2頭の1歳子を連れたメスを捕獲した。いつものように子グマたちを仰向けにして性別を調べたところ、驚いたことになにかが少し"違って"いた。どちらの子グマにも大きく肥大した陰核があったのだ。それは、本質的には不完全に発達した陰茎で、約20 mmの長さがあり、陰茎骨を備えていた。それからの数年間、私が捕獲したメスの1.5％にその異常が見られた。スバールバルのホッキョクグマは高濃度に汚染されている。そのことが異常の原因かもしれない。

　雌雄同体とは、雌雄両方の生殖器官を持っている植物または動物を指していう。ミミズやナメクジ、多くの植物が雌雄同体である。"偽雌雄同体"または"間性"という用語は、性腺は雌雄いずれか一方のものを持つが、性器からは雌雄を判別しがたい場合に使われる。私が捕獲した双子の子グマは、遺伝子的にはメスの偽雌雄同体であった。私が捕獲した偽雌雄同体のクマのなかには子連れの母グマもいたので、少なくとも繁殖可能な個体もいるようだ。

　この異常の原因は明らかではないが、ホッキョクグマの体内から検出される汚染物質の多くがホルモン攪乱物質であることから、発生段階でのホルモン異常が1つの可能性として考えられる。しかし、ほかの原因も考えられる。たとえばイヌでは、子宮内でメスの胎子がオスの胎子と隣り合っていて、十分な量のホルモンがオスの胎子からメスの胎子のほうに流れてきた場合、フリーマーチンと呼ばれる発達異常が起き、偽雌雄同体の状態になることがある。

　こうした奇妙なクマについての学術論文を発表してまもなくのこと、私は長期の野外調査を終え、ノルウェー北部のトロムソ空港にいた。カウンターに呼び出されると、ロンドン・タイムズの記者がインタビューを求めてきた。性的な広告は売れる、変わり種の性的ネタを使えばもっと売れる、という。ホッキョクグマの変わり種の性の話は、新聞の一面を飾った。

大量に生産されていること、広範に使用されていること、そして北極の生物種において急速に増加していることから、現在進行中の懸案事項になっている。

　ホッキョクグマは、その食性や食物連鎖における位置のために、非常に汚染の影響を受けやすい。多くの汚染物質には、脂肪の分子にくっつくという化学的な特性（脂溶性）があるため、高脂肪食のホッキョクグマへの影響が懸念される。汚染物質は食物連鎖の下位にいる生物に取り込まれ、食物連鎖の上位では濃度が増加する（生物濃縮）。たとえば、藻類を食べる1匹の端脚類がPCB分子を1つ摂取したとする。1匹のホッキョクダラは、PCB分子を1つずつ持っている1,000匹の端脚類を食べる。そして1頭のワモンアザラシは、PCB分子を1,000個ずつ持っているホッキョクダラを1,000匹食べる。これらの生物種はPCB分子を分解できないので、汚染レベルは増加し続ける。食物連鎖の頂点にいるホッキョクグマは、彼らが食べるアザラシの脂肪に含まれる高濃度の汚染物質に暴露されるのである。

　幸い、ホッキョクグマは汚染物質をいくらか分解して排出することができるため、ほとんどの汚染物質の体内濃度は生涯増加し続けるというわけではない。ただ不幸なことに、排出される前の分解産物は、ホッキョ

クグマ体内での生理的活性が非常に高い。北極圏のいくつかの地域（なかでも汚染のひどい地域はロシア西部からグリーンランド東部である）では、ホッキョクグマ体内の汚染物質濃度は高く、ミンクのような動物種であれば繁殖不能となるか死亡してしまうようなレベルにある。汚染されていないホッキョクグマは世界中に1頭もいない。1頭1頭が自身の直面する複数の有毒汚染物質に対処しなければならない状況である。PCBには209種類もの異性体があり、そのそれぞれに固有の毒性分解産物があることを考えてみてほしい。すべての汚染物質を考えた場合、標準的なホッキョクグマは体内に数百もの外因性の化学物質を持っている。1つ1つの汚染物質の影響を評価することは不可能だが、それほど多くの汚染物質がホッキョクグマの体内にあって影響がないと考えるのもまったく不合理である。

これまでの研究で、汚染物質がホッキョクグマにさまざまな影響をおよぼしていることが明らかになっているが、そのメカニズムはまだ十分に理解されていない。汚染物質は、肝臓や腎臓、甲状腺の構造を変えてしまうことがある。ホッキョクグマの体内に検出される化学物質のなかには、性ホルモンや甲状腺ホルモンの調節に影響をおよぼすものもある。ホルモンレベルが変化すると、成長や発達、繁殖に影響が出る。汚染物質がホッキョクグマのビタミンAレベルを変化させることが示唆されているが、その影響はわかっていない。また、骨密度や神経組織、DNAも汚染の影響を受けていることが研究により示唆されている。

ホッキョクグマ1頭1頭の汚染負荷量は、個体群、年齢、性、繁殖状態、移動パターン、食性によって影響を受ける。どのクマもそれぞれ固有の汚染履歴があり、同じ個体群のクマであっても汚染負荷量は大きく異なることがある。栄養状態も汚染レベルに影響する。太ったクマでは、その脂肪で汚染が希釈されるからである。クマが体の脂肪を使うと、汚染物質は残った脂肪に濃縮される。そして残りの脂肪も使われると、汚染物質の血中濃度が急上昇する。懸念されることの1つは、妊娠したメスや新生子を持つ母グマは体脂肪の劇的な減少を経験することだ。母グマの体内の汚染物質の多くが、脂肪に富む母乳に移行し、発育中の子グマに摂取される。こうした汚染物質の転嫁の結果、当歳子や1歳子、亜成獣の汚染負荷量が、成獣よりも大きいことがよくある。汚染物質負荷量の大きいことが発育中のホッキョクグマにどのように作用するのかはわかっていない。オスは子グマへの汚染物質の転嫁ができないので、大人のオスはメスよりも40％も高い汚染レベルになることがあり、高濃度に汚染されたオスグマに対する懸念が高まっている。

メスの体内の汚染物質レベルは年齢とともに安定化する。メスは、知らず知らずのうちに、母乳を介して子グマに汚染物質を転嫁するからだ。このくらいの大きさの子グマは、母グマよりも高濃度に汚染されていることが多い。

　いくつかの研究によると、PCBはホッキョクグマの免疫系に悪影響を与えるという。PCBはホッキョクグマの抗体産生能力を阻害する。抗体は、病気や感染、寄生虫に対する防御の最前線である。PCBレベルの高いホッキョクグマほど、抗体の血中濃度が低い。免疫系を阻害された汚染度の高いホッキョクグマは、比較的無害な感染で死んでしまうこともあるかもしれない。汚染物質は、発育異常、学習能力の異常、生体防御機能の低下、そして生存率の低下を引き起こす可能性がある。汚染度の高い子グマは死亡率が増加することが示唆されている。汚染が原因の死亡は、病死、不適切な行動の結果としての死亡、発達異常、あるいは単にうまく育つことができないといった形で起こるのかもしれない。

　汚染による個体への影響を評価することも一苦労だが、個体群への影響を評価することはさらにむずかしい。スバールバルの個体群が過度な狩猟から回復するのに長い時間がかかったのは、1970年代、狩猟が禁止されるのと同じ時期に汚染レベルが急激に上昇していたからかもしれない。汚染の影響は、動物の発達や行動、免疫系、あるいはホルモン系が攪乱を受けやすくなるごく短い時期にしか現れないので、個体群への影響について決定的な証拠を示すことはほとんど不可能かもしれ

ない。

　近年、放射能汚染が起こっているのではないかという懸念が、とくに北極圏に近い地域で高まっている。チェルノブイリ事故、廃棄または破壊された核兵器や原子力艦、原子力産業の排出物や廃棄物、核実験、これらすべてが放射能汚染の原因となる。ホッキョクグマの巣穴地域であるロシアのノヴァヤゼムリャで行われた核実験は、ホッキョクグマになんらかの影響を与えたと思われる。ノヴァヤゼムリャで、被毛に異常な茶色の斑のある子グマや、後肢が異常に短い"バッファローベア（buffalo bears）"が見られることが報告され、懸念が高まっている。これらの目撃記録と放射能汚染の関係を明らかにすることは不可能である。しかし、妊娠したホッキョクグマが旧地下核実験場の上に巣ごもりしたら、放射線によって母グマと発育中の胎子がどのような影響を受ける可能性があるか考えてみてほしい。

　水銀、鉛、カドミウム、セレンといった重金属もホッキョクグマから検出されている。重金属のなかには天然に存在するものもあるが、精錬所やセメント工場から放出されたり、化石燃料を燃やしたときに発生するものもある。もっとも多くの水銀が放出されるのは石炭を燃やしたときである。北方に住む人々の間では、水銀やその他の重金属の摂取が大きな問題となっている。伝統食である海生哺乳類の重金属レベルが高いからである。ホッキョクグマの組織を調べると、水銀やカドミウムの濃度が、ヒトの食品中に許容される濃度を大きく上回ることがある。ヒトの場合、高濃度の水銀は、中枢神経系や内分泌系、腎臓に対する毒性がある。ホッキョクグマにおける重金属の影響はほとんどわかっていない。水銀濃度は上昇しつつある。重金属、残留性有機汚染物質および気候変動の三者が、相乗的に作用するのではないかという懸念も生じている。

　2頭の小さなホッキョクグマの子どもの姿を、その子たちがほかでもない母親の乳で汚染されているのだという目で見ることは、北極圏やその域を越えて進行する汚染の危機に世間の関心を向けるのに役立つだろう。汚染物質は、ヒトと野生動物の両方を保護できるようなやり方で、事が起こる前に予防的に規制していかなければならない。

観光

　ホッキョクグマの生息地では、北方地域への旅や、北極圏のトレッキング、大型客船でのクルージングといった観光がさかんになってきている。ホッキョクグマ見物によってクマが受ける影響は一般に小さいものだが、毎年、北極圏の探検家や観光客によってクマが数頭撃たれている。ホッ

北極圏における観光産業は急速に成長している。良識を持って行われるのであれば、観光がホッキョクグマにとって負の結果をもたらすことは、たとえあったとしても非常に少ないはずだ。ヒトというのは、自分が知っている物事には注意を向ける。野生のホッキョクグマを見た人々は、この北極圏の住人に魅了される。

キョクグマは 1 km 以上離れた距離でも雪上車に反応するので、彼らの生息地にヒトがいるだけでも行動を変えてしまう原因になる。たいしたじゃまをしなくても、ホッキョクグマが餌動物を捕獲する効率は低下する。専門家の助言のない観光では、ホッキョクグマの巣穴を見つけてクマのじゃまをするなど、愚かな行動をとる観光客がいる。雪上車に乗った観光客が小さな子グマを連れた母グマを追いかけ回した結果、母グマが子グマを放棄してしまったこともある。その観光客たちは、子グマを捕まえると雪上車に座らせて写真を撮ったのだ。彼らは捕まって罰金を科せられたが、彼らに実刑判決を望む声も多かった。マニトバ州では、何年か前

から、巣穴にいるホッキョクグマ親子を訪ねるツアーが始まった。クマへの影響はわからない。ホッキョクグマは攪乱への耐性と適応能力を持つが、適応能力には限界がある。また、一生のうちでとくに攪乱に対して敏感な時期というのもある。ヒトの側の適切な配慮と認識があれば、ホッキョクグマは自分たちの生息環境のなかにヒトがいても寛容である。

　ホッキョクグマは、被写体としてもっとも人気のある野生動物の1つである。しかし、できるだけ近くから写真を撮ろうとする観光客がいて、自分自身とクマの両方を危険にさらしてしまうことがある。1980年代には、餌を使ってホッキョクグマをおびき寄せる写真家もいた。ある写真家は、ホッキョクグマを引き寄せておくために、小さく切ったラードの塊をいつも雪の上に撒いていた。こうしたことをすれば、きれいな写真は何枚か撮れるかもしれないが、クマに多くの不自然な行動をとらせてしまう。

　ホッキョクグマが犬ぞり犬とじゃれている有名な写真は、クマがイヌの餌の食べ残しを食べにくるようになった結果であった。クマがやってくることは、観光客への見世物として宣伝されていた。しかしながら、自然にない食物資源へ依存することをクマに教えてしまうと、クマの行動が変わる可能性がある。食べものを求めてヒトに近づくことを覚えたクマは、狩猟が行われている地域に移動した際、敷物にされる運命に一歩近づくのだ。クマの保護管理における合言葉は「餌付けグマは死んだクマ」である。幸いなことに、ホッキョクグマへの餌付けは、今では多くの地域で違法である。

　マニトバ州チャーチル周辺では、ホッキョクグマ見物が一大産業へと成長したが、これまでのところクマに対するめだった影響はない。ハドソン湾西部個体群のクマのほとんどは、ツンドラバギーが荒れ地を走り回る制限地域には近づかない。もしクマが不快を感じれば、クマには逃げ場があり、そこはヒトのいない広大な地域である。全般的に見れば、観光の利点は欠点に勝る。北極圏を訪れ、ホッキョクグマを見た人々は、ホッキョクグマの保全に関心を持ってくれるのだ。

石油、天然ガス、鉱業、開発

　近年、北極圏の沖合や沿岸で炭化水素の探査がさかんになってきた。ホッキョクグマにとっての最大の脅威は、石油の噴出事故（ブローアウト）である。問題の一端は、ホッキョクグマが沿岸の浅瀬を好み、かつ炭化水素の掘削がもっともさかんなのはそうした海域であることにある。そして、ホッキョクグマ本来の好奇心がさらに状況を悪化させる。というのは、ホッキョクグマは、視覚やにおい、音によって石油掘削施設に惹きつけ

左：あたりを走り回るツンドラバギーにホッキョクグマはほとんど関心を示さない。ツンドラバギーのなかは、温かく安全な場所から一世一代の写真を撮ろうと待ちかまえる観光客でいっぱいである。ホッキョクグマと目と目があったら、ホッキョクグマの虜にならずにはいられない。

右：海氷が融けていくにつれて、沿岸や沖合に埋蔵されている石油への関心が急速に高まっている。ブローアウトが起これば、ホッキョクグマとその餌動物に深刻な負の影響をもたらすだろう。ホッキョクグマは、原油との接触にうまく対処することはできない。

られてしまうからだ。石油掘削施設や砕氷船による生息地の改変も懸念される。砕氷船はアザラシを惹き寄せる水路をつくり、その結果、ホッキョクグマも惹き寄せてしまう。これまで石油掘削施設で撃たれたホッキョクグマはほとんどいないので、今のところは些細な問題である。原油流出事故はまだ起こったことがないため、ホッキョクグマの生息地における石油開発のリスクを評価するのはむずかしい。しかし、飼育下のホッキョクグマの研究から、クマは原油が毛につくと毛づくろいし、摂取した原油が原因で、腎臓や肺、肝臓、あるいは脳に障害を起こし、死にいたることがあるということがわかっている。北極圏で大規模なブローアウトが起きれば壊滅的なものとなるだろう。油まみれのクマが油まみれのアザラシを食べ、個体群への悪影響は深刻なものとなるだろう。

巣ごもりしているホッキョクグマはとくに攪乱に弱い。子グマが生まれて数カ月経つまでは、子グマを移動させるのは容易ではないからだ。ボーフォート海に面したアラスカの北極圏国立野生生物保護区の海岸地帯には、90億バレル以上の石油が眠っていると推定されている。その地域ではホッキョクグマが巣ごもりするので、石油が採掘されるようになれば、悪影響の出る可能性が高い。

開発とはインフラ整備を意味し、それまで僻地であった場所にあらゆる変化をもたらす。たとえば、道路は深い雪の上よりも歩きやすい。母グマと一緒に巣穴から出てきたホッキョクグマの子どもが、冬季連絡道路を歩いているところをトラックにはねられてしまったこともある。同様に、しばしばホッキョクグマは雪上トラックの轍をたどり、キャンプ場に行きついてしまうことがある。また、ヒトが僻地に小屋を建てたり、旅行することが増えるにつれ、ヒトとクマの関わる機会が増加している。クマの接近を知らせるのに使われていた犬ぞり犬が、若いホッキョクグマを殺してし

まったことがある。ロシアの北極基地のクルーは、クマの足を撃つことが追い払いに有効であると信じていた。クマがその後、ヒトを恐れるようになるという理屈からだ。もっとも、クマは単にどこかへ行って死んでしまうのかもしれないが。

　北極圏には、ダイヤモンドや金、ウラン、その他の鉱物資源がたくさん埋蔵されている。海氷が消失するにつれ、これらの資源の多くが採掘しやすいものになってきた。資源探査がさかんになるにつれ、地質学者や探査キャンプがさらに奥地へと入っている。採掘量の増加は輸送量の増加を意味し、掘削装置や石油製品を運搬する砕氷船の往来が増加する。砕氷船は、アザラシとその生息地に対する攪乱となる。なにもかもうまくいけばなんの問題もないが、北極圏は船舶や掘削装置にとって過酷な環境である。現時点では、産業開発がホッキョクグマにおよぼす影響はほとんどわかっていない。

　漁業もまた別の攪乱となる可能性を持っている。現在のところ、北極圏の種を対象とした漁は限定的であるが、海氷が減少して漁獲高が増加していくと、生態系の連鎖が改変されてしまうかもしれない。エビのトロール漁は北極の成長産業である。海底の堆積物や動物相が攪乱されると、アザラシが食べる餌動物に影響し、ひいてはホッキョクグマにも影響するだろう。

北極圏に存在する資源の商業利用が増加すれば、船舶の航行もまた増加するだろう。船舶の航行がホッキョクグマとその餌動物を攪乱することになれば、ほかの変化によってすでにストレスがかかっている個体群に、なおいっそうのプレッシャーをかけることになる。

北極圏での研究もさかんになっている。海洋、海氷、氷河、河川、湖沼、永久凍土、植物、無脊椎動物、魚類、鳥類、哺乳類、その他の数えきれないほどの事物を対象とした研究が北極圏で行われ、北極圏はどんどんにぎやかになっている。研究者が増えるということは、野外でのキャンプが増え、砕氷船や持ち込まれる銃器も増えることを意味している。

　1つ1つの活動の影響が小さくても、積み重なればその相乗効果は大きなものになりうる。

地球温暖化

　地球温暖化はホッキョクグマが直面する最大の脅威である。なぜならそれは、単に個々のクマを脅かすだけのものではないからだ。地球温暖化は、ホッキョクグマという動物種全体を脅かすものである。地球は温暖化しており、北極圏では低緯度地帯よりもはるかにそのペースが早い。海氷の状態が変化し、ホッキョクグマは生息地を失いつつある。ホッキョクグマは、海氷が減少したくらいであれば生き残れるかもしれないが、海氷がなくなってしまえば生き残れないだろう。巧みに絶食期間を乗り切る動物として、ホッキョクグマはありとあらゆる食物資源を積極的に利用はするが、豊富な海洋資源を利用するように進化してきたので、それなしには生き残ることができない。そして、その海洋資源を獲得するためには海氷が必要である。解析結果によると、現在の海氷消失予測が現実のものとなれば、今世紀半ばまでに世界中のホッキョクグマの3分の2がいなくなると示唆されている。

　地球温暖化に対するホッキョクグマの反応ははっきりしている。体重の減少に始まり、続く数年で体サイズが小さくなるとともに、子グマの生存率が低下し、その後、亜成獣の生存率も低下する。妊娠したメスは、体脂肪の蓄積が少ないまま早い時期に陸へやってくるようになるため、より長い期間絶食に耐えねばならず、産子数が少なくなる。事態が悪化すると、成獣の生存率が低下し、ついには個体数が減少する。ほかにも数多くの影響が報告されている。アラスカでは、海氷の安定性が変化したことで、海氷上の巣穴の割合が劇的に減少し、今やメスは、陸地に巣穴の場所を求めるようになっている。スバールバル諸島のホーペン島はかつて主要な巣穴地域であったが、今では巣穴はめったに見られない。海氷が形成される時期が遅くなり、妊娠したメスがホーペン島にたどり着けないからだ。子殺しや共食いの報告も増えている。困窮のあまり固い氷を掘ってアザラシを捕ろうとするホッキョクグマも観察され始め

ている。このような方法は、雪のなかにつくられた巣穴からアザラシを掘り出すのと比べ、極端に非効率である。

　こうした変化の影響はこれにとどまらない。海氷の融ける時期が早まるにつれ、クマは早く陸へ追いやられるようになっている。晩秋ないし初冬には、海氷の再形成がこれまでより遅くなることで、クマが狩りを再開できる時期が遅れている。ホッキョクグマは三重に損失をこうむっている。まず、彼らは春に採食して体脂肪を蓄積する機会を失っている。つぎに、上陸が早くなることで、絶食期間が延びている。このため、じつはホッキョクグマにはこれまで以上に体脂肪が必要なのである。最後に、狩りを再開する際、これまでのような時期に海氷に戻ることができなくなっている。ホッキョクグマのボディコンディションの悪化が、すでにいくつかの個体群で観察されている。エネルギー論的な研究によると、絶食の延長は死亡率を著しく増加させることが示唆されている。子グマは、ホッキョクグマ個体群のなかでとくに影響を受けやすい存在である。栄養的なストレス下にある母グマは早目に授乳をやめてしまうため、子グマの死亡率が増加するのだ。ボディコンディションが悪くともメスは授乳のために体脂

北極圏全域において海氷が着実に減少していることが報告されており、その傾向は続くと予測されている。現在の予測では、温暖化が抑制されない限り、今世紀半ばまでに世界の3分の2のホッキョクグマが消滅するとされている。

第13章　脅威 —— 243

BOX　ホッキョクグマの生息域で安全に過ごすために

　ホッキョクグマがヒトを襲うことはほとんどないため、なぜそのようなことが起こるのかを突きとめるのは困難である。ホッキョクグマは通常、ヒトを餌とは見なさない。しかし、アザラシをむしゃむしゃ食べて血まみれになっているホッキョクグマを見れば、だれでもホッキョクグマの生息地で安全に過ごすための備えについてちょっと考えてみたくなるだろう。ほとんどの場合、ホッキョクグマのいる地域における安全の心得は、アメリカクロクマやグリズリーの場合と同じである。

　キャンプを張るのは、岬や海峡、汀線、小島といったような、ホッキョクグマが好む場所から離れたところで行うのがよい。通常よくいわれるような、調理や食物の保管に関するクマ対策は必須である。食べものを手に入れたことのあるクマは舞い戻ってくることが多く、ヒトへの警戒心を失っている。仕掛け線警報器のような早期警報システムをキャンプ地周辺に仕掛けておくのは有効である。紐に空き缶をいくつもぶら下げたようなものでも有効である。経験豊富なイヌがいればクマに対して効果的だが、だれにでも扱えるというものではない。

　北極圏の開けた生息地では、近距離でクマに遭遇するのはまれである。しかしながら、ホッキョクグマはアザラシに忍び寄って襲いかかるのをなりわいとしている。かつ、ヒトの五感は、アザラシほどホッキョクグマの接近を敏感に感知できない。泳いでいるクマやでこぼこした氷上にいるクマを見つけることはむずかしいのだが、もし先にこちらがクマに気づいた場合、とりうる選択肢はさまざまある。クマを見つけたら、その場を離れ、ルートを変更し、避難場所を探すのがよい。クマは1頭1頭違う。痩せこけたクマは、たっぷり餌を食べて太っているクマよりも危険である。まだ母グマと一緒だが少し大きくなった子グマは、警戒心が弱いのでトラブルを起こすことがある。小さな子を連れた母グマは、たいていヒトを避ける。周囲の状況を知ろうとしているクマは、行ったり来たりする、空気中のにおいを嗅ぐ、首を伸ば

新しい足跡は、そこがホッキョクグマの生息地だという確実なサインである。捕食動物がたくさんいる生態系は、彼らがいない退屈でお上品な生態系よりも、豊かでダイナミックだ。適切な注意を払えば、自分自身にもクマたちにも安全に、ホッキョクグマの生息地を訪れることができるだろう。

肪を使うが、産生される母乳は最後に近づくほど汚染されたものとなる。高度に汚染された子グマの生存率は低い。どの個体群にも急激な変化が起こる転換点があり、いくつかの研究では、ホッキョクグマの死亡率が1年間で急増し、個体数を絶望的なまでに減少させる可能性があると推測されている。ホッキョクグマが利用可能な陸上の食物資源に、アザラシの脂肪の代わりになるもののないことは非常にはっきりしている。ホッキョクグマが"適応する"という言葉はナンセンスなのだ。

　気候変動の影響には、ひとめではわかりにくいものもある。海氷は、

す、頭を振るなどの行動をとることがある。なにかに興味を覚えたクマは、後肢で立つこともある。興奮したクマの行動には、シュッシュという大きな音を出す、顎を鳴らす、にらみつける、耳を後方に倒して頭を肩の高さより低くする、などがある。クマが走って、あるいは速足で近づいてきた場合は、攻撃に備えなければならない。ホッキョクグマは、ほかのクマ類に比べ、あまりブラフチャージ（威嚇突進）をしない。また、警告なしに突進してくることがある。ホッキョクグマの走る速さは容易に時速30 kmに達するので、50 m離れていても、数秒で目の前にきてしまう。

クマは威嚇射撃や照明弾などを使って追い払えることもある。雪上車のエンジンを吹かしたり、大声をあげたり、鍋をガンガン叩いたりすることも効果的な場合があるが、クマによって反応は異なる。あるクマをうまく追い払えた方法が、別のクマでは攻撃を引き起こすこともあるかもしれない。ホッキョクグマはすぐに騒音に慣れるので、一度うまくいっても、二度目は効果がほとんどないこともある。ひとりよりは数人のグループでいたほうが追い払いの効果が上がる。クマスプレーは近距離でのみ効果があるが、その距離は、たいてい危険を感じるような距離である。また、クマスプレーは低温や強風下ではあてにならない。銃を持っていなければ、ナイフを出すか、とにかく武器になりそうなものを手にするのがよい。岩、フライパン、パドル、スキーのストック、なんでもよい。ホッキョクグマは反撃してくる獲物に慣れていない。敏感な鼻や目が狙いどころだ。

多くの地域では、適切な銃器を携帯し、それを使いこなすことが、最善の安全対策となる。仕留めることができると感じる距離は人によってさまざまである。クマを殺すことは、クマの餌食になることから逃れることである。撃つときは、殺すつもりで撃つことである。手負いのクマは、ほかの人々にとっても危険なものとなる。自己防衛のためにホッキョクグマを殺すことは許されているが、殺した場合は地元当局に届け出なければならない。

近距離で遭遇してクマを驚かせてしまった場合、クマは防衛的に行動することがある。その場合は、反撃するとかえってクマの攻撃が激しくなってしまうことがある。体を丸め、頭と首を守り、じっと動かないのがよい。クマの攻撃が続くようなら、作戦を変えなければならない。自分の命を守るために闘うのだ。

頭を下げ、耳を後ろに倒す姿勢は、迫りくるトラブルの兆候だ。クマが状況を再確認して、あわてて後退する兆候である場合もある。予測不可能であるということが、唯一、ホッキョクグマについて予測可能なことだ。

形成される時期が遅くなっているため、これまでより薄く、不安定になっている。海氷はいわばトレッドミルのようなもので、気候変動によってそのトレッドミルのスピードは上がりつつある。クマたちは移動のためにより多くのエネルギーを消費するようになり、成長や繁殖に使ったり、蓄えておくためのエネルギーは減っている。さらに、海氷の変化が激しくなることは、それぞれのクマが元来の行動圏を維持することが困難になることを意味し、その結果、個体群の境界がシフトすることになる。

気候変動が続いても、北極圏の冬は寒く、海氷もなくなりはしないだ

シャチはすでに北極圏の海氷が減った状況を利用している。普通は海氷の多い北の海にいないが、シャチは北極圏の海洋生態系の頂点に立つ捕食者となるかもしれない。海氷がなくなってホッキョクグマもいなくなってしまったら、私たちの知っている北極圏はもはや存在しないだろう。

ろう。だが、ホッキョクグマが生きていくのに十分なだけの海氷が残るだろうか。一年氷、多年氷ともに、ホッキョクグマの生息地全域で海氷が消失しつつある。コロラド州ボルダーにある米国立雪氷データセンターによると、1979〜2011年の間、5月の海氷面積は10年あたり2.4%減少し、6月は3.6%減少した。ゆっくりとした減少に見えるかもしれないが、海氷面積がほとんど変化していない海域がある一方で、個体群のなかには平均よりはるかに大きい海氷面積の減少を経験しているものもあることを考えてほしい。世界中には19の個体群が存在するので、地球温暖化に対して19通りの異なる反応が存在するだろう。ハドソン湾やボーフォート海の個体群は最初に消失するかもしれない。近年、ハドソン湾では、海氷の融解が10年に1週間の割合で早まっている。多年氷が消失してもホッキョクグマに心配はないという人々がいるが、それはまったくのまちがいだ。多年氷は、数千頭ものホッキョクグマが夏を過ごす場所である。数十年以内には、夏の北極に海氷がないという事態が起こりそうだ。温暖化にともないほかの種が北上したように、ホッキョクグマも北に生息地を移すだけだという人たちもいる。しかしあいにく、ホッキョクグマにとって北上するということは、アザラシがほとんどいない生産性の低い北極海で生きていかなければならないことを意味する。ホッキョクグマは大陸棚を生息域とする種であって、北極海の深海域の種ではない。さらに、夏に多年氷がすべて融けてしまったら、陸地から遠く離れてしまったホッキョクグマの未来は暗い。

アザラシの個体数は減少し、その結果、ホッキョクグマの食物も減るだろう。ワモンアザラシやアゴヒゲアザラシは海氷のあるところにしかいない。ホッキョクグマは長年にわたって観察されてきたが、ホッキョクグマが開けた海でアザラシを殺したという観察例はほんの数例しかなく、ホッキョクグマの救いにはならない。海氷が消失するにつれて、太平洋や大西洋の種が、北極の海洋生態系に侵入してくるだろう。新たな種は、新たな病気や寄生虫を運んでくる。汚染と栄養的ストレスにさらされているホッキョクグマが、これにどう反応するかはよくわからない。これまで、シャチは、その長い背びれのために、北極には入ってこなかった。長い背びれは流氷域ではじゃまなのだ。しかし今や、彼らはこれまでけっして現れることのなかった海域に姿を見せるようになっている。シャチとホッキョクグマはアザラシをめぐって競合する。南方のアザラシが北上してくるかもしれないが、それでも、ホッキョクグマにはアザラシを狩る場である海氷が必要だ。北極の生態系というものは将来も存在するだろうが、多くの場所でホッキョクグマのいない生態系になるだろう。

　1つ1つの変化自体はホッキョクグマを崖っぷちから突き落とすほどのものではないが、積み重なればそうなるかもしれない。変化のスピードが速すぎて、ホッキョクグマはそれに適応することができない。これほど広大な生息地を失って生き残ったという大型肉食獣はほかにいない。バルト海では、1万年前、人為的ではない気候変動が起こった。冬、バルト海の一部は今でも凍結し、ワモンアザラシはなんとか生き残っている。氷のクマは、この海域で起きた温暖化を生き延びることはなかった。バルト海のホッキョクグマは陸の生活に適応することなく、消えてしまった。もし現在のペースで加速的な気候変動が続けば、北極圏のホッキョクグマも同じ運命をたどることになるだろう。

　まだ、ホッキョクグマにとって手遅れということはない。第一線の気象研究者のほとんどは、人類が現在の温暖化を引き起こしていると考えている。もし今、私たち人類が地球温暖化の脅威を深刻に受けとめ、温室効果ガスを削減すれば、ホッキョクグマにも未来はある。今後、ホッキョクグマの個体群は失われていくだろうが、今世紀終わりごろまでは、ホッキョクグマは北極圏の高緯度地域ではなんとか生き永らえるだろう。もし、私たちが温室効果ガスのレベルを下げることができれば、海氷が再び形成されるようになり、氷のクマも戻ってくるだろう。

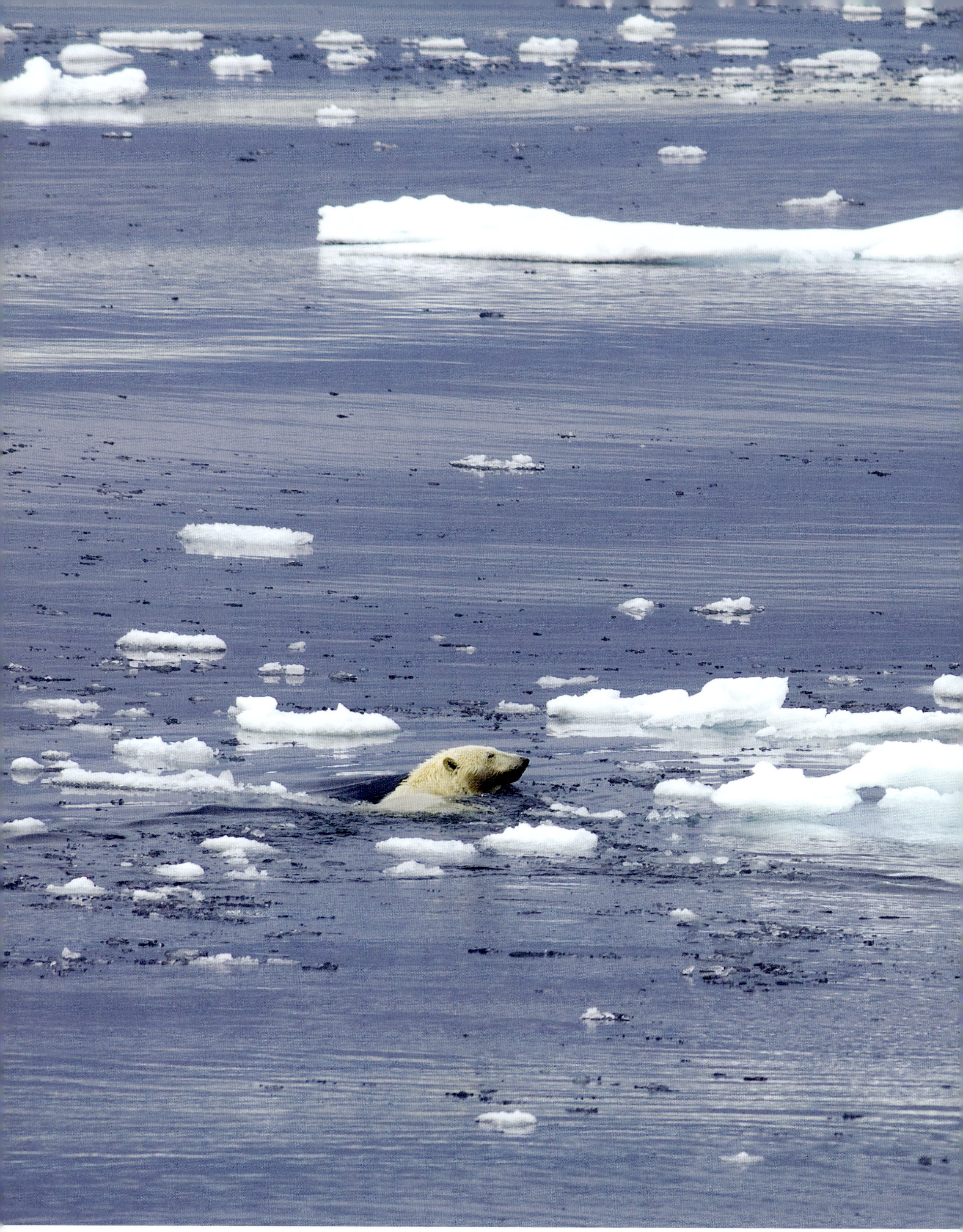

14　ホッキョクグマの未来

　ホッキョクグマは、北極に生息する生物種を代表する種であり、彼らがいない世界を想像することはむずかしい。進化の時間軸の上では、ホッキョクグマはまだほんの一瞬存在しただけである。この先、彼らがどれだけ長く生きられるかは、私たち人類のこれからの行動にかかっている。ホッキョクグマが直面している最大の危機は、人口が爆発的に増えていることである。資源に限りある地球上に多すぎるヒトがいて、膨大な量の廃棄物を出している。どんな生物種にもいえることだが、もしヒトの数が、生態系が支えうる数を超えた場合、私たちが依存している生態系は壊れてしまうだろう。最終的には、ホッキョクグマの個体数を調節するメカニズムと同じメカニズムで、私たちの数も調節されるだろう。そのメカニズムとは、食物であり、病気であり、軋轢である。ホッキョクグマと違うのは、私たちは、私たちが依存する生態系に影響をおよぼすような行動を自制することができることである。

　ホッキョクグマは、過去に生息していた地域のほとんどに今なお生息している。それが続くかどうかは私たちの行動次第である。ホッキョクグマは、私たちにとって既知の事実を私たちに語ってくれている。それは、私たちが地球を劇的に変化させつつあるということである。科学的な研究やモニタリングは、地球温暖化の影響が大きくなるにつれてホッキョクグマの運命がどうなっていくかを追跡するのに役立つ。しかし、これまでの研究は、ホッキョクグマの厳しい将来を暗示している。

　シェイクスピアの戯曲でもっとも有名なト書きは、『冬物語』に出てくる「クマに追われて退場（Exit, pursued by a bear）」かもしれない。クマは、人間の想像の世界のなかで中心的な役割を果たしている。そしてそれは、遠い昔、私たち人類が北半球へと進出したころにまでさかのぼる。神話、民間伝承、文学、文化、食物、経済、これらすべてが、このもっとも人間に似ている肉食獣の存在に影響を受けてきた。

　地球温暖化の科学は、人類がこれまでに築き上げたほかの科学と同様に、きわめて信頼できるものである。そして、気候変動がホッキョクグマにもたらす結果は、単純で理解しやすい。すなわち、ホッキョクグマは、厳しく他に類を見ない環境を利用するように進化してきたが、今やその環境が消えてなくなりつつあるのである。

　私たちは、地球温暖化を食い止める手段を持っている。私たちは、ヒトとホッキョクグマの持続可能な将来を築くことのできる科学技術を持っ

前ページ：北極では、ホッキョクグマのすみかが融けている。この高度に特殊化した種は、狩り、移動、採食、休息、遊び、そして子育てに必要な海氷なしでは生きられない。

BOX　ホッキョクグマを助けるためにできること

　人間が大気中に排出する炭素は、ホッキョクグマにとって最大の脅威である。ホッキョクグマが直面している問題は、私たちの日常生活から生まれている。私たちは、自分たちのカーボン・フットプリントを減らさなければならない。そうすれば、私たちは日々のなかでホッキョクグマを助けることができる。エネルギー消費を減らしたり、炭素発生の少ないエネルギーに代替したりすることがホッキョクグマを救う第一歩である。通勤あるいは通学の距離や手段は、私たちのカーボン・フットプリントの決定において一定の役割を果たす。世界の多くの地域で家族の規模は小さくなったが、家や車は大きくなった。賢明な買いものをすることが、ホッキョクグマの将来を明るくする一助になるだろう。変化は家庭から始めなければならない。

　温室効果ガスを減らすには、政府のリーダーシップと産業界のコンプライアンスが必要である。公共交通機関の導入やエネルギー政策の転換などといった、グリーンイニシアティブの必要性は切実である。何世代にもわたる長期的視野を持った政治家が必要である。行動を起こすのは早ければ早いほどよい。このまま地球温暖化に対してなんの策も講じなければ、後世の人々は私たちを厳しく批判するであろう。

　私たちがいま目のあたりにしているホッキョクグマへの影響は、ほんの始まりにすぎない。これから何千という生物種が地球温暖化の影響を受けることになるだろう。私たちが環境と調和する一助となるような技術を後押しすれば、温暖化のペースを遅らせることができる。私たちが石炭やオイルサンドのような炭素含有量の高い燃料を使うのをやめれば、時間とともに地球の温度は下がるだろう。炭素回収技術は有効かもしれないが、いまだ実用化されていない。炭素排出量は増加し続けている。それは、海氷、そして氷のクマとの、ゆっくりと進行する悲しいお別れを予見させるものである。ホッキョクグマの状況が悲惨なものになるころには、私たちヒトが生き残るために精一杯で、ホッキョクグマの手助けなどできないだろう。しかし、これは、次世代の人々に委ねることのできるような未来に訪れる脅威ではない。私たちはすでにホッキョクグマを失いつつある。今こそ行動しなければならない。小さなことでも、私たちひとりひとりが地球温暖化を遅らせるために行動することは、その1つ1つが役に立つのだ。私は、努力すれば、海氷とホッキョクグマを救うことができると確信している。

　ホッキョクグマがさらされている脅威についてもっと学び、つねに最新の情報を入手することが重要である。野生生物の保全や教育に取り組んでいる非営利団体の名前（およびウェブサイト）を下に記す。各々、専門とする分野は違うが、いずれも重要な貢献をしている団体である。

Polar Bears International (polarbearinternational.org)
WWF Canada (wwf.ca)
WWF US (worldwildlife.org)
IUCN/SSC Polar Bear Specialist Group (pbsg.npolar.no)
Center for Biological Diversity (biologicaldiversity.org)
Roots and Shoots, a program of the Jane Goodall Institute (rootsandshoots.org)
National Wildlife Federation (nwf.org)
RealClimate (realclimate.org)

次ページ：ホッキョクグマの将来がどうなるかはわからない。人類は、ホッキョクグマの生息地を破壊している地球温暖化を抑制する技術を持っている。問題は、私たちに実行する意思があるかどうかである。

ている。私たちに今必要なのは、実行する意思である。私たちが地球温暖化による破局を食い止めることができず、後世の人々につけを回すことになれば、私たちは厳しく批判されるだろう。

　私はホッキョクグマにお世話になった。私は、彼らの一生についてたくさんのことを学んだ。そして、彼らを研究できるという光栄に浴して、私は彼らに対して借りがあるように感じている。ホッキョクグマをくわしく知ることで、人々がホッキョクグマのために行動しようと思ってくれるのであれば、その借りを少しずつでも返したことになるかもしれない。

第14章　ホッキョクグマの未来──251

監訳者あとがき

　本書の写真は、どれもホッキョクグマの魅力や彼らのダイナミックな生態を伝えるのに十分な迫力を持っている。ときにヒトを襲うこともある獰猛な一面を見せながら、ホッキョクグマが人々の興味を惹きつけてやまないのは、彼らの野生味あふれる行動や表情がなんとも他にかえがたい魅力を備えているからだろう。この地球になくてはならない存在ともいえる。そんな彼らの一面とは裏腹に、懸念すべき状況が今なお続いていることを本書は訴えている。最大の脅威は地球温暖化である。私たち人間の活動によって生じる二酸化炭素をはじめとする化学物質が地球を覆い、温室効果をもたらしている。とくにその影響を受けやすいのは高緯度地域で、極域はその最たるものとなっている。気候変動に関する政府間パネル（IPCC）によると、この100年間に地球全体の温度が0.74℃上昇したという。また、今後は10年あたり約0.1℃上昇するとも推定されている。当然のことながら、その影響の大きさは地域や地形によって異なり、均一ではないだろう。こうした点は、本書でも繰り返し指摘され、北極域が受ける温暖化の影響は甚大であることが述べられている。本書の著者は、このままではホッキョクグマが生き残ることはできないと警鐘を鳴らしている。

　翻って私たちの住む日本を見ると、そのような状況にあるホッキョクグマのことなどほとんどおかまいなしの生活や活動が営まれている。ふだん私たちがホッキョクグマに思いを馳せることはほとんどないといってもよい。動物園で見るような、プールで水浴びをしたり、人間が与える餌をねだったりするホッキョクグマからは、北極の過酷な環境に生きる「白い巨体」に想いをめぐらせることはむずかしい。

　本書は、地球温暖化による海氷面積の減少がホッキョクグマに大きな打撃を与える理由を、ホッキョクグマの生態から説明している。ホッキョクグマは海氷と海の接する場所でアザラシを狩って生きている動物である。海氷面積が減ると、それだけアザラシ狩りのチャンスが減る。また、海氷が海を覆う期間が短くなると、餌を獲れなくなる期間が長くなる。そのため絶食期間が長くなり、餓死するクマが増えるのである。餌の摂取量が減ると体の栄養状態が悪化し、繁殖率が低下する。その結果、全体的にホッキョクグマ個体群は衰退し、個体数も減少する。

　このような負のスパイラルに歯止めをかけ、正のスパイラルに転じるためにはなにが必要だろうか。私たちは、地球温暖化の原因をつくった人間活動そのものを見直さなければならない。しかしながら、日本をはじめ先進国と呼ばれる国々はあくまで自国の国益を優先し、発展途上の国々は先を争うように経済大国を目指している。建前はともかく本音の部分では、そのためには環境への負荷も止むなしといった雰囲気が漂っている。ホッキョクグマが衰退していくような環境のなかで、はたして私たち人間は幸福を得ることができるのだろうか。答えがノーであることは自明である。私たちは、今よりもっと環境を重視して、その変化に鋭敏になるべきである。その環境が、遠く離れた北極の地のものであっても然りである。ホッキョクグマは、目に見える形で私たちに警鐘を鳴らしてくれている。その大切な合図を的確にとらえて、なにごとにも優先して環境の改善に努めなければならない。私たちひとりひとりになにができるのかを考え、具体的に行動を始めるべきである。この地球にともに生きる者として、その命運の舵を、けっして誤った方向に切ってはならない。

　一方、人間はその歴史のなかで、ホッキョクグマと多様な関係を築いてきたことも本書は教えてくれる。ホッキョクグマは、獰猛な面もあるが、どこか愛嬌があって擬人化されることが多い動物でもある。クマという動物には、人間に似た雰囲気を持っていると感じさせるところがあり、感情移入しやすい動物ともいえる。日本でもその点は共通している。ところが、ヒ

グマやツキノワグマは人里に出没して農作物に被害を与えたり、人間を襲ってケガを負わせたりすることがあり、被害の防止のために射殺されるクマは多い。人々は、その事実を受け入れながらも、クマをかわいそうだと思っているところがある。たとえば、まったく被害がないのに射殺されたことが報道されてしまうと、すぐに役場にクレームの電話が鳴り続けることになる。クマとどのようにつきあい、折り合いをつけるべきなのかは、洋の東西を問わず共通の課題である。その解決のヒントを与えてくれるのは科学的知見の集積である。本書で示されたホッキョクグマの科学的知見が、日本でのヒグマやツキノワグマのそれをはるかに凌いでいるのは驚嘆であり、私たち日本のクマ研究者としては大いに刺激を受けるものである。

本書は、著名な野生動物写真家による美しい数多の写真と、ホッキョクグマ研究の第一人者である著者による科学読み物としての厳密さと読みやすさのバランスがとれたテキストが見事に融合したすばらしい本である。また、30年以上にわたる研究歴を持つ著者の経験談が随所にちりばめられ、本書の内容に臨場感を与えている。本書を翻訳するにあたり、こうした原書のすばらしさを失わないよう配慮したつもりではあるが、うまく伝えられたかどうか心もとない限りである。ともあれ、本書が読者にとって、ホッキョググマという動物とその現状を知り、同じ地球に住む一員としてなにができるかを考える一助になれば、訳者として望外の幸せである。

2014年8月11日

坪田敏男
山中淳史

付録A　植物と動物の学名

一般名　学名
アカギツネ　*Vulpes vulpes*
アカハナケワタガモ　*Somateria spectabilis*
アゴヒゲアザラシ　*Erignathus barbatus*
アジアクロクマ　*Ursus thibetanus*
アシカ類　family Otariidae
アホウドリ類　family Diomedeidae
アマモ類　order Alismatales
アメリカクロクマ　*Ursus americanus*
アフリカライオン　*Panthera leo*
アライグマ　*Procyon lotor*
イカ類　order Teuthida
イッカク　*Monodon monoceros*
エトルリアグマ　*Ursus etruscus*
エトルリアトガリネズミ　*Suncus etruscus*
エルク　*Cervus elaphus*
オオウミガラス　*Pinguinus impennis*
オオツノヒツジ　*Ovis canadensis*
オーヴェルニュ・ベアー　*Ursus minimus*
オジロジカ　*Odocoileus virginianus*
カーモード・ベアー　*Ursus americanus*
カイアシ類　subphylum Crustacea
カナダオオヤマネコ　*Lynx canadensis*
カバ　*Hippopotamus amphibius*
カラスガレイ　*Reinhardtius hippoglossoides*
カラフトシシャモ　*Mallotus villosus*
カラマツ　*Larix laricina*
カリブー　*Rangifer tarandus*
ガンコウラン　*Empetrum nigrum*
キタゾウアザラシ　*Mirounga angustirostris*
キヌゲネズミ類　family Cricetidae
クシクラゲ類　phylum Ctenophora
クズリ　*Gulo gulo*
グッピー　*Poecilia reticulata*
クラカケアザラシ　*Phoca fasciata*
クリオネ　*Clione limacina*
グリズリー　*Ursus arctos*
クロトウヒ　*Picea mariana*
クロマメノキ　*Vaccinium uliginosum*
ケアシノスリ　*Buteo lagopus*
珪藻類　class Bacillariophyceae
ケワタガモ類　family Anatidae
コククジラ　*Eschrichtius robustus*
ゴマフアザラシ　*Phoca largha*
コヨーテ　*Canis latrans*
ジャイアント・ショートフェイス・ベアー
　Arctodus simus
ジャイアントパンダ　*Ailuropoda melanoleuca*
ジャガー　*Panthera onca*
ジャコウウシ　*Ovibos moschatus*
シャチ　*Orcinus orca*
ジュゴン　*Dugong dugon*
ジリス類　family Sciuridae
シロイルカ　*Delphinapterus leucas*
シロカモメ　*Larus hyperboreus*
シロトウヒ　*Picea glauca*
シロナガスクジラ　*Balaenoptera musculus*
シロハラネズミガン　*Branta bernicla hrota*
シロフクロウ　*Bubo scandiacus*
ジンヨウスイバ　*Oxyria digyna*
スカンク類　family Mephitidae
ズキンアザラシ　*Cystophora cristata*
スバールバルトナカイ
　Rangifer tarandus platyrhynchus
セイウチ　*Odobenus rosmarus*
ゼニガタアザラシ　*Phoca vitulina*
ゾウゲカモメ　*Pagophila eburnea*
タイセイヨウサケ　*Salmo salar*
タイセイヨウダラ　*Gadus morhua*
タイヘイヨウサケ類　*Oncorhynchus* spp.
タケ（イネ類）　family Poaceae
タテゴトアザラシ　*Pagophilus groenlandicus*
チーター　*Acinonyx jubatus*
トウゾクカモメ類　*Stercorarius* spp.

等脚類　subphylum Crustacea
ドーン・ベアー　Ursavus elmensis
トガリネズミ類　Sorex spp.
トナカイ　Rangifer tarandus
ナマケグマ　Ursus ursinus
ナメクジ　class Gastropoda
ナンキョクオットセイ　Arctocephalus gazella
ニシオンデンザメ　Somniosus microcephalus
ニシン類　Clupea spp.
ネアンデルタール人　Homo neanderthalensis
ネズミイルカ類　family Phocoenidae
ハイイロオオカミ　Canis lupus
ハクガン　Anser caerulescens
ハシブトウミガラス　Uria lomvia
ビーバー　Castor canadensis
ヒグマ　Ursus arctos
ヒメウミスズメ　Alle aille
フォーホーンスカルピン
　　Myoxocephalus quadricornis
ヘラジカ　Alces alces
ペンギン類　family Spheniscidae
ホッキョクアジサシ　Sterna paradisaea
ホッキョクイワナ　Salvelinus alpinus
ホッキョクウサギ　Lepus arcticus
ホッキョクギツネ　Vulpes lagopus
ホッキョククジラ　Balaena mysticetus
ホッキョクグマ　Ursus maritimus
ホッキョクジリス　Spermophilus parryii
ホッキョクダラ　Boreogadus saida
ボブキャット　Lynx rufus
ホラアナグマ　Ursus spelaeus
マイルカ類　family Delphinidae
マナティ　Trichechus spp.
マレーグマ　Ursus malayanus
マンモス　Mammuthus primigenius
ミツユビカモメ　Rissa tridactyla
ミミズ　order Haplotaxida
ミュールジカ　Odocoileus hemionus
ミンク　Neovison vison／Mustela vison
ミンククジラ　Balaenoptera acutorostrata

メガネグマ／アンデスグマ
　　Tremarctos ornatus
ヤナギ類　Salix spp.
ヤマアラシ　Erethizon dorsatum
ヨーロッパイガイ　Mytilus edulis
ヨコエビ類　order Amphipoda
ラッコ　Enhydra lutris
ラン類　family Orchidaceae
レッサーパンダ　Ailurus fulgens
レミング類　family Cricetidae
ワタリガラス　Corvus corax
ワモンアザラシ　Pusa hispida

付録B　ホッキョクグマが食べる植物および動物

一般名　学名

アカバ属の紅藻　*Neodilsea integra*
アカミノウラシマツツジ　*Arctostaphylos rubra*
アゴヒゲアザラシ　*Erignathus barbatus*
アブ　*Tabanus* spp.
アマモ　*Zostera marina*
アメリカハタネズミ　*Microtus pennsylvanicus*
イグサ類　family Juncaceae
イッカク　*Monodon monoceros*
ウイッチーズヘアー　*Desmarestia aculeata*
ウニ　*Strongylocentrotus droebachiensis*
オオウミガラス　*Pinguinus impennis*
カオジロガン　*Branta leucopsis*
カナダカワウソ　*Lontra canadensis*
カナダガン　*Branta canadensis*
カナダバッファローベリー
　　Shepherdia canadensis
カヤツリグサ類　family Cyperaceae
カラスガレイ　*Reinhardtius hippoglossoides*
カラフトライチョウ　*Lagopus lagopus*
カリブー　*Rangifer tarandus*
ガンコウラン　*Empetrum nigrum*
キノコ類　mushrooms
キョクアジサシ　*Sterna paradisaea*
クビワレミング　*Dicrostonyx* spp.
クラカケアザラシ　*Phoca fasciata*
クロガシラ属の褐藻　*Sphacelaria* spp.
クロマメノキ　*Vaccinium uliginosum*
ケワタガモ　*Somateria spectabilis*
コオリガモ　*Clangula hyemalis*
コククジラ　*Eschrichtius robustus*
ゴマフアザラシ　*Phoca largha*
コンブ　*Laminaria* spp.
シーライムグラス　*Leymus arenarius*
シギ類　family Scolopacidae
ジャコウウシ　*Ovibos moschatus*
シロイルカ　*Delphinapterus leucas*

シロカモメ　*Larus hyperboreus*
シロハラネズミガン　*Branta bernicla hrota*
ジンヨウスイバ　*Oxyria digyna*
ズキンアザラシ　*Cystophora cristata*
スバールバルトナカイ
　　Rangifer tarandus platyrhynchus
セイウチ　*Odobenus rosmarus*
セグロカモメ　*Larus argentatus*
ゼニガタアザラシ　*Phoca vitulina*
蘚類　moss
タイセイヨウサケ　*Salmo salar*
タテゴトアザラシ　*Pagophilus groenlandicus*
ダルス　*Palmaria palmata*
地衣類　lichen
チシマワタスゲ　*Eriophorum scheuchzeri*
トクサ類　*Equisetum* spp.
ドワーフバーチ　*Betula glandulosa*
ナガスクジラ　*Balaenoptera physalus*
ニシオンデンザメ　*Somniosus microcephalus*
ニシツノメドリ　*Fratercula arctica*
ノーザングースベリー　*Ribes oxyacanthoides*
ハイイロオオカミ　*Canis lupus*
ハクガン　*Anser caerulescens*
ハシブトウミガラス　*Uria lomvia*
ビーバー　*Castor canadensis*
ヒカゲノカズラ　*Lycopodium* spp.
ヒトデ類　class Asteroidea
ヒバマタ属の海藻　*Fucus* spp.
ヒメウミスズメ　*Alle alle*
フォーホーンスカルピン
　　Myoxocephalus quadricornis
ヘラジカ　*Alces alces*
ホッキョクイワナ　*Salvelinus alpinus*
ホッキョクギツネ　*Vulpes lagopus*
ホッキョククジラ　*Balaena mysticetus*
ホッキョクグマ　*Ursus maritimus*
ホッキョクジリス　*Spermophilus parryii*

ホッキョクダラ　*Boreogadus saida*
ホンケワタガモ　*Somateria mollissima*
マスクラット　*Ondatra zibethicus*
マッコウクジラ　*Physeter macrocephalus*
ミツユビカモメ　*Rissa tridactyla*
ミンク　*Mustela vison*
ミンククジラ　*Balaenoptera acutorostrata*
ヤナギ類　*Salix* spp.
ヤマアラシ　*Erethizon dorsatum*
ユキホオジロ　*Plectrophenax nivalis*
ヨーロッパイガイ　*Mytilus edulis*
レミング　*Lemmus* spp.
ワモンアザラシ　*Pusa hispida*

参考文献

全般にわたって

Born, E.W. 2008. *The white bears of Greenland*. Ilinniusiorfik Undervisningsmiddelforlag, Ministry of Environment and Natural Resources, Nuuk, Greenland.

Cone, M. 2005. *Silent snow: The slow poisoning of the Arctic*. Grove Press, New York.

Ellis, R. 2009. *On thin ice: The changing world of the polar bear*. Alfred A. Knopf, New York.

Larsen, T. 1978. *The world of the polar bear.* Chartwell Books, Secaucus, New Jersey.

Lynch, W. 1993. *Bears: Monarchs of the northern wilderness*. Greystone Books, Vancouver, Canada.

Pielou, E. C. 1994. *A naturalist's guide to the Arctic*. University of Chicago Press, Chicago.

Stirling, I. 1988. *Polar bears*. University of Michigan Press, Ann Arbor.

Stirling, I., ed. 1993. *Bears: Majestic creatures of the wild*. Rodale Press, Emmaus, Pennsylvania.

Thomas, D.N. 2004. Frozen oceans: The floating world of pack ice. Firefly Books, Buffalo, New York.

第1章　魅力的な"海のクマ"

Amstrup, S.C. 2003. *Polar bear* Ursus maritimus. Edited by G.A. Feldhamer, B.C. Thompson, and J.A. Chapman. Johns Hopkins University Press, Baltimore, 587-610.

DeMaster, D.P., and Stirling, I. 1981. *Ursus maritimus*. Mammalian Species 145:1-7.

Pielou, E. C. 1994. *A naturalist's guide to the Arctic*. University of Chicago Press, Chicago.

第2章　ホッキョクグマという動物

Anderson, C.J.R., Roth, J.D., and Waterman, J.M. 2007. Can whisker spot patterns be used to identify individual polar bears? Journal of Zoology 273:333-339.

Atkinson, S.N., Nelson, R.A., and Ramsay, M.A. 1996. Changes in the body composition of fasting polar bears (*Ursus maritimus*): The effect of relative fatness on protein conservation. Physiological Zoology 69:304-316.

Best, R.C. 1982. Thermoregulation in resting and active polar bears. Journal of Comparative Physiology 146:63-73.

Blix, A.S., and Lentfer, J.W. 1979. Modes of thermal protection in polar bear cubs—at birth and on emergence from the den. American Journal of Physiology 236:R67-R74.

Calvert, W., and Ramsay, M.A. 1998. Evaluation of age determination of polar bears by counts of cementum growth layer groups. Ursus 10: 449-453.

Cushing, B.S., Cushing, N.L., and Jonkel, C. 1988. Polar bear responses to the underwater vocalizations of ringed seals. Polar Biology 9:123-124.

DeMaster, D.P., and Stirling, I. 1981. *Ursus maritimus*. Mammalian Species 145:1-7. Derocher,

A.E. 1990. Supernumerary mammae and nipples in the polar bear. Journal of Mammalogy 71:236-237.

Derocher, A.E., Andersen, M., and Wiig, Ø. 2005. Sexual dimorphism of polar bears. Journal of Mammalogy 86:895-901.

Derocher, A.E., Nelson, R.A., Stirling, I., and Ramsay, M.A. 1990. Effects of fasting and feeding on serum urea and serum creatinine levels in polar bears. Marine Mammal Science 6:196-203.

Derocher, A.E., van Parijs, S.M., and Wiig, Ø. 2010. Nursing vocalization of a polar bear cub. Ursus 21:189-191.

Dyck, M.G., Bourgeois, J.M., and Miller, E.H. 2004. Growth and variation in the bacula of polar bears (*Ursus maritimus*) in the Canadian Arctic. Journal of Zoology 264:105-110.

Ewer, R.F. 1973. *The carnivores*. Cornell University Press, Ithaca, New York.

Gittleman, J.L. 1991. Carnivore olfactory bulb size: Allometry, phylogeny, and ecology. Journal of Zoology 225:253-272.

Hellgren, E. C. 1998. Physiology of hibernation in bears. Ursus 10:467-477.

Hobson, K.A., Stirling, I., and Andriashek, D.S. 2009. Isotopic homogeneity of breath CO_2

from fasting and berry-eating polar bears: Implications for tracing reliance on terrestrial foods in a changing Arctic. Canadian Journal of Zoology 87:50-55.

Hurst, R.J., Leonard, M.L., Watts, P.D., Beckerton, P., and Øritsland, N.A. 1982. Polar bear locomotion: Body temperature and energetic cost. Canadian Journal of Zoology 60:40-44.

Koon, D.W. 1998. Is polar bear hair fiber optic? Applied Optics 37:3198-3200.

Leighton, F.A., Cattet, M., Norstrom, R., and Trudeau, S. 1988. A cellular basis of high levels of vitamin A in livers of polar bears (*Ursus maritimus*): The Ito cell. Canadian Journal of Zoology 66:480-482.

Lennox, A.R., and Goodship, A.E. 2008. Polar bears (*Ursus maritimus*), the most evolutionary advanced hibernators, avoid significant bone loss during hibernation. Comparative Biochemistry and Physiology, Part A: Molecular and Integrative Physiology 149:203-208.

Levenson, D.H., Ponganis, P.J., Crognale, M.A., Deegan, J.F., Dizon, A., and Jacobs, G.H. 2006. Visual pigments of marine carnivores: Pinnipeds, polar bear, and sea otter. Journal of Comparative Physiology A 192:833-843.

Lewin, R.A., and Robinson, P.T. 1979. The greening of polar bears in zoos. Nature 278:445-447.

Lønø, O. 1970. The polar bear (*Ursus maritimus* Phipps) in the Svalbard area. Norsk Polarinstitutt Skrifter 149:1-115.

Manning, D.P., Cooper, J.E., Stirling, I., Jones, C.M., Bruce, M., and McCausland, P.C. 1985. Studies on the footpads of the polar bear (*Ursus maritimus*) and their possible relevance to accident prevention. Journal of Hand Surgery 10:303-307.

Medill, S., Derocher, A.E., Stirling, I., and Lunn, N. 2010. Reconstructing the reproductive history of female polar bears using cementum patterns of premolar teeth. Polar Biology 33:115-124.

Nachtigall, P.E., Supin, A.Y., Amundin, M., Roken, B., Moller, T., Mooney, T.A., Taylor, K.A., and Yuen, M. 2007. Polar bear *Ursus maritimus* hearing measured with auditory evoked potentials. Journal of Experimental Biology 210:1116-1122.

Nelson, R.A. 1987. Black bears and polar bears—still metabolic marvels. Mayo Clinic Proceedings 62:850-853.

Øritsland, N.A. 1969. Deep body temperatures of swimming and walking polar bear cubs. Journal of Mammalogy 50:380-383.

Pond, C.M., Mattacks, C.A., Colby, R.H., and Ramsay, M.A. 1992. The anatomy, chemical composition, and metabolism of adipose tissue in wild polar bears (*Ursus maritimus*). Canadian Journal of Zoology 70:326-341.

Ramsay, M.A., Nelson, R.A., and Stirling, I. 1991. Seasonal changes in the ratio of serum urea to serum creatinine in feeding and fasting polar bears. Canadian Journal of Zoology 69: 298-302.

Renous, S., Gasc, J.-P., and Abourachid, A. 1998. Kinematic analysis of the locomotion of the polar bear (*Ursus maritimus* Phipps, 1774) in natural and experimental conditions. Netherlands Journal of Zoology 48:145-167.

Rodahl, K. 1949. Toxicity of polar bear liver. Nature 164:530-531.

Rosell, F., Jojola, S.M., Ingdal, K., Lassen, B.A., Swenson, J.E., Arnemo, J.M., and Zedrosser, A. 2011. Brown bears possess anal sacs and secretions may code for sex. Journal of Zoology 283:143-152.

Scholander, P.F., Walters, V., Hock, R., and Irving, L. 1950. Body insulation of some arctic and tropical mammals and birds. Biological Bulletin Woods Hole 90:225-271.

Sivak, J.G., and Piggins, D.J. 1975. Refractive state of the eye of the polar bear (*Thalarctos maritimus* Phipps). Norwegian Journal of Zoology 23:89-91.

Slater, G.J., Figueirido, B., Louis, L., Yang, P., and Van Valkenburgh, B. 2010. Biomechanical consequences of rapid evolution in the polar bear lineage. PLOS One 11:e13870, 13871-13877.

Weissengruber, G.E., Forstenpointner, G., Kübber-Heiss, A., Riedelberger, K., Schwammer, H., and Ganzberger, K. 2001. Occurrence and structure of epipharyngeal pouches in bears (Ursidae). Journal of Anatomy 198:309-314.

Wemmer, C., Von Ebers, M., and Scow, K. 1976. An analysis of the chuffing vocalization in the polar bear (*Ursus maritimus*). Journal of Zoology 180:425-439.

第3章 進化

Aaris-Søøorensen, K., and Petersen, K.S. 1984. A late Weichselian find of polar bear (*Ursus maritimus* Phipps) from Denmark and reflections on the paleoenvironment. Boreas 13:29-33.

Cherry, S.G., Derocher, A.E., Hobson, K.A., Stirling, I., and Thiemann, G.W. 2011. Quantifying dietary pathways of proteins and lipids to tissues of a marine predator. Journal of Applied Ecology 48:373-381.

Doupe, J.P., England, J.H., Furze, M., and Paetkau, D. 2007. Most northerly observation of a grizzly bear (*Ursus arctos*) in Canada: Photographic and DNA evidence from Melville Island, Northwest Territories. Arctic 60:271-276.

Edwards, C.J., Suchard, M.A., Lemey, P., Welch, J.J., Barnes, I., Fulton, T.L., Barnett, R., O'Connell, T.C., et al. 2011. Multiple hybridization events between ancient brown and polar bears and an Irish origin for the modern polar bear matriline. Current Biology 21:1251-1258.

Figueirido, B., Perez-Claros, J., Torregrosa, V., Martin-Serra, A., and Palmqvist, P. 2010. Demythologizing *Arctodus simus*, the "short-faced" long-legged and predaceous bear that never was. Journal of Vertebrate Paleontology 30:262-275.

Kurtén, B. 1964. The evolution of the polar bear, *Ursus maritimus* Phipps. Acta Zoologica Fennica 108:1-30.

Lindqvist, C., Schuster, S.C., Sun, Y.Z., Talbot, S.L., Qi, J., Ratan, A., Tomsho, L.P., et al. 2010. Complete mitochondrial genome of a Pleistocene jawbone unveils the origin of polar bear. Proceedings of the National Academy of Sciences of the United States of America 107:5053-5057.

McLellan, B., and Reiner, D.C. 1994. A review of bear evolution. International Conference on Bear Biology and Management 9:85-96.

Preuss, A., Ganslosser, U., Purschke, G., and Magiera, U. 2009. Bear-hybrids: Behaviour and phenotype. Zoologische Garten 78:204-220.

Reimchen, T.E. 1998. Nocturnal foraging behaviour of black bears, *Ursus americanus*, on Moresby Island, British Columbia. Canadian Field-Naturalist 112:446-450.

Ritland, K., Newton, C., and Marshall, H.D. 2001. Inheritance and population structure of the white-phased "Kermode" black bear. Current Biology 11:1468-1472.

Shields, G.F., Adams, D., Garner, G., Labelle, M., Pietsch, J., Ramsay, M., Schwartz, C., Titus, K., and Williamson, S. 2000. Phylogeography of mitochondrial DNA variation in brown bears and polar bears. Molecular Phylogenetics and Evolution 15:319-326.

Stirling, I., and Derocher, A.E. 1990. Factors affecting the evolution and behavioral ecology of the modern bears. International Conference on Bear Biology and Management 8:189-204.

第4章 ヒトとの関わり

Boas, F. 1888. *The Central Eskimo*. Sixth Annual Report of the Bureau of Ethnology, Smithsonian Institution, Washington, D.C.

Conway, M. 1906. *No man's land: A history of Spitsbergen from its discovery in 1596 to the beginning of the scientific exploration of the country*. Cambridge University Press, Cambridge.

Hall, C.F. 1865. *Life with the Esquimaux: A narrative of Arctic experience in search of survivors of Sir John Franklin's expedition from May 29, 1860, to September 13, 1862*. S. Low, Son, and Marston, London.

Oleson, T.J. 1950. Polar bears in the Middle Ages. Canadian Historical Review 31:47-55.

Phipps, C.J. 1774. *A voyage towards the North Pole undertaken by His Majesty's command, 1773*. W. Bowyer and J. Nichols, London.

Rasmussen, K., and Worster, W. 1921. *Eskimo folktales*. Gyldendal, London.

Sato, Y., Nakamura, H., Ishifune, Y., and Ohtaishi, N. 2011. The white-colored brown bears of the Southern Kurils. Ursus 22:84-90.

第5章 北極の海洋生態系

Fogg, G.E. 1998. *The biology of polar habitats*. Oxford University Press, Oxford.

Hobson, K.A., and Welch, H.E. 1992. Determination of trophic relationships within a high arctic marine food web using delta ^{13}C and delta ^{15}N analysis. Marine Ecology Progress Series 84:9-18.

Thomas, D.N. 2004. *Frozen oceans: The floating world of pack ice*. Firefly Books, Buffalo, New York.

第6章　海氷と生息環境

Amstrup, S.C., Stirling, I., Smith, T.S., Perham, C., and Thiemann, G.W. 2006. Recent observations of intraspecific predation and cannibalism among polar bears in the southern Beaufort Sea. Polar Biology 29:997-1002.

Derocher, A.E., and Stirling, I. 1990. Distribution of polar bears (*Ursus maritimus*) during the ice-free period in western Hudson Bay. Canadian Journal of Zoology 68:1395-1403.

Derocher, A.E., and Wiig, Ø. 1999. Infanticide and cannibalism of juvenile polar bears (*Ursus maritimus*) in Svalbard. Arctic 52:307-310.

Durner, G.M., Douglas, D.C., Nielson, R.M., Amstrup, S.C., McDonald, T.L., Stirling, I., Mauritzen, M., *et al.* 2009. Predicting 21st-century polar bear habitat distribution from global climate models. Ecological Monographs 79:25-58.

Lindsay, R.W., and Zhang, J. 2005. The thinning of Arctic sea ice, 1988-2003: Have we passed a tipping point? Journal of Climate 18:4879-4894.

Lunn, N.J., and Stenhouse, G.B. 1985. An observation of possible cannibalism by polar bears (*Ursus maritimus*). Canadian Journal of Zoology 63:1516-1517.

Markus, T., Stroeve, J.C., and Miller, J. 2009. Recent changes in Arctic sea ice melt onset, freezeup, and melt season length. Journal of Geophysical Research 114:C12024.

Parkinson, C.L., and Cavalieri, D.J. 2008. Arctic sea ice variability and trends, 1979-2006. Journal of Geophysical Research-Oceans 113:C07003.

Polyak, L., Alley, R.B., Andrews, J.T., Brigham-Grette, J., Cronin, T.M., Darby, D.A., Dyke, A.S., *et al.* 2010. History of sea ice in the Arctic. Quaternary Science Reviews 29:1757-1778.

Stirling, I. 1997. The importance of polynyas, ice edges, and leads to marine mammals and birds. Journal of Marine Systems 10:9-21.

Stone, I.R., and Derocher, A.E. 2007. An incident of polar bear infanticide and cannibalism on Phippsoya, Svalbard. Polar Record 43:171-173.

Stroeve, J., Holland, M.M., Meier, W., Scambos, T., and Serreze, M. 2007. Arctic sea ice decline: faster than forecast. Geophysical Research Letters 34:L09501.

Taylor, M., Larsen, T., and Schweinsburg, R.E. 1985. Observations of intraspecific aggression and cannibalism in polar bears (*Ursus maritimus*). Arctic 38:303-309.

Thomas, D.N. 2004. *Frozen oceans: The floating world of pack ice*. Firefly Books, Buffalo, New York.

第7章　餌動物

Andersen, M., Hjelset, A.M., Gjertz, I., Lydersen, C., and Gulliksen, B. 1999. Growth, age at sexual maturity, and condition in bearded seals (*Erignathus barbatus*) from Svalbard, Norway. Polar Biology 21:179-185.

Cleator, H.J., Stirling, I., and Smith, T.G. 1989. Underwater vocalizations of the bearded seal (Erignathus barbatus). Canadian Journal of Zoology 67:1900-1910.

Derocher, A.E., Andriashek, D., and Stirling, I. 1993. Terrestrial foraging by polar bears during the ice-free period in western Hudson Bay. Arctic 46:251-254.

Derocher, A.E., Wiig, Ø., and Andersen, M. 2002. Diet composition of polar bears in Svalbard and the western Barents Sea. Polar Biology 25:448-452.

Derocher, A.E., Wiig, O., and Bangjord, G. 2000. Predation of Svalbard reindeer by polar bears. Polar Biology 23:675-678.

Donaldson, G.M., Chapdelaine, G., and Andrews, J.D. 1995. Predation of thick-billed murres, *Uria lomvia*, at two breeding colonies by polar bears, *Ursus maritimus*, and walruses, *Odobenus rosmarus*. Canadian Field-Naturalist 109:112-114.

Dyck, M.G., and Romberg, S. 2007. Observations of a wild polar bear (*Ursus maritimus*) successfully fishing Arctic charr (*Salvelinus alpinus*) and fourhorn sculpin (*Myoxocephalus quadricornis*). Polar Biology 30:1625-1628.

Furgal, C.M., Innes, S., and Kovacs, K.M. 1996. Characteristics of ringed seal, *Phoca hispida*, subnivean structures and breeding habitat and their effects on predation. Canadian Journal of Zoology 74:858-874.

Hammill, M.O., and Smith, T.G. 1991. The role of predation in the ecology of the ringed seal in Barrow Strait, Northwest Territories,

Canada. Marine Mammal Science 7:123-135.
Hjelset, A.M., Andersen, M., Gjertz, I., Lydersen, C., and Gulliksen, B. 1999. Feeding habits of bearded seals (*Erignathus barbatus*) from the Svalbard area, Norway. Polar Biology 21:186-193.
Hobson, K.A., Stirling, I., and Andriashek, D.S. 2009. Isotopic homogeneity of breath CO_2 from fasting and berry-eating polar bears: Implications for tracing reliance on terrestrial foods in a changing Arctic. Canadian Journal of Zoology 87:50-55.
Labansen, A.L., Lydersen, C., Haug, T., and Kovacs, K.M. 2007. Spring diet of ringed seals (*Phoca hispida*) from northwestern Spitsbergen, Norway. ICES Journal of Marine Science 64:1246-1256.
Lømø, O. 1970. The polar bear (*Ursus maritimus* Phipps) in the Svalbard area. Norsk Polarinstitutt Skrifter 149:1-115.
Lydersen, C., and Hammill, M.O. 1993. Activity, milk intake, and energy consumption in free-living ringed seal (*Phoca hispida*) pups. Journal of Comparative Physiology B 163:433-438.
Madsen, J., Bregnballe, T., Frikke, J., and Bolding Kristensen, J. 1998. Correlates of predator abundance with snow and ice conditions and their role in determining timing of nesting and breeding success in Svalbard light-bellied brent geese *Branta bernicla hrota*. Norsk Polarinstitutt Skrifter 200:221-234.
Perrin, W.F., Würsig, B., Thewissen, J.G.M., eds. 2002. *Encyclopedia of marine mammals*. Academic Press, San Diego, California.
Russell, R.H. 1975. The food habits of polar bears of James Bay and southwest Hudson Bay in summer and autumn. Arctic 28:117-129.
Ryg, M., Solberg, Y., Lydersen, C., and Smith, T.G. 1992. The scent of rutting male ringed seals (*Phoca hispida*).Journal of Zoology 226:681-689.
Smith, P.A., Elliott, K.H., Gaston, A.J., and Gilchrist, H. G. 2010. Has early ice clearance increased predation on breeding birds by polar bears? Polar Biology 33:1149-1153.
Smith, T.G. 1985. Polar bears, *Ursus maritimus*, as predators of belugas, *Delphinapterus leucas*. Canadian Field-Naturalist 99:71-75.

Stempniewicz, L. 2006. Polar bear predatory behaviour toward molting barnacle geese and nesting glaucous gulls on Spitsbergen. Arctic 59:247-251.
Stirling, I., and McEwan, E.H. 1975. The calorific value of whole ringed seals (*Phoca hispida*) in relation to polar bear (*Ursus maritimus*) ecology and hunting behaviour. Canadian Journal of Zoology 53:1021-1027.
Stirling, I., and Øritsland, N.A. 1995. Relationships between estimates of ringed seal (*Phoca hispida*) and polar bear (*Ursus maritimus*) populations in the Canadian Arctic. Canadian Journal of Fisheries and Aquatic Sciences 52:2594-2612.
Thiemann, G.W., Iverson, S. J., and Stirling, I. 2008. Polar bear diets and Arctic marine food webs: Insights from fatty acid analysis. Ecological Monographs 78:591-613.

第8章　分布と個体群

Aars, J., Marques, T.A., Buckland, S.T., Andersen, M., Belikov, S., Boltunov, A., and Wiig, Ø. 2009. Estimating the Barents Sea polar bear subpopulation size. Marine Mammal Science 25:35-52.
Amstrup, S.C., Durner, G.M., McDonald, T.L., Mulcahy, D.M., and Garner, G.W. 2001. Comparing movement patterns of satellite-tagged male and female polar bears. Canadian Journal of Zoology 79:2147-2158.
Arthur, S.M., Manly, B.F.J., McDonald, L.L., and Garner, G.W. 1996. Assessing habitat selection when availability changes. Ecology 77:215-227.
Bethke, R., Taylor, M., Amstrup, S., and Messier, F. 1996. Population delineation of polar bears using satellite collar data. Ecological Applications 6:311-317.
Born, E.W., Wiig, Ø., and Thomassen, J. 1997. Seasonal and annual movements of radio-collared polar bears (*Ursus maritimus*) in northeast Greenland. Journal of Marine Systems 10:67-77.
Crompton, A.E., Obbard, M.E., Petersen, S.D., and Wilson, P.J. 2008. Population genetic structure in polar bears (*Ursus maritimus*) from Hudson Bay, Canada: Implications of future climate change. Biological Conservation

141:2528-2539.

DeMaster, D.P., Kingsley, M.C.S., and Stirling, I. 1980. A multiple mark and recapture estimate applied to polar bears. Canadian Journal of Zoology 58:633-638.

Doutt, J.K. 1940. Polar bears in the Gulf of St. Lawrence. Journal of Mammalogy 21:90-92.

Durner, G.M., and Amstrup, S.C. 1995. Movements of a polar bear from northern Alaska to northern Greenland. Arctic 48:338-341.

Edwards, C.J., Suchard, M.A., Lemey, P., Welch, J. J., Barnes, I., Fulton, T.L., Barnett, R., O'Connell, T.C., et al. 2011. Multiple hybridization events between ancient brown and polar bears and an Irish origin for the modern polar bear matriline. Current Biology 21:1251-1258.

Ferguson, S.H., Taylor, M.K., and Messier, F. 2000. Influence of sea ice dynamics on habitat selection by polar bears. Ecology 81:761-772.

Garner, G.W., Knick, S.T., and Douglas, D.C. 1990. Seasonal movements of adult female polar bears in the Bering and Chukchi Seas. International Conference on Bear Biology and Management 8:219-226.

Goodyear, M.A. 2003. Extralimital sighting of a polar bear, *Ursus maritimus*, in northeast Saskatchewan. Canadian Field-Naturalist 11 7:648-649.

IUCN/SSC Polar Bear Specialist Group. 2010. *Polar bears: Proceedings of the 15th Working Meeting of the IUCN Polar Bear Specialist Group*. Edited by M.E. Obbard, G.W. Thiemann, E. Peacock, and T.D. DeBruyn. IUCN, Gland, Switzerland, and Cambridge, UK.

Mauritzen, M., Belikov, S.E., Boltunov, A.N., Derocher, A.E., Hansen, E., Ims, R.A., Wiig, Ø., and Yoccoz, N. 2003. Functional responses in polar bear habitat selection. Oikos 100:112-124.

Mauritzen, M., Derocher, A.E., Pavlova, O., and Wiig, Ø. 2003. Female polar bears, *Ursus maritimus*, on the Barents Sea drift ice: Walking the treadmill. Animal Behaviour 66:107-113.

Mauritzen, M., Derocher, A.E., and Wiig, Ø. 2001. Space-use strategies of female polar bears in a dynamic sea ice habitat. Canadian Journal of Zoology 79:1704-1713.

Mauritzen, M., Derocher, A.E., Wiig, Ø., Belikov, S.E., Boltunov, A., and Garner, G.W. 2002. Using satellite telemetry to define spatial population structure in polar bears in the Norwegian and western Russian Arctic. Journal of Applied Ecology 39:79-90.

Paetkau, D., Amstrup, S.C., Born, E.W., Calvert, W., Derocher, A.E., Garner, G.W., Messier, F., et al. 1999. Genetic structure of the world's polar bear populations. Molecular Ecology 8:1571-1585.

Paetkau, D., Calvert, W., Stirling, I., and Strobeck, C. 1995. Microsatellite analysis of population structure in Canadian polar bears. Molecular Ecology 4:347-354.

Parks, E.K., Derocher, A.E., and Lunn, N.J. 2006. Seasonal and annual movement patterns of polar bears on the sea ice of Hudson Bay. Canadian Journal of Zoology 84:1281-1294.

Ramsay, M.A., and Andriashek, D.S. 1986. Long distance route orientation of female polar bears (*Ursus maritimus*) in spring. Journal of Zoology 208:63-72.

Ramsay, M.A., and Stirling, I. 1990. Fidelity of female polar bears to winter-den sites. Journal of Mammalogy 71:233-236.

Stirling, I. 1997. The importance of polynyas, ice edges, and leads to marine mammals and birds. Journal of Marine Systems 10:9-21.

Stirling, I., Andriashek, D., and Calvert, W. 1993. Habitat preferences of polar bears in the western Canadian Arctic in late winter and spring. Polar Record 29:13-24.

Stirling, I., McDonald, T.L., Richardson, E.S., Regehr, E.V., and Amstrup, S.C. 2011. Polar bear population status in the northern Beaufort Sea, Canada, 1971-2006. Ecological Applications 21:859-876.

Stirling, I., Spencer, C., and Andriashek, D. 1989. Immobilization of polar bears (*Ursus maritimus*) with Telazol in the Canadian Arctic. Journal of Wildlife Diseases 25:159-168.

Taylor, M.K., Akeeagok, S., Andriashek, D., Barbour, W., Born, E.W., Calvert, W., Cluff, H.D., et al. 2001. Delineating Canadian and Greenland polar bear (*Ursus maritimus*) populations by cluster analysis of movements. Canadian Journal of Zoology 79:690-709.

Zeyl, E., Ehrich, D., Aars, J., Bachmann, L., and

Wiig, Ø. 2010. Denning-area fidelity and mitochondrial DNA diversity of female polar bears (*Ursus maritimus*) in the Barents Sea. Canadian Journal of Zoology 88:1139-1148.

第9章　狩りの方法

Calvert, W., and Stirling, I. 1990. Interactions between polar bears and overwintering walruses in the Central Canadian High Arctic. International Conference on Bear Biology and Management 8:351-356.

Dyck, M.G., and Romberg, S. 2007. Observations of a wild polar bear (*Ursus maritimus*) successfully fishing Arctic charr (*Salvelinus alpinus*) and fourhorn sculpin (*Myoxocephalus quadricornis*). Polar Biology 30:1625-1628.

Furgal, C.M., Innes, S., and Kovacs, K.M. 1996. Characteristics of ringed seal, *Phoca hispida*, subnivean structures, and breeding habitat and their effects on predation. Canadian Journal of Zoology 74:858-874.

Furnell, D.J., and Oolooyuk, D. 1980. Polar bear predation on ringed seals in ice-free water. Canadian Field-Naturalist 94:88-89.

Hammill, M.O., and Smith, T.G. 1991. The role of predation in the ecology of the ringed seal in Barrow Strait, Northwest Territories, Canada. Marine Mammal Science 7:123-135.

Jonkel, C.J. 1968. A polar bear and porcupine encounter. Canadian Field-Naturalist 83:222.

Kingsley, M.C.S., and Stirling, I. 1991. Haul-out behaviour of ringed and bearded seals in relation to defence against surface predators. Canadian Journal of Zoology 69:1857-1861.

Ramsay, M.A., and Hobson, K.A. 1991. Polar bears make little use of terrestrial food webs: Evidence from stable-carbon isotope analysis. Oecologia 86:598-600.

Rockwell, R.F., and Gormezano, L.J. 2009. The early bear gets the goose: Climate change, polar bears and lesser snow geese in western Hudson Bay. Polar Biology 32:539-547.

Smith, P.A., Elliott, K.H., Gaston, A.J., and Gilchrist, H. G. 2010. Has early ice clearance increased predation on breeding birds by polar bears? Polar Biology 33:1149-1153.

Smith, T.G. 1985. Polar bears, *Ursus maritimus*, as predators of belugas, *Delphinapterus leucas*. Canadian Field-Naturalist 99:71-75.

Smith, T.G., and Sjare, B. 1990. Predation of belugas and narwhals by polar bears in near-shore areas of the Canadian High Arctic. Arctic 43:99-102.

Smith, T.G., and Stirling, I. 1975. The breeding habitat of the ringed seal (*Phoca hispida*): The birth lair and associated structures. Canadian Journal of Zoology 53:1297-1305.

Stirling, I. 1974. Midsummer observations on the behavior of wild polar bears. Canadian Journal of Zoology 52:1191-1198.

Stirling, I. 1984. A group threat display given by walruses to a polar bear. Journal of Mammalogy 65:352-353.

Stirling, I., and Archibald, W.R. 1977. Aspects of predation of seals by polar bears. Journal of the Fisheries Research Board of Canada 34:1126-1129.

Stirling, I., and Latour, P.B. 1978. Comparative hunting abilities of polar bear cubs of different ages. Canadian Journal of Zoology 56: 1768-1772.

第10章　行動

Aars, J., and Plumb, A. 2010. Polar bear cubs may reduce chilling from icy water by sitting on mother's back. Polar Biology 33:557-559.

Ames, A. 1994. Object manipulation in captive polar bears. Ursus 9:443-449.

Derocher, A.E., Andersen, M., and Wiig, Ø. 2005. Sexual dimorphism of polar bears. Journal of Mammalogy 86:895-901.

Derocher, A.E., Andersen, M., Wiig, Ø., and Aars, J. 2010. Sexual dimorphism and the mating ecology of polar bears (*Ursus maritimus*) at Svalbard. Behavioral Ecology and Sociobiology 64:939-946.

Derocher, A.E., and Stirling, I. 1990. Distribution of polar bears (*Ursus maritimus*) during the ice-free period in western Hudson Bay. Canadian Journal of Zoology 68:1395-1403.

Derocher, A.E., and Stirling, I. 1990. Observations of aggregating behavior of adult male polar bears. Canadian Journal of Zoology 68:1390-1394.

Hamer, D., and Herrero, S. 1990. Courtship and use of mating areas by grizzly bears in the Front Ranges of Banff National Park, Alberta. Canadian Journal of Zoology 68:2695-2697.

Hansson, R., and Thomassen, J. 1983. Behavior of polar bears with cubs in the denning area. International Conference on Bear Biology and Management 5:246-254.

Larsen, T. 1971. Sexual dimorphism in the molar rows of the polar bear. Journal of Wildlife Management 35:374-377.

Latour, P.B. 1981. Interactions between free-ranging, adult male polar bears (Ursus maritimus Phipps): A case of adult social play. Canadian Journal of Zoology 59:1775-1778.

Lunn, N.J. 1986. Observations of nonaggressive behavior between polar bear family groups. Canadian Journal of Zoology 64:2035-2037.

Ramsay, M.A., and Stirling, I. 1986. On the mating system of polar bears. Canadian Journal of Zoology 64:2142-2151.

Stirling, I., and Derocher, A.E. 1990. Factors affecting the evolution and behavioral ecology of the modern bears. Bears: Their Biology and Management 8:189-204.

Wechsler, B. 1991. Stereotypies in polar bears. Zoo Biology 10:177-188.

Wiig, Ø., Gjertz, I., Hansson, R., and Thomassen, J. 1992. Breeding behaviour of polar bears in Hornsund, Svalbard. Polar Record 28:157-159.

第11章 巣穴での生態

Amstrup, S.C., and Gardner, C. 1994. Polar bear maternity denning in the Beaufort Sea. Journal of Wildlife Management 58:1-10.

Blix, A.S., and Lentfer, J.W. 1979. Modes of thermal protection in polar bear cubs—at birth and on emergence from the den. American Journal of Physiology 236:R67-R74.

Clark, D.A., Stirling, I., and Calvert, W. 1997. Distribution, characteristics, and use of earth dens and related excavations by polar bears on the Western Hudson Bay lowlands. Arctic 50:158-166.

Durner, G.M., Amstrup, S.C., and Fischbach, A.S. 2003. Habitat characteristics of polar bear terrestrial den sites in northern Alaska. Arctic 56: 55-62.

Ferguson, S.H., Taylor, M.K., Rosing-Asvid, A., Born, E.W., and Messier, F. 2000. Relationships between denning of polar bears and conditions of sea ice. Journal of Mammalogy 81: 1118-1127.

Fischbach, A.S., Amstrup, S.C., and Douglas, D.C. 2007. Landward and eastward shift of Alaskan polar bear denning associated with recent sea ice changes. Polar Biology 30:1395-1405.

Harington, C.R. 1968. Denning habits of the polar bear Ursus maritimus. Canadian Wildlife Service Report Series 5:2-30.

Jonkel, C.J., Kolenosky, G.B., Robertson, R., and Russell, R.H. 1972. Further notes on the polar denning habits. International Conference on Bear Biology and Management 2:142-158.

Kolenosky, G.B., and Prevett, J.P. 1983. Productivity and maternity denning of polar bears in Ontario. International Conference on Bear Biology and Management 5:238-245.

Larsen, T. 1985. Polar bear denning and cub production in Svalbard, Norway. Journal of Wildlife Management 49:320-326.

Messier, F., Taylor, M.K., and Ramsay, M.A. 1994. Denning ecology of polar bears in the Canadian Arctic Archipelago. Journal of Mammalogy 75:420-430.

Richardson, E., Stirling, I., and Hik, D.S. 2005. Polar bear (Ursus maritimus) maternity denning habitat in western Hudson Bay: A bottom-up approach to resource selection functions. Canadian Journal of Zoology 83:860-870.

Richardson, E., Stirling, I., and Kochtubajda, B. 2007. The effects of forest fires on polar bear maternity denning habitat in western Hudson Bay. Polar Biology 30:369-378.

Schweinsburg, R.E. 1979. Summer snow dens used by polar bears in the Canadian High Arctic. Arctic 32:165-169.

Stirling, I., and Andriashek, D. 1992. Terrestrial maternity denning of polar bears in the Eastern Beaufort Sea area. Arctic 45:363-366.

Van de Velde, F., Stirling, I., and Richardson, E. 2003. Polar bear (Ursus maritimus) denning in the area of the Simpson Peninsula, Nunavut. Arctic 56:191-197.

Veltre, D.W., Yesner, D.R., Crossen, K. J., Graham, R.W., and Coltrain, J.B. 2008. Patterns of faunal extinction and paleoclimatic change from midHolocene mammoth and polar bear remains, Pribilof Islands, Alaska. Quaternary Research 70:40-50.

Watts, P.D., and Hansen, S.E. 1987. Cyclic starvation as a reproductive strategy in the polar bear. Symposia of the Zoological Society of London 57:305-318.

第12章 生活史

Amstrup, S.C., and Durner, G.M. 1995. Survival rates of radio-collared female polar bears and their dependent young. Canadian Journal of Zoology 73:1312-1322.

Amstrup, S.C., Gardner, C., Myers, K.C., and Oehme, F.W. 1989. Ethylene glycol (antifreeze) poisoning in a free-ranging polar bear. Veterinary and Human Toxicology 31:317-319.

Amstrup, S.C., and Nielsen, C.A. 1989. Acute gastric dilatation and volvulus in a free-living polar bear. Journal of Wildlife Diseases 25:601-604.

Arnould, J.P.Y., and Ramsay, M.A. 1994. Milk production and milk consumption in polar bears during the ice-free period in western Hudson Bay. Canadian Journal of Zoology 72:1365-1370.

Åsbakk, K., Aars, J., Derocher, A.E., Wiig, Ø., Ok-sanen, A., Born, E.W., Dietz, R., Sonne, C., Godfroid, J., and Kapel, C.M.O. 2010. Serosurvey for Trichinella in polar bears (*Ursus maritimus*) from Svalbard and the Barents Sea. Veterinary Parasitology 172:256-263.

Atkinson, S.N., Cattet, M.R.L., Polischuk, S.C., and Ramsay, M.A. 1996. A case of offspring adoption in free-ranging polar bears (*Ursus maritimus*). Arctic 49:94-96.

Atkinson, S.N., Stirling, I., and Ramsay, M.A. 1996. Growth in early life and relative body size among adult polar bears (*Ursus maritimus*). Journal of Zoology 239:225-234.

Cattet, M.R.L., Duignan, P. J., House, C.A., and St. Aubin, D.J. 2004. Antibodies to canine distemper and phocine distemper viruses in polar bears from the Canadian Arctic. Journal of Wildlife Diseases 40:338-342.

Clarkson, P.L., and Irish, D. 1991. Den collapse kills female polar bear and two newborn cubs. Arctic 44:83-84.

Cork, L.C., Powers, R.E., Selkoe, D. J., Davies, P., Geyer, J.J., and Price, D.L. 1988. Neurofibrillary tangles and senile plaques in aged bears. Journal of Neuropathology and Experimental Neurology 47:629-641.

Derocher, A.E., Andersen, M., and Wiig, Ø. 2005. Sexual dimorphism of polar bears. Journal of Mammalogy 86:895-901.

Derocher, A.E., Andriashek, D., and Arnaold, J. P. Y. 1993. Aspects of milk composition and lactation in polar bears. Canadian Journal of Zoology 71:561-567.

Derocher, A.E., and Stirling, I. 1991. Oil contamination of two polar bears. Polar Record 27:56-57.

Derocher, A.E., and Stirling, I. 1994. Age-specific reproductive performance of female polar bears (*Ursus maritimus*). Journal of Zoology 234:527-536.

Derocher, A.E., and Stirling, I. 1996. Aspects of survival in juvenile polar bears. Canadian Journal of Zoology 74:1246-1252.

Derocher, A.E., and Stirling, I. 1998a. Geographic variation in growth of polar bears (*Ursus maritimus*). Journal of Zoology 245:65-72.

Derocher, A.E., and Stirling, I. 1998b. Maternal investment and offspring size in polar bears (*Ursus maritimus*). Journal of Zoology 245:253-260.

Derocher, A.E., Stirling, I., and Andriashek, D. 1992. Pregnancy rates and serum progesterone levels of polar bears in western Hudson Bay. Canadian Journal of Zoology 70:561-566.

Derocher, A.E., and Wiig,. 1999. Observation of adoption in polar bears (*Ursus maritimus*). Arctic 52:413-415.

Derocher, A.E., and Wiig, Ø. 2002. Postnatal growth in body length and mass of polar bears (*Ursus malitimus*) at Svalbard. Journal of Zoology 256:343-349.

Durner, G.M., Whiteman, J.P., Harlow, H.J., Amstrup, S.C., Regehr, E.V., and Ben-David, M. 2011. Consequences of long-distance swimming and travel over deep-water pack ice for a female polar bear during a year of extreme sea ice retreat. Polar Biology 34:975-984.

Garner, G.W., Evermann, J.F., Saliki, J.T., Follmann, E.H., and McKeirnan, A.J. 2000. Morbillivirus ecology in polar bears (*Ursus maritimus*). Polar Biology 23:474-478.

Home, W.S. 1979. Wolverine kills polar bear on arctic sea ice. Arctic Circular 27:29-30.

Kingsley, M.C.S. 1979. Fitting the von Bertalanffy growth equation to polar bear age-weight data. Canadian Journal of Zoology 57:1020-1025.

Latinen, K. 1987. Longevity and fertility of the polar bear, *Ursus maritimus* Phipps, in captivity. Zoologische Garten NF 57:197-199.

Monnett, C., and Gleason, J.S. 2006. Observations of mortality associated with extended open-water swimming by polar bears in the Alaskan Beaufort Sea. Polar Biology 29:681-687.

Oksanen, Å., Asbakk, K., Prestrud, K.W., Aars, J., Derocher, A.E., Tryland, M., Wiig, Ø., et al. 2009. Prevalence of antibodies against Toxoplasma gondii in polar bears (*Ursus maritimus*) from Svalbard and east Greenland. Journal of Parasitology 95:89-94.

Ramsay, M.A., and Dunbrack, R.L. 1986. Physiological constraints on life history phenomena: The example of small bear cubs at birth. American Naturalist 127:735-743.

Ramsay, M.A., and Stirling, I. 1988. Reproductive biology and ecology of female polar bears (*Ursus maritimus*). Journal of Zoology 214: 601-634.

Regehr, E.V., Hunter, C.M., Caswell, H., Amstrup, S.C., and Stirling, I. 2010. Survival and breeding of polar bears in the southern Beaufort Sea in relation to sea ice. Journal of Animal Ecology 79:117-127.

Richardson, E.S., and Andriashek, D.S. 2006. Wolf (*Canis lupus*) predation of a polar bear (*Ursus maritimus*) cub on the sea ice off northwestern Banks Island, Northwest Territories, Canada. Arctic 59:322-324.

Rosing-Asvid, A., Born, E.W., and Kingsley, M.C.S. 2002. Age at sexual maturity of males and timing of the mating season of polar bears (*Ursus maritimus*) in Greenland. Polar Biology 25:878-883.

Stirling, I. 1974. Midsummer observations on the behavior of wild polar bears. Canadian Journal of Zoology 52:1191-1198.

Stirling, I., and Smith, T.G. 2004. Implications of warm temperatures, and an unusual rain event for the survival of ringed seals on the coast of southeastern Baffin Island. Arctic 57:59-67.

Taylor, M., Elkin, B., Maier, N., and Bradley, M. 1991. Observation of a polar bear with rabies. Journal of Wildlife Diseases 27:337-339.

Tryland, M., Neuvonen, E., Huovilainen, A., Tapiovaara, H., Osterhaus, A., Wiig, Ø., and Derocher, A.E. 2005. Serological survey for selected virus infections in polar bears at Svalbard. Journal of Wildlife Diseases 41:310-316.

Urashima, T., Yamashita, T., Nakamura, T., Arai, I., Saito, T., Derocher, A.E., and Wiig, Ø. 2000. Chemical characterization of milk oligosaccharides of the polar bear, *Ursus maritimus*. Biochimica et Biophysica Acta 1475:395-408.

第13章 脅威

Amstrup, S.C., DeWeaver, E.T., Douglas, D.C., Marcot, B.G., Durner, G.M., Bitz, C.M., and Bailey, D.A. 2010. Greenhouse gas mitigation can reduce sea-ice loss and increase polar bear persistence. Nature 468:955-958.

Andersen, M., and Aars, J. 2008. Short-term behavioural response of polar bears (*Ursus maritimus*) to snowmobile disturbance. Polar Biology 31:501-507.

Andersen, M., Lie, E., Derocher, A.E., Belikov, S.E., Bernhoft, A., Boltunov, A., Garner, G.W., Skaare, J.U., and Wiig, Ø. 2001. Geographic variation of PCB congeners in polar bears (*Ursus maritimus*) from Svalbard east to the Chukchi Sea. Polar Biology 24:231-238.

Bernhoft, A., Skaare, J.U., Wiig, Ø., Derocher, A.E., and Larsen, H.J.S. 2000. Possible immunotoxic effects of organochlorines in polar bears (*Ursus maritimus*) at Svalbard. Journal of Toxicology and Environmental Health, Part A 59:561-574.

Braathen, M., Derocher, A.E., Wiig, Ø., Sørmo, E.G., Lie, E., Skaare, J.U., and Jenssen, B.M. 2004. Thyroid hormone and retinol status in polar bears (*Ursus maritimus*) at Svalbard in relation to plasma concentrations of PCBs. Environmental Health Perspectives 112:826-833.

Cherry, S.G., Derocher, A.E., Stirling, I., and Richardson, E.S. 2009. Fasting physiology of polar bears in relation to environmental change and breeding behavior in the Beaufort Sea. Polar Biology 32:383-391.

Derocher, A.E., Lunn, N.J., and Stirling, I. 2004. Polar bears in a warming climate. Integrative and Comparative Biology 44:163-176.

Derocher, A.E., Stirling, I., and Calvert, W. 1997. Male-biased harvesting of polar bears in western Hudson Bay. Journal of Wildlife Management 61:1075-1082.

Derocher, A.E., Wolkers, H., Colborn, T., Schlabach, M., Larsen, T.S., and Wiig, Ø. 2003. Contaminants in Svalbard polar bear samples archived since 1967 and possible population level effects. Science of the Total Environment 301:163-174.

Dietz, R., Riget, F., and Johansen, P. 1996. Lead, cadmium, mercury, and selenium in Greenland marine mammals. Science of the Total Environment 186:67-93.

Downing, K., and Reed, M. 1996. Object-oriented migration modelling for biological impact assessment. Ecological Modelling 93:203-219.

Dowsley, M. 2009. Inuit-organised polar bear sport hunting in Nunavut Territory, Canada. Journal of Ecotourism 8:161-175.

Dowsley, M., and Wenzel, G. 2008. "The time of the most polar bears": A co-management conflict in Nunavut. Arctic 61:177-189.

Durner, G.M., Douglas, D.C., Nielson, R.M., Amstrup, S.C., McDonald, T.L., Stirling, I., Mauritzen, M., et al. 2009. Predicting 21st-century polar bear habitat distribution from global climate models. Ecological Monographs 79:25-58.

Fischbach, A.S., Amstrup, S.C., and Douglas, D.C. 2007. Landward and eastward shift of Alaskan polar bear denning associated with recent sea ice changes. Polar Biology 30:1395-1405.

Flyger, V. 1967. The polar bear: A matter for international concern. Arctic 20:147-153.

Freeman, M.M.R., and Wenzel, G.W. 2006. The nature and significance of polar bear conservation hunting in the Canadian Arctic. Arctic 59:21-30.

Gjertz, I., and Scheie, J.O. 1998. Human casualties and polar bears killed in Svalbard, 1993-1997. Polar Record 34:337-340.

Gleason, J.S., and Rode, K.D. 2009. Polar bear distribution and habitat association reflect long-term changes in fall sea ice conditions in the Alaskan Beaufort Sea. Arctic 62:405-417.

Herrero, S. 2002. Bear attacks: Their causes and avoidance. Lyons Press, Guilford, Connecticut.

Higdon, J.W., and Ferguson, S.H. 2009. Loss of Arctic sea ice causing punctuated change in sightings of killer whales (*Orcinus orca*) over the past century. Ecological Applications 19:1365-1375.

Hunter, C.M., Caswell, H., Runge, M.C., Regehr, E.V., Amstrup, S.C., and Stirling, I. 2010. Climate change threatens polar bear populations: A stochastic demographic analysis. Ecology 91:2883-2897.

Hurst, R.J., and Øritsland, N.A. 1982. Polar bear thermoregulation: Effect of oil on the insulative properties of fur. Journal of Thermal Biology 7:201-208.

Hurst, R.J., Watts, P.D., and Øritsland, N.A. 1991. Metabolic compensation in oil-exposed polar bears. Journal of Thermal Biology 16:53-56.

Keith, D. 2005. Inuit Qaujimaningit Nanurnut: Inuit knowledge of polar bears. CCI Press, Edmonton.

Laidre, K.L., Stirling, I., Lowry, L.F., Wiig, Ø., HeideJorgensen, M.P., and Ferguson, S.H. 2008. Quantifying the sensitivity of Arctic marine mammals to climate-induced habitat change. Ecological Applications 18:S97-S125.

Lee, J., and Taylor, M. 1994. Aspects of the polar bear harvest in the Northwest Territories, Canada. International Conference on Bear Biology and Management 9:237-243.

Lie, E., Larsen, H.J.S., Larsen, S., Johnsen, G.M., Derocher, A.E., Lunn, N.J., Norstrom, R.J., Wiig, Ø., and Skaare, J.U. 2004. Does high organochlorine (OC) exposure impair the resistance to infection in polar bears (*Ursus maritimus*)? Part 1: Effect of OCs on the humoral immunity. Journal of Toxicology and Environmental Health, Part A 67:555-582.

Loughrey, A. G. 1956. The polar bear and its protection. Oryx 3:233-239.

Lunn, N.J., and Stirling, I. 1985. The significance of supplemental food to polar bears during the ice-free period of Hudson Bay. Canadian Journal of Zoology 63:2291-2297.

Molnár, P.K., Derocher, A.E., Klanjscek, T., and Lewis, M.A. 2011. Predicting climate change impacts on polar bear litter size. Nature Communications 2:186.

Molnár, P.K., Derocher, A.E., Lewis, M.A., and

Taylor, M.K. 2008. Modelling the mating system of polar bears: A mechanistic approach to the Allee effect. Proceedings of the Royal Society B: Biological Sciences 275:217-226.

Molnár, P.K, Derocher, A.E., Thiemann, G.W., and Lewis, M.A. 2010. Predicting survival, reproduction, and abundance of polar bears under climate change. Biological Conservation 143:1612-1622.

Moore, S.E., and Huntington, H.P. 2008. Arctic marine mammals and climate change: Impacts and resilience. Ecological Applications 18:S157-S165.

Norstrom, R.J., Simon, M., Muir, D.C.G., and Schweinsburg, R.E. 1988. Organochlorine contaminants in Arctic marine food chains: Identification, geographical distribution, and temporal trends in polar bears. Environmental Science and Technology 22:1063-1071.

Peacock, E., Derocher, A.E., Thiemann, G.W., and Stirling, I. 2011. Conservation and management of Canada's polar bears (*Ursus maritimus*) in a changing Arctic. Canadian Journal of Zoology 89:371-385.

Polischuk, S.C., Letcher, R.J., Norstrom, R.J., and Ramsay, M.A. 1995. Preliminary results of fasting on the kinetics of organochlorines in polar bears (*Ursus maritimus*). Science of the Total Environment 160-161:465-472.

Prestrud, P., and Stirling, I. 1994. The International Polar Bear Agreement and the current status of polar bear conservation. Aquatic Mammals 20:113-124.

Regehr, E.V., Hunter, C.M., Caswell, H., Amstrup, S.C., and Stirling, I. 2010. Survival and breeding of polar bears in the southern Beaufort Sea in relation to sea ice. Journal of Animal Ecology 79:117-127.

Regehr, E.V., Lunn, N.J., Amstrup, S.C., and Stirling, I. 2007. Effects of earlier sea ice breakup on survival and population size of polar bears in western Hudson Bay. Journal of Wildlife Management 71:2673-2683.

Rode, K.D., Amstrup, S.C., and Regehr, E.V. 2010. Reduced body size and cub recruitment in polar bears associated with sea ice decline. Ecological Applications 20:768-782.

Schliebe, S., Rode, K.D., Gleason, J.S., Wilder, J., Proffitt, K., Evans, T.J., and Miller, S. 2008. Effects of sea ice extent and food availability on spatial and temporal distribution of polar bears during the fall open-water period in the southern Beaufort Sea. Polar Biology 31:999-1010.

Sonne, C. 2010. Health effects from long-range transported contaminants in Arctic top predators: An integrated review based on studies of polar bears and relevant model species. Environment International 36:461-491.

Stenhouse, G.B., Lee, L.J., and Poole, K.G. 1988. Some characteristics of polar bears killed during conflicts with humans in the Northwest Territories, 1976-86. Arctic 41:275-278.

Stirling, I. 1988. Attraction of polar bears *Ursus maritimus* to offshore drilling sites in the eastern Beaufort Sea. Polar Record 24:1-8.

Stirling, I. 1990. "Polar bears and oil: Ecological perspectives." In *Sea mammals and oil: Confronting the risks*. Edited by J.R. Geraci and D.J. St. Aubin. Academic Press, San Diego, California. 223-234.

Stirling, I., and Derocher, A.E. 1993. Possible impacts of climatic warming on polar bears. Arctic 46:240-245.

Stirling, I., Lunn, N.J., and Iacozza, J. 1999. Longterm trends in the population ecology of polar bears in western Hudson Bay in relation to climate change. Arctic 52:294-306.

Stirling, I., and Parkinson, C.L. 2006. Possible effects of climate warming on selected populations of polar bears (*Ursus maritimus*) in the Canadian Arctic. Arctic 59:261-275.

Stirling, I., Richardson, E., Thiemann, G.W., and Derocher, A.E. 2008. Unusual predation attempts of polar bears on ringed seals in the southern Beaufort Sea: Possible significance of changing spring ice conditions. Arctic 61: 14-22.

Taylor, M.K., McLoughlin, P.D., and Messier, F. 2008. Sex-selective harvesting of polar bears *Ursus maritimus*. Wildlife Biology 14: 52-60.

Towns, L., Derocher, A. E., Stirling, I., and Lunn, N.J. 2010. Changes in land distribution of polar bears in western Hudson Bay. Arctic 63:206-212.

Towns, L., Derocher, A.E., Stirling, I., Lunn, N.J.,

and Hedman, D. 2009. Spatial and temporal patterns of problem polar bears in Churchill, Manitoba. Polar Biology 32:1529-1537.

Wiig, Ø., Derocher, A.E., Cronin, M.M., and Skaare, J.U. 1998. Female pseudohermaphrodite polar bears at Svalbard. Journal of Wildlife Diseases 34:792-796.

第14章　ホッキョクグマの未来

Derocher, A.E. 2010. Climate change: The prospects for polar bears. Nature 468:905-906.

索引   太字のページ番号は写真または図を示す

ABC ベアー　45-47
PCB　汚染を参照
sassat（グリーンランド語）93-94
savsatt（イヌクティトゥット語）93, 94

ア 行

アイスランド　**9**, 54, 86, 109, 229
アイヌの人々　50, 54
アカギツネ　147, 154
アゴヒゲ　**164**
アゴヒゲアザラシ　70, 121, **140**, 142, **143**, 194　寄生虫　217　食性　60, 62　生態　**83**-**85**　地球温暖化とアゴヒゲアザラシ　247　ホッキョクグマとアゴヒゲアザラシ　26, **35**, **50**, 96, 103-105, 127, 128, 131, 132, 136, 143, 151, **214**
足　29, **31**, 32, 35, 158　足跡　**244**　爪，肉球も参照
アジアクロクマ　**43**, 44, 49
亜種　45, 57
遊び　86, 155, 167-**169**, 172, **178**, 239
アフリカライオン　22, 68, 162, 163, 168
脂身　脂肪を参照
アメリカクロクマ　**43**, 44, 49, 175, 193, **202**, 204, 207　進化　44　爪　30　冬眠　38　乳房　34　ヒトとクマの関わり　229, 244　分散　123　カーモード・ベアー，交雑種も参照
アラスカ　9, 59, 78, 95, 110-111, 114, 127, 128, 151, 218, 220, 224-226, 229　グリズリー　17, **45**-46　巣ごもり　180, 188, 242　スポーツハンティング　230　米国立アラスカ北極圏野生生物保護区　128, 240　ABC ベアーも参照
アレンの法則　23
安定同位体　46, 48, 102
アンデスグマ　メガネグマを参照
一次生産　59-61
イッカク　94, 105, 162
遺伝的構造　個体群を参照
移動，効率　19　パターン　112-114　行動圏，ナビゲーションも参照
イニンカリのヒグマ　50
イヌイット　29, 35, 53, **56**, 73, 85, 97, 171, 219　Qaujimajatuqangit　225　神話　53-54　スポーツハンティングとイヌイット　230-**231**
陰茎　32, **160**, 234
陰茎骨　陰茎を参照
陰唇　33, 193
ウランゲリ島　**9**, 91, 128, 175-**176**, 212
衛星追跡　67, 77, 110-**112**, 116, 126, 128, 131, 187, 215, 218
エーム間氷期　47, 52
エスキモー　イヌイットを参照
尾　20-21, 32
追い払い　245
オオウミガラス　100
オオカミ　49, 97, 154, 155　オオカミによるホッキョクグマの捕食　182, 211
汚染　137, 176, 219, 223, **232**-237, 244
オットセイ　**8**, 41
泳ぎ　7, 20, 30, 67, 94, 97, 143, **144**, 150, **218**-219, 221　子グマと泳ぎ　15, 16, **173**-174, 178, 211, **213**
オンタリオ　134, 185, 190
温度　巣穴の温度　175, 189　体温　17, 18, 32, 36, 107, 151　低体温　**15**, 211　冬眠　36-37

カ 行

カーソン，レイチェル　233
カートライト船長　100
カーモード・ベアー　**47**, 51
海藻　62, 78, 102, 103
海氷　63, **64**-77　移動速度　73, 112-113　温度　63, 66　水路　70-**72**, 75, 79, 97, 137, 143, 240　多年氷　66-67, 73, 75, 83, 111, 123, 129, 131, 137, 246　地球温暖化　73, 100, 216, 219, **222**, 242, **243**, 246-247　定着氷　67-70, 77, 80, **82**, 99, 110, **129**, 144, 173　トレッドミル　**113**, 114, 245　氷丘脈　63, **69**, 73-**75**, 80, 141, **142**, 144, **145**, 207　流氷　68-71, 73, 77, 83, 86, 87, 91, **113**, 115, 180　解氷，結氷，地球温暖化，ブラインチャネルも参照
解氷　**81**, 99, 131, 134, 177, 196, 243, 246
海洋哺乳類保護法　224, 231
学習　78, 120, **125**, 141, 155, 176, **177**, **195**, 239　汚染と学習　236
カクトビク　96
過食　18, 38, 106, **139**
化石記録　41, 45, 50, 138, 165, 181, 201
カナダ　**9**, **47**, 59, 109, 115, **166**, 176, 224, **229**-

231　個体群 128-134, 135　狩猟 221, 226　シロイルカ 92　交雑種, 狩猟, スポーツハンティング, チャーチルも参照
カニンガムインレット 92
カバ 52
カボット，ジョン 100
咬む力 25, 26
カラ海 9, 89　個体群 **127**, 128, 137, 227
狩り 100, 106, 108, 141　開放水面 **98**, 150, 247　出産巣穴 21, 73, 80-**82**, 144-147　水中からの忍び寄り 77, 97-98, 141, 143-**144**　スティル・ハント 70, 141, 147-149　氷上での忍び寄り 141-143
カリブー 7, 29, 162, 223　餌動物としてのカリブー 34, **97**, 117
環境収容力 152, 214, 221, 232
観光 133, 237-239　ホッキョクグマの生息地での安全も参照
間性 234
乾燥 20
肝臓 35, 217, 235, 240
還流 74
利き手 54, 55
気候変動　地球温暖化を参照
偽雌雄同体 234
傷 160-162, 169, 213, 215, 219
傷痕 160, 162, **210**, 216
寄生虫 215, 217, 219, 236, 247
季節移動 62, 67, 71, 75, 110-111, 155, 190, 224
漁業 241
嗅覚 21, 25, 34, 36, 95, 120, 141, 144, **148**, **149**, **156**, **158**
嗅球 21
競争（競合）43, 52, 77, 123, 125, 170　交尾相手をめぐる競争 33, 157, **160-163**, **166**, **216**　仕留めた獲物をめぐる競争 107, 172-173　同腹子間の競争 199, **206**
キョクアジサシ 62
近親交配 125-126
グズリ 219
首 **19**, **22**, 26, 111, **112**
クラカケアザラシ 88, 127
グリーンランド 9, 54, 59, 67, 85, 88, 89, 114, 125, **136**, 137, **194**, 218, 224　汚染 235　毛皮の利用 226　個体群 **127**, 128, 135　狩猟 215-227　神話 53
グリズリー **43**, 97, 114, 154, **163**　進化 44-52, 139　分散 123　ホッキョクグマとの比較 **10**, 15-**18**, 20-21, 24, **30**, **31**, 35-36, 165, 193, 194, 207, 229, 244　離乳 208
グローラー　交雑種を参照
クロクマ　アメリカクロクマを参照
毛　被毛を参照
珪藻 59
ケイン湾 114　個体群 **127**, 128, 135, 227
ケガ　傷を参照
毛づくろい 20, **138**, 168, 240
結氷 63, 67, 133, 242
ケベック 132, 134
ケワタガモ 71, **97**　羽毛 117
口蓋ヒダ 26
睾丸 32-33
交雑 47, 49, 139
甲状腺 235
更新世 42, 44, 47
行動圏 19, 21, 67, 109-112, 114, 120, 123, 157
交配　交尾を参照
交尾 32, 68, **166**, 193　交尾期 32, 52, 193　配偶システム 33, 68, 157, **159**, 161-163, 167
肛門囊 35
氷　海氷を参照
コーンワリス島 **166**
子グマの背乗り **173**-174
子殺し 68, **170**, 173, 213, 242
古代エスキモー 53
個体群 110　遺伝的構造 132, 137-139　汚染と個体群 235　各個体群の説明 126-137　境界 126　個体群の大きさ **127**, 128　狩猟 227　成長速度 221　空からの個体数推定 133, 135, 136　地球温暖化 242-247　標識再捕獲法による個体数推定 123, 130, 131, 215　密度 126
骨粗鬆症 39
ゴマフアザラシ 88
ゴミ 220
コミュニケーション 35, **158**, 167, **212**, **245**　発声も参照
コングカルルス諸島 136, 175-177, 224

サ 行

採餌　食性を参照
魚とり 101
サケ　タイヘイヨウサケ 17, 51, 100, 209
サマーセット島 92-**93**
飼育施設　動物園を参照
シェイクスピア, ウイリアム 249
ジェームズ湾 8, **9**, 109, 134

視覚　26-**28**
歯隙　24
脂食動物　79
舌　25, 217
耳標（タグ）　116, 123, **130**, **231**
脂肪　60, 96, 107-108, **138**, 218　アザラシ　79, 80　汚染と脂肪　234-235　子グマ　200　サンプル採取　104　絶食と脂肪　38　体脂肪　17, 18, 20, 165, 167, 173, 187-189, 195-197, 199, 210, 212, 216　地球温暖化と脂肪　242, 243
脂肪酸　32, 48, 104, 200　オメガ3脂肪酸　216
死亡率　生存率を参照
ジャイアント・ショートフェイス・ベアー　42, 44
ジャイアントパンダ　36, **42**, 201
社会的交流, 相互作用　152, 156, 170, 178
ジャコウウシ　51, 97
シャチ　80, 85, 153, 212, **246**
周縁氷帯　61, 70, 83
重金属　232, 237
出産間隔　202
授乳　33, 34, 39, 68, 190, 194, **204**, 208, 210, 212, 243　授乳用ピット　**181**, 183
寿命　214
狩猟　125, 215, 223-**228**, **231**　過度の狩猟　127, 129, 133, 134, 176-177, 180, 221　スポーツハンティング　230-231　伝統的利用　53-54
順位　124, 168-170
消化　24, 34, 104, 107
脂溶性　234
常同行動　157
食性　19, 22, 24, 34, 79-103, 216　餌に含まれるエネルギー　106-107　汚染と食性　234-235　海藻　**102**　個体群ごとの食性　126-137　植物　22, 96, **101**, 102, 183, **184**　性差　105, 164-165　調査方法　46, 103-108
食肉目　7, **8**, 169, 193
食物連鎖　**35**, 44, **46**, 59-62　汚染と食物連鎖　**233**, 234
蹠行性　29
鋤鼻器　25
視力　視覚を参照
歯列　歯を参照
シロイルカ　92, 121　餌動物としてのシロイルカ　92-**94**, 128, 131, 132, 135　寄生虫　217
シロカモメ　91, **103**, 121, 154
進化　17, 22-23, 38, 41-52, 55, 102, 114, 122-123, 149, 193, 201-202, 217, 223, 249
腎臓　34, 39, 200, 235, 237, 240
深層水形成　73
神話　53-55, 249
巣穴　海氷上の巣穴　128, 180-181　構造　181-186　再利用　178, 185　出産用巣穴　36-37, 131, 132, 175　巣穴での行動　68, 167-168　巣穴のつくられる場所　**166**, 180-**181**, **184**　巣穴への忠実度　173, 180-181　巣ごもり時期　77, 186-190　泥炭の巣穴　185　内部温度　175　避難用巣穴　132, 190　崩壊　216　ウランゲリ島, コングカルルス諸島, チャーチル, 巣穴地域も参照
水銀　重金属を参照
スカベンジング　51, **62**, 92-93, **95**, 117, 128-129, 151, 153-154, 208, 212, 220
ズキンアザラシ　49, 70, 87, 105, 136, 219
スバールバル　**9**, 46-47, 55, 58, 67, 73, 78, 81, 211, 224, 226, 230　移動　111, 117, **122**　脅威　234, 236, 242　個体群　135-136　採餌行動　88, 95, 99, 102, 117　巣ごもり　175-177, **179**, 188
スピリット・ベアー　カーモード・ベアーを参照
スポーツハンティング　狩猟, スポーツハンティングを参照
セイウチ　7, **8**, 41, 55, 62, 70, 72, 80, 85, 88-92, **225**　餌動物としてのセイウチ　91, 104, 105, 132, 136, 171-172, 212, 219　寄生虫　217　死骸　127, 151
生殖隔離　49, 51
生息地　7, 59　海氷　63-78, 80, 112, **113**　すみわけ　173　保護　224　陸上の生息環境　77-78　巣穴, 巣穴のつくられる場所, 地球温暖化も参照
生存率　134, 226　亜成獣の生存率　208, 211, 212　子グマの生存率　129, **150**, **203**, 210-213　成獣の生存率　214-221　老齢個体の生存率　215-216　地球温暖化, 狩猟, 汚染も参照
生態系　7, 59, 60, 62, 75, 98, 224　保護　224, 232, 241, 244, 247, 249
成長　18, 32, 160, 162, 165, 208-209　汚染と成長　235　子グマの成長　189, 200, 201, 203-**206**, 210　地球温暖化と成長　245
性的二型　157, 162-**163**, 165, **187**, 203
性比　**197**, 204, 205
生物濃縮　234
生理状態　38　過食, 冬眠も参照

石油　開発　128, 129　ホッキョクグマへの影響　220, 239-**240**
絶食　38, 129, 183, 189, 196　地球温暖化と絶食　129, 221, 242　妊娠と絶食　**110**, 200, 210
絶滅危惧種法　223
絶滅のおそれのある野生動植物種の国際取引に関する条約　226
雪盲　**27**-29
ゼニガタアザラシ　**88**, 105, 132, 142
腺　34
染色体　36
潜水　101, 102
セントマシュー島　9, 111, 181
セントローレンス島　**9**, 181
セントローレンス湾　86, 109
船舶航行　131, **241**
ゾウゲカモメ　154
装飾　163
藻類　13, 15, 46, **60**, 61, 234
空からの調査　個体群を参照

タ　行

ダーウィン，チャールズ　162
対向流　32
体重　17, **19**, 67, 116, 165, 209　子グマの体重　**187**, 199-202, 205-**206**　体重減少　101, 218　体重増加　196, 209　地球温暖化と体重　134, 242
体長　17, 116, 162, 209, 211
退避地　45, 132, 137　狩猟から逃れるための避難場所　177
大陸棚　**9**, 59, 66, 75, 83, 91, 137, 246
タテゴトアザラシ　**8**, 49, 62, 70, **85**-87, 105, 132, 134, 136
タトナム岬　134
多年氷　海氷を参照
タラ　タイセイヨウダラ　88　ホッキョクダラ　61, 79, 88, 234
地球温暖化　11, 49, 55, 88, 100, 102, 109, 114, 126, 129, 132, **133**, 159, 180, 216, 219, 221, 225, 228, 232, **240**, 242-247, 249-250　汚染と地球温暖化　237
乳首　**33**, 34
乳　**33**, **45**, 200-201　汚染　235, **236**, 244　授乳期間　210-212　成分　204
チャーチル　120, 133, 155, 181, **229**, 231, 239　巣ごもり地域　134, 175, **176**, 183
チャーチル川　67
チャーチル岬　133, 168, 191

着床遅延　192-195, 201
忠実度　交尾相手への忠実度　157　巣穴地域への忠実度　180　地球温暖化と忠実度　245　場所への忠実度　120, 132, 138, 168
チュクチ海　**9**, 53, 77, 78, 88, 89, 110-112, 117, 123, 218　移動　110-111　個体群　126-128, 227
聴覚　23-24
爪　安定同位体　46　グリズリー　**30**　交雑種　49　ホッキョクグマ　**30**, 31, 85, 141, 147, 171, **173**, 174, **183**　ワモンアザラシ　79
ツンドラバギー　133, 239, **240**
定着氷　海氷を参照
デービス海峡　**9**, 86, 134, 138　個体群　**127**, 128, 134, 227
適応　進化を参照
手のひら　足を参照
デボン島　106
伝統的な知恵　イヌイット，Qaujimajatuqangit を参照
デンマーク　35, 44, 224
頭蓋骨　20-21, **24**, 26, 53, 163, **225**　重さ　26
闘争　155, 161-165, 169-**171**
トウゾクカモメ　98
動物園　48, 157, 172, 226
動物プランクトン　プランクトンを参照
冬眠　36-39
トーパー　冬眠を参照
ドーン・ベアー　41, 42
トキソプラズマ　寄生虫を参照
トナカイ　カリブーを参照
共食い　68, 129, 173, 242
トリヒナ　寄生虫を参照

ナ　行

ナソガルアク，デビッド　97
ナビゲーション　114-122
ナマケグマ　**43**, 44, 49, 174
涙　29
なわばり　行動圏を参照
南極　50, 62, 67, 73　南極のホッキョクグマ　111
南極の海洋生物資源の保存に関する条約　111
ナンセン，フリチョフ　86, 91
肉球　**31**
ニシオンデンザメ　80, 211
日本　50, 54
ニューファンドランド　86, 100, 109　ラブラドールも参照

乳房　33, **45**, 204
尿素/クレアチニン比　38　　絶食も参照
妊娠　巣穴，絶食，妊娠期間，繁殖を参照
妊娠期間　193, 200
ヌナブト　100, 133-134
熱塩循環コンベアベルト　73
眠り　54, **77**, 148, 166, **191**
ネルソン提督　230
年齢　狩りの成功率　81, 107　　査定　**25**, 116　　寿命　214　　成熟　**124**, 161-162, 198, 209　　成長も参照
ノヴァヤゼムリャ　**9**, 35, 55, 137, 237
ノーウィージャン湾個体群　**127**, 128, 131-132, 138, 227
登り　19, 30, 31, 99, 174
ノルウェー　44, 54, 59, 136, 224, 230

ハ行

歯　24-25, 39, 141, 148　　数　24　　折損　161, 216　　年齢，査定も参照
ハーン，サミュエル　175
バイカウントメルビル海峡個体群　**127**, 128, 130-131, 227
排卵　167, 193
ハクガン　**98**-99
ハシブトウミガラス　**98**-99
発情　25, 68, 158, 193, 205, 208, 211
発声　26, 39, 165
ハドソン湾　**9**, 30, 109, **110**, 120, 138-139, 168, 173, 207, **229**　　海氷　67, 74　　観光　**238**　　個体群　133-134　　巣ごもり　175, 177-180, 185-187, 189, 196-197　　地球温暖化　246　　陸域　74　　陸上の食物　98-99
ハドソン湾西部個体群　99, **127**, 128, 133-134, 175, 180, 185, 187, 189, 196-197, 207, 227　　観光，チャーチル，チャーチル岬，ホッキョクグマ警報も参照
ハドソン湾南部個体群　**127**, 128, 134, 189, 227
鼻　20, **24**, 34, **146**, **148**, **149**, 245　　鼻を隠す　54
母グマの投資　159, 165, 166, 195, **198**, 203, 205-**206**, 210, 214　　子グマの大きさ　**198**-202
バフィン島　134
バフィン湾　**9**, 86, 89, 110　　個体群　**127**, 128, 134, 227
速さ　19, 29, 245
バルト海　44, 138, 247
バレンツ，ウイレム　55, 56
バレンツ海　**9**, 55, 78, 86, 110, 120, 177　　個体群　**127**, 136-137, 227
バンクス島　48, 97, 129, 130
繁殖　37, 193-208　　初回繁殖年齢　199　　歯に見られる繁殖歴　25　　繁殖寿命　199, 214　　繁殖状態　35　　繁殖成功　167, 187-190, 199, 213-214　　繁殖率　214-215　　出産間隔，生殖隔離，地球温暖化，妊娠期間，母グマの投資，離乳も参照
東グリーンランド　57, 67, **136**　　汚染　235　　個体群　**127**, 128, 135-136, 138　　狩猟　227
ビクトリア島　49, 129, 130
ヒグマ　グリズリーを参照
ヒゲ　22
鼻口蓋管　25
ピズリー　交雑種を参照
ビタミン　28, 96, 99, **102**, 204　　ビタミンA　35, 235
ピット　78, 166, 190-191　　授乳，授乳用ピットも参照
ヒト医療　39
ヒトとクマの関わり　53-57, **125**, 130, 228-232, 240　　安全　244-245
一腹産子数　**10**, 33, **45**, 195, 197-199
泌乳　授乳を参照
皮膚　20　　色　13, 15
ヒメウミスズメ　99
被毛　13-16, 20, **31**, 51, **138**　　油　13, 20　　色　**11**, 13　　換毛　13, 15　　子グマ　16　　成長　15　　断熱　20　　光ファイバー　16　　緑色　15　　毛小皮　13
氷河　**58**, 63, 67, 78, 95, 139, 185
氷期　45, 59, 138, 181
病気　215, 219, 220　　汚染と病気　235-236　　地球温暖化と病気　247
氷湖　71, 72, 83, 131, 135
氷山　63, 67, **136**, **194**
標識再捕獲法　個体群，標識再捕獲法による個体数推定を参照
フィップス，スコンスタンティン・ジョン　57
フィロパトリー　忠実度を参照
ブーシア湾個体群　**127**, 128, 132, 227
フォックス湾　**9**, 86, 89, 134, 138　　個体群　**127**, 128, 132-134, 138　　狩猟　227
ブラインチャネル　60, 73　　形成　73
プランクトン　**60**-61
フランクリン卿　171
フランツヨーゼフ諸島　**9**, 91, 99, 104, 136-137
プリビロフ諸島　181

索引 —— 277

分散　111, 122-126, 221

分布　進化と分布　44-52　世界的分布　8-9, 109-139

分類学　7, 57

米国　59, 127, **129**, 223, 224, 231　アラスカも参照

ベーリング海　**9**, 45, 75, 77, 88, 89, 110, 111, 126, 181, **225**

ベルーガ　シロイルカを参照

ボアズ, フランツ　54

ボーフォート海　**9**, 45, 67, 74, 89, 97, 109, 110, 123, 138, 180, 198, 240　グリズリー　51　個体群　**127**-129, 227　巣ごもり　181, 189　地球温暖化　246　溺死事例　218-219　捕食–被食者の関係　152

ボーフォート海北部個体群　**127**-130, 138, 227

ボーフォート海南部個体群　**127**-129, 227

ホール　チャールズ・フランシス　171-172

捕獲　**17**, 32, **116**, **121**, 124, 130, 211, 219

北西航路　131

北西準州　51, 224　バンクス島も参照

捕鯨　11

歩行冬眠　冬眠を参照

捕食–被食者の関係　152-153

保全　103, 121, 131, 223-247, 249-250　ポスター種　55

北極横断流　74

北極海　**9**, 75, 115, 137, 246

北極海盆　232　個体群　127, 128, 137, 227

ホッキョクギツネ　11, **62**, 121, 217　狂犬病　219　スカベンジング　151, **153**-154　ホッキョクギツネによる捕食　80-81, 99

ホッキョククジラ　46, 60, 93, 121　スカベンジング　95, 128, 151

ホッキョクグマ警報　**229**, 231

ホッキョクグマ専門家グループ　131

ホッキョクグマの生息地での安全　244-245

ホッキョクグマの保全に関する協定　131, 224, 230

北極線　8

ホッキョクダラ　タラを参照

北極の定義　7-8

骨　29, 30, 32, 34, 234　安定同位体　46　汚染　235　化石　45　伝統的利用　53　冬眠　38-39　鼻甲介骨　21　頭蓋骨も参照

ホラアナグマ　43

ホルモン　158, 204　黄体ホルモン　195　汚染とホルモン　235

マ 行

マクリントック海峡個体群　**127**, 128, 131, 221, 227

麻酔　**17**, **116**, 124, 230

マニトバ　133, 155, 168, 190, 231, 238-239　チャーチル, チャーチル岬も参照

マリトリー　85

マレーグマ　**43**, 44, 49

マンモス　181

ミツユビカモメ　**61**

密猟　127, 137, 227

耳　**23**, 205, **245**

ミンククジラ　62, **95**

民話　54-**55**

群れ　95, 126, 133, 168-169

目　21, 26-29, 161, 217

メガネグマ　36, 42, **43**

メキシコ湾流　73

免疫系　219, 236

問題グマ　ヒトとクマの関わりを参照

ヤ・ラ 行

養子縁組　207

ラスムッセン, クヌート　53

ラッコ　7, **8**, 20, 168

ラテン語名　7, 57

ラプテフ海　**9**, 89　個体群　**127**, 128, 137, 227

ラブラドール　73, 86, 100, 109, 134

ランカスター海峡　77, 89　個体群　**127**, 128, 131, 227

リトルダイオミード島　**225**

離乳　159, **188**, 204, 205, 207-**208**, 212

レッサーパンダ　41

ロシア　35, 48, 55, 59, 78, 99, 111, 115, 126, 127, 136, 137, 175, 227, 235, 237, 241　フランツヨーゼフ諸島, ノヴァヤゼムリャ, ウランゲリ島も参照

ロンドン　8, 45, 52, 55, 234

ワ 行

ワプスク国立公園　134

ワモンアザラシ　24, 51, 61, 79-**82**, **142**, 152, 194, 247　tiggak　82　餌動物としてのワモンアザラシ　51, 67, 103-**108**, 127, 128, **129**, 131, 132, 134, 136, 143-**145**, 149, 152, **153**　汚染　234　寄生虫　217　セイウチとワモンアザラシ　62, 91　生息地　68-**69**, 73-74

監訳者略歴

坪田敏男 （つぼた・としお）
1961年　大阪府に生まれる。
1988年　北海道大学大学院獣医学研究科博士課程修了。
現　在　北海道大学大学院獣医学研究科教授、獣医学博士。
専　門　野生動物医学・保全医学。

山中淳史 （やまなか・あつし）
1965年　京都府に生まれる。
2011年　北海道大学大学院獣医学研究科博士課程修了。
現　在　京都大学霊長類研究所技術職員、獣医学博士。
専　門　野生動物医学。

訳者一覧 （翻訳順）

坪田敏男	第1, 14章	前出
中島亜美	第2-5章	公益財団法人東京動物園協会 多摩動物公園
山中淳史	第6-8章	前出
カイル・テイラー　Kyle Taylor	第9-11章	フロリダ大学獣医学科
中下留美子	第12-13章	独立行政法人森林総合研究所

著者紹介

アンドリュー E. デロシェール（文）
Andrew E. Derocher
アルバータ大学生物科学部教授。ホッキョクグマ研究の第一人者。北極圏の大型哺乳類に関する論文多数。

ワイン・リンチ（写真）　Wayne Lynch
サイエンスライター・野生動物写真家。
著名な Explorers Club のフェローメンバー。
Owls of the United States and Canada（ジョンズ・ホプキンス大学出版局）など出版多数。

ホッキョクグマ──生態と行動の完全ガイド

発行日	2014 年 10 月 15 日　初版
	［検印廃止］
著者	アンドリュー E. デロシェール
写真	ワイン・リンチ
監訳者	坪田敏男 / 山中淳史
訳者	中下留美子 / 中島亜美 / カイル・テイラー
デザイン	遠藤 勁
発行所	一般財団法人 東京大学出版会
	代表者　渡辺 浩
	153-0041　東京都目黒区駒場 4-5-29
	電話 03-6407-1069　振替 00160-6-59964
印刷所	株式会社 三秀舎
製本所	牧製本印刷 株式会社

ⓒ 2014 Toshio Tsubota, Atsushi Yamanaka et al.
ISBN 978-4-13-060226-6　Printed in Japan

JCOPY　〈(社)出版者著作権管理機構 委託出版物〉
本書の無断複写は著作権法上での例外を除き禁じられています。複写される場合は、そのつど事前に、(社)出版者著作権管理機構（電話 03-3513-6969、FAX 03-3513-6979、e-mail : info@jcopy.or.jp）の許諾を得てください。

POLAR BEARS :
A Complete Guide to Their Biology and Behavior

copyright ⓒ 2012 The Johns Hopkins University Press
Japanese translation rights arranged with
The Johns Hopkins University Press through
Japan UNI Agency,Inc.,Tokyo
Translation supervised by Toshio Tsubota and Atsushi Yamanaka
University of Tokyo Press, 2014
ISBN978-4-13-060226-6

大泰司紀之・三浦慎悟［監修］
日本の哺乳類学［全3巻］
第1巻　**小型哺乳類**　本川雅治［編］　A5判・320頁・4400円
第2巻　**中大型哺乳類・霊長類**　高槻成紀・山極寿一［編］　A5判・488頁・5000円
第3巻　**水生哺乳類**　加藤秀弘［編］　A5判・312頁・4400円

日本のクマ　ヒグマとツキノワグマの生物学　坪田敏男・山﨑晃司［編］
A5判・386頁・5800円

日本の外来哺乳類　管理戦略と生態系保全　山田文雄・池田透・小倉剛［編］
A5判・420頁・6200円

日本のタカ学　生態と保全　樋口広芳［編］
A5判・364頁・5000円

野生動物管理システム　梶光一・土屋俊幸［編］
A5判・264頁・4800円

ウミガメの自然誌　産卵と回遊の生物学　亀崎直樹［編］
A5判・320頁・4800円

イルカ　小型鯨類の保全生物学　粕谷俊雄［著］
B5判・640頁・18000円

動物生理学［原書第5版］　環境への適応
K. シュミット＝ニールセン［著］／沼田英治・中嶋康裕［監訳］
B5判・600頁・14000円

生物系統地理学　種の進化を探る
ジョン・C. エイビス［著］／西田睦・武藤文人［監訳］
B5判・320頁・7600円

ここに表記された価格は本体価格です。ご購入の際には消費税が加算されますのでご了承ください。